U0147246

大数据与人工智能技术丛书

Spark基础编程

Scala版

曹如军 编著

清華大学出版社
北京

内 容 简 介

本书主要为Spark开发提供编程指导，涉及的主要内容包括Spark开发基础知识、RDD编程、SQL编程、Streaming开发及机器学习开发等。

由于大数据相关技术、软件平台等更新迭代较快，因此本书在介绍相关内容时，尽量选择较新的软件版本。本书所介绍的Spark API基于Spark 3.3.x，相较于Spark 2.x或其他更早版本，部分API有更新，请读者注意版本变化带来的差异。Spark是基于Scala编程语言开发的。基于Scala的API开发，代码的执行效率高，学习过程更轻松。Scala经过多年发展，迭代更新了若干版本，版本变化较大(版本不兼容)。本书选用了相对较新又相对成熟稳定的Scala 2.13.x版本。

本书适合作为大数据应用开发工程技术人员的编程指导书，也适合作为高等院校计算机、大数据相关专业大数据应用开发或Spark应用开发的教材或教学参考书。

图书在版编目(CIP)数据

Spark基础编程：Scala版/曹如军编著.—北京：清华大学出版社，2024.1
(大数据与人工智能技术丛书)
ISBN 978-7-302-64466-8

Ⅰ.①S… Ⅱ.①曹… Ⅲ.①数据处理软件 Ⅳ.①TP274

中国国家版本馆CIP数据核字(2023)第153792号

责任编辑：王 芳 李 晔
封面设计：刘 键
责任校对：郝美丽
责任印制：曹婉颖

出版发行：清华大学出版社
网 址：https://www.tup.com.cn，https://www.wqxuetang.com
地 址：北京清华大学学研大厦A座 **邮 编**：100084
社 总 机：010-83470000 **邮 购**：010-62786544
投稿与读者服务：010-62776969，c-service@tup.tsinghua.edu.cn
质量反馈：010-62772015，zhiliang@tup.tsinghua.edu.cn
课件下载：https://www.tup.com.cn，010-83470236
印 装 者：三河市天利华印刷装订有限公司
经 销：全国新华书店
开 本：185mm×260mm **印 张**：11.5 **字 数**：283千字
版 次：2024年2月第1版 **印 次**：2024年2月第1次印刷
印 数：1～1500
定 价：45.00元

产品编号：100958-01

前言

PREFACE

党的二十大报告中指出：教育、科技、人才是全面建设社会主义现代化国家的基础性、战略性支撑。必须坚持科技是第一生产力、人才是第一资源、创新是第一动力，深入实施科教兴国战略、人才强国战略、创新驱动发展战略，这三大战略共同服务于创新型国家的建设。高等教育与经济社会发展紧密相连，对促进就业创业、助力经济社会发展、增进人民福祉具有重要意义。

当前正处于大数据时代。数据已经渗透到当今的各个行业、各个领域，成为重要的生产要素。大数据已成为近年来最热门的技术趋势之一。大数据技术相关领域获得的投资呈爆炸式增长，一些与大数据有关的项目也成为最活跃的开源项目。Apache Spark 就是其中的优秀代表之一。

本书作为 Spark 应用开发的基础指导书，尽力将一些复杂的、难以理解的概念、原理直观化、简单化，让刚刚接触大数据开发的读者能够轻松理解并快速掌握。针对 Spark 应用开发中最常用、最重要的知识点，本书从工程实践的角度进行深入分析，引导读者结合实际，从解决大数据应用场景实际问题的角度，用简单、直接、高效的(思想)方法或工具解决具体问题。另外，结合作者多年的程序开发经验，本书也对 Spark 应用开发中的注意事项给出了合理的建议。这些内容主要以提示、建议或注意等形式呈现。这些中肯建议不仅对 Spark 应用开发有一定参考价值，对其他类似项目的实际开发也有借鉴意义。

由于大数据相关技术、软件平台等更新迭代较快，因此本书在介绍相关内容时，尽量选择较新的软件版本。本书所介绍的 Spark API 基于 Spark 3.3.x，相较于 Spark 2.x 或其他更早版本，部分 API 有更新，请读者注意版本变化带来的差异。开发 Spark 的主要编程语言 Scala，经过多年发展已经迭代更新了若干不同版本，其中不少版本存在一定的兼容性问题，也请读者注意。截至本书成稿时，Spark 尚未发行基于 Scala 3.x 的版本。因此，本书选用了相对较新又相对成熟稳定的 Scala 2.13.x 版本(Spark3.3.x-Scala2.13.x)。关于 Spark(或 Scala)的运行环境 JVM，本书也选用较新的长期支持版 Java 17。另外，本书中涉及的其他软件，基本是成稿时最(较)新的稳定版本，如 Hadoop 3.3.4、Kafka 3.3.1 等。

Spark 提供了 Scala、Java、Python、R 等编程语言的 API。相对而言，基于 Scala 的 API 开发，代码的执行效率更高，并且学习过程相对容易，代码工作量也相对较少。由于 Scala 编程语言的用户群体数量少于 C、C++、Java、Python 等语言，所以本书介绍了 Scala 基础知识，以便读者能快速理解后续的 Spark 开发过程或示例代码。

本书为 Spark 应用开发提供编程指导，涉及的主要内容包括 Spark 开发基础知识、RDD

编程、SQL 编程、Streaming 开发及机器学习开发等。Spark 官方指南推荐的开发接口是基于 Spark SQL 引擎的 Dataset/DataFrame API，而基于 RDD 的 API 大多处于维护模式（不添加新功能），但 RDD 的概念对理解 Spark 的构架体系、理解 Spark 的优化过程等都很有帮助，因此本书也包括了 RDD 开发的部分内容。限于篇幅，本书不包括 Spark 图处理算法 GraphX 开发的部分内容，有需要的读者请参考其他相关资料。

在阅读本书之前，如果有一定的大数据基础知识（如了解一些基本概念和技术，了解部分大数据软件或框架），那么对阅读本书是有帮助的；同时，一定的编程基础（如 Java、C/C++编程知识）也有助于 Spark 编程的实践过程。本书作为 Spark 编程的基础指导书，尽量保持内容的自洽性，即使没有前述的相关知识，也可以顺利完成本书内容的阅读。

Spark 应用开发作为一项编程实践活动，建议读者在阅读本书的过程中一定要亲自动手实践。如果在实践过程中遇到困难，建议多查文档、多读资料，分析问题发生的原因，从表象溯本原，然后亲自动手解决问题。当前网络上的各类资源非常多，良莠不齐，建议读者基于问题表象去阅读官方用户手册或指南。作为优秀开源项目，Spark（及类似项目，如 Kafka 等）的文档资料非常全面、翔实（但没有中文版手册），也非常容易获得（随时在线，联网即可访问）。本书配套的数据、示例代码、教学大纲等可以扫描下方二维码下载。

最后，希望本书对读者学习 Spark 应用开发有所帮助，并恳请读者对书中存在的错误或疏漏予以批评指正，也欢迎读者对本书或大数据开发等有关内容与作者交流、讨论。

曹如军

2023 年 10 月

教学大纲

源码

目录
CONTENTS

第1章

大数据概述

当前正处于大数据时代。数据已经渗透到当今的各个行业、各个领域，成为重要的生产要素。数据不仅是各企业或组织的命脉，而且在以指数级不断增长。今天生成的数据比几年前生成的数据要大几个数量级。如何从这些不断增长的数据中获取业务价值，已经成为重要的挑战。

这正是大数据相关技术所要解决的问题。大数据已成为近年来最热门的技术之一。一方面，一些与大数据有关的项目成为最活跃的开源项目，并且这些项目的数量正在迅速增长；另一方面，专注于大数据业务的初创公司数量呈爆炸式增长，大型成熟公司也正在大数据技术方面进行大量投资。

1.1 大数据的概念

什么是大数据(Big data)？迄今没有公认的定义。从宏观角度看，大数据是连接人类世界与物理世界的纽带，是物理世界通过传感器、物联网在信息世界的数据映像，是与人类世界通过人机交互、移动互联等在信息世界产生的映像的有机融合。从信息产业角度看，当前的信息技术产业构筑于大数据、云计算与物联网等技术平台之上。从经济角度看，大数据是永不枯竭、不断丰富的资产。

根据维基百科的定义，大数据是一个体量特别大，数据类别特别多的数据集，是指无法在可承受的时间范围内，用传统数据库工具对其内容进行抓取、管理和处理的数据集合。对于大数据，研究机构 Gartner 给出的定义是：大数据是需要新处理模式才能具有更强的决策力、洞察发现力和流程优化能力的海量、高增长率和多样化的信息资产。行业内多用大数据的几个 V 特征来描述大数据，常见的有 3V、4V、5V 以及 7V 等。这里沿用通用的 5V 特征。

Volume：数据量大。通常的数据集都是数 TB 或数 PB，甚至是 EB 量级。根据 IDC 做出的估测，数据一直都在以每年 50%的速度增长。

Variety：数据类型多。大数据的数据类型丰富，包括结构化数据、半结构化数据以及非结构化数据。占比约10%的结构化数据，存储在各类关系数据库中，约90%的非结构化或半结构化数据，大多存储在非关系数据库或各种文件系统中。大数据经常需要处理各类非结构化或半结构化的数据，如网页、邮件、文档、社交媒体、音频、视频，以及来自各类传感器的数据。

Velocity：处理速度快。从数据的生成到消耗，时间窗口非常小，可用于生成决策的时间非常少。所谓"1秒定律"，是指如果不能在秒级时间范围内给出分析结果，数据就会失去价值。这一点也和传统的数据挖掘技术有着本质的不同。对大数据而言，速度也指数据产生速度快、数据量增长快。如欧洲核子研究中心的强子对撞机，工作状态下每秒产生PB量级的数据。大型电商平台的众多用户在短时间内产生的数据量也非常庞大。

Veracity：准确性是数据的质量或可信度。数据量大、种类繁多导致数据的准确性和可信度难以判定，数据质量难以保证。从某种意义上讲，如果不能确定数据的来源是可靠的、所生成的分析是可信的，那么收集大数据就没有意义。

Value：价值密度低、商业价值高，很多有价值的信息都分散在海量数据中。以视频为例，在连续不间断监控的过程中，可能有用的数据仅在几秒内出现，但这几秒的数据却具有很高的价值。

1.2 大数据的关键技术

大数据的基本处理流程主要包括数据采集与集成、数据组织与存储管理、数据处理与分析，以及结果展示与应用等环节。从数据分析的整个流程来看，大数据技术主要涉及数据采集与预处理、数据存储与管理、数据处理与分析、数据可视化、数据隐私与安全等多个层面的内容。

数据采集与预处理主要利用抽取、转换与加载（Extract-Transform-Load，ETL）工具将传统系统中或分布、异构数据源中的数据，如关系数据、平面数据文件等，抽取到临时中间层后进行清洗、转换、集成，以提升数据质量、保持数据一致性，然后加载到数据库、数据仓库、数据集市或其他目标系统中，成为联机分析处理（OLAP）、数据挖掘的基础；或者也可以将实时采集的数据作为流计算系统的输入，进行实时分析处理（实时计算或流计算）。

数据存储与管理主要利用分布式文件系统、关系数据库、非关系数据库、数据仓库、数据湖、云数据库等，实现对结构化、半结构化和非结构化的海量数据的组织、存储与管理。

数据处理与分析利用分布式、并行编程模型和计算框架，结合机器学习和数据挖掘算法，实现对海量数据的处理与分析。

数据可视化对分析结果进行可视化呈现，帮助人们更好地理解数据、分析数据，辅助决策支持。

数据隐私与安全。在从大数据中挖掘潜在的商业价值或学术价值的同时，构建隐私数据保护体系和数据安全体系，有效保护隐私信息，确保数据安全。

大数据技术是许多相关技术的集合，不同的技术有不同的适用场景。

1.3　大数据计算模式

不同的应用场景有不同的应用需求与技术需求，对应不同的大数据计算模式，也就是说，无法用单一的计算模式来满足不同类型的计算需求。常见的大数据计算模式包括批处理计算、流计算以及查询分析计算等。

批处理计算主要用来处理大批量的历史数据，对计算的实时性要求不高。MapReduce是非常有代表性的大数据批处理技术，可对大规模的数据集执行分布式的并行处理。Spark是另一个具有代表性的批处理计算平台，多以内存缓存中间计算结果，相比MapReduce有更快的执行速度。

流计算主要用于对连续到达的流数据进行处理。流数据通常来源于多个不同数据源，持续不断地到达，因此要求流计算平台尽可能实时地处理所接收的数据。目前行业内已开发出各类流计算框架或平台，商业平台如阿里云StreamCompute、IBM Streaming Analytics、Amazon Kinesis等，开源平台有Apache Storm、Flink、Kafka等。

查询分析计算也是非常常见的应用场景。类似于传统的交互式查询（如SQL查询等），用户输入查询语句后，可以快速获取相关查询结果。但在大数据时代，查询分析计算所处理的是大规模的结构化或非结构化的数据，数据的组织与存储、事务处理的一致性要求等，与传统的关系数据库查询有所不同。常见的大数据查询分析工具或软件有Apache Hive、Impala等。

1.4　本书内容介绍

本书主要为Spark基础开发提供编程指导，涉及的主要内容包括Spark开发基础知识、RDD编程、SQL编程、Streaming开发及机器学习开发等。

由于大数据相关技术、软件平台等更新迭代速度快，因此本书在介绍相关内容时，尽量选择较新的软件版本。本书所介绍的Spark API基于Spark 3.3.x，相较于Spark 2.x或其他更早版本，部分API有更新，请读者注意版本变化带来的差异。

Spark是基于Scala编程语言开发的。Scala语言经过多年发展，迭代更新了若干不同版本。其中不少版本的变化较大（版本之间不兼容）。截至本书成稿时，Spark尚未发行基于Scala 3.x的版本。因此，本书选用了相对较新且相对成熟稳定的Scala 2.13.x版本。

Spark提供了Scala、Java、Python、R等编程语言的API接口。相对而言，基于Scala的API开发，代码的执行效率更高，并且学习过程相对容易，代码工作量也相对较少。

在阅读本书之前，如果有一定的大数据基础知识（如了解一些基本概念和技术，了解部分大数据软件或框架），那么对阅读本书是有帮助的；同时，一定的编程基础（如Java、C/C++编程知识）也有助于Spark编程实践过程。但本书作为Spark编程的基础指导书，尽量保持内容的自洽性，即使没有前述的相关知识，也可以顺利完成本书内容的阅读。

Spark的运行依赖于Java虚拟机（JVM），因此，无论是Windows操作系统还是Linux操作系统，都可以支撑Spark运行。本书选用Linux系统，主要考虑大数据技术相关的一些软件，往往在Linux系统下有更好的兼容性，有更佳的运行性能，以及更为丰富的技术支持。

Windows 系统用户可以通过安装 Linux 虚拟机的方式来完成本书相关内容的学习。1.5 节将给出在 Windows 环境下安装 Linux 虚拟机的详细步骤。

1.5 Linux 虚拟机的安装与使用

Linux 系统版本较多。本书选择面向企业级应用的、免费开源的 Ubuntu Desktop 版操作系统，采用的版本为 22.04。该版本是一个稳定的、长期支持(LTS)版本。类似地，虚拟机软件选择了开源软件 VirtualBox 6.1.38。

在 Windows 系统下安装 Linux 虚拟机，包括安装环境准备，安装虚拟机软件以及安装客户机操作系统等。对 Linux 比较熟悉的读者可以跳过本节内容。

1.5.1 安装环境

操作环境为 Windows 操作系统、VirtualBox 虚拟机管理软件及 Ubuntu Desktop，其中 Windows 操作系统作为主机(host)操作系统，Ubuntu Desktop 作为客户机(guest)操作系统。

1.5.2 安装 VirtualBox

1. 下载 VirtualBox 安装包

可以到官方网站(或镜像网站)下载 VirtualBox，选择稳定版本(本书成稿时的版本是 6.1.38)。官方下载页面如图 1-1 所示。

图 1-1 VirtualBox 下载页面①

在下载页面，可选择下载 Windows hosts、Extension Pack、User Manual 等。根据需要可以选择下载 SDK 或 Source code(见图 1-2)。如果需要以前的版本，则可以进入 VirtualBox older builds 页面进行相应下载。

① 图 1-1 与最新的下载页面不一致，仅供参考。

VirtualBox 6.1.38 Oracle VM VirtualBox Extension Pack

- ⇒All supported platforms

Support for USB 2.0 and USB 3.0 devices, VirtualBox RDP, disk encryption, NVMe and F
introduction to this Extension Pack. The Extension Pack binaries are released under the
the same version extension pack as your installed version of VirtualBox.

VirtualBox 6.1.38 Software Developer Kit (SDK)

- ⇒All platforms

User Manual

The VirtualBox User Manual is included in the VirtualBox packages above. If, however, y
thing, you also access it here:

- ⇒User Manual (HTML version)

You may also like to take a look at our frequently asked questions list.

VirtualBox older builds

The binaries in this section for VirtualBox before version 4.0 are all released under the
VirtualBox 4.0, the Extension Pack is released under the VirtualBox Personal Use and E
terms of the GPL version 2. By downloading, you agree to the terms and conditions of t

- **VirtualBox older builds**

VirtualBox Sources

The **VirtualBox** sources are available free of charge under the terms and conditions of
below links, you agree to these terms and conditions.

- ⇒**Source code**

图 1-2　下载页面

2. 安装 VirtualBox

(1) 双击运行下载好的 VirtualBox-6.1.38-153438-Win.exe 程序，进入如图 1-3 所示的安装向导界面，单击“下一步”按钮，出现如图 1-4 所示的界面。

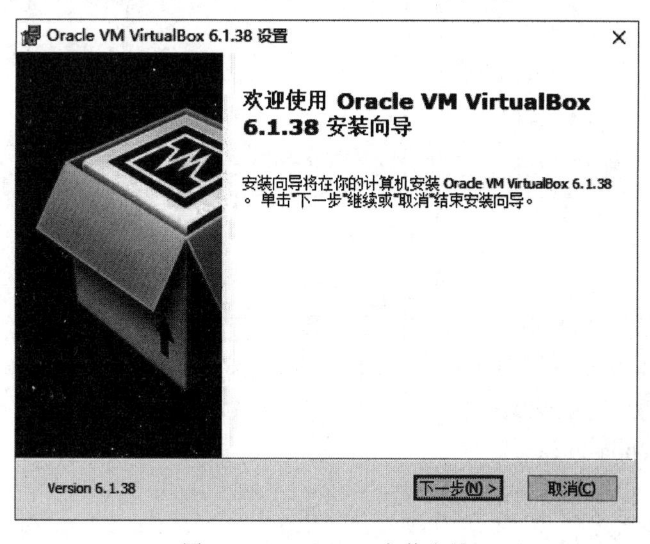

图 1-3　VirtualBox 安装向导

(2) 选择安装路径(提示：路径中应尽量避免中文、空格等)，如图 1-5 所示。

(3) 单击“下一步”按钮，确认安装选项，如图 1-6 所示。

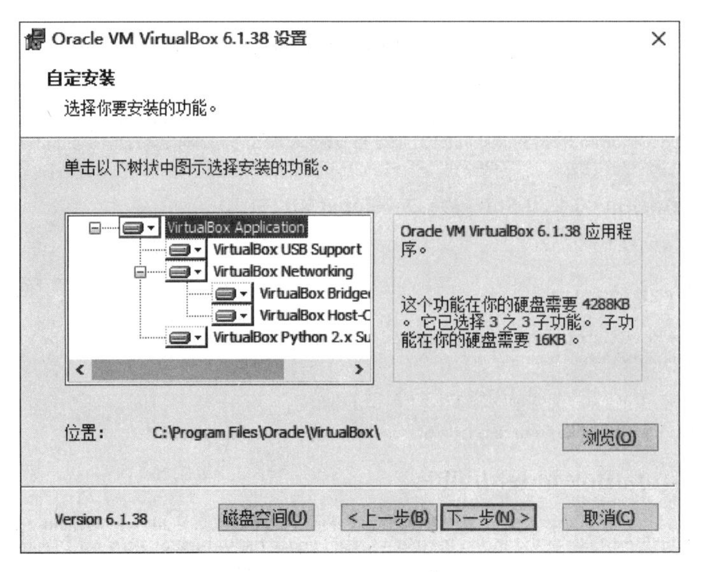

图 1-4　VirtualBox 安装选项

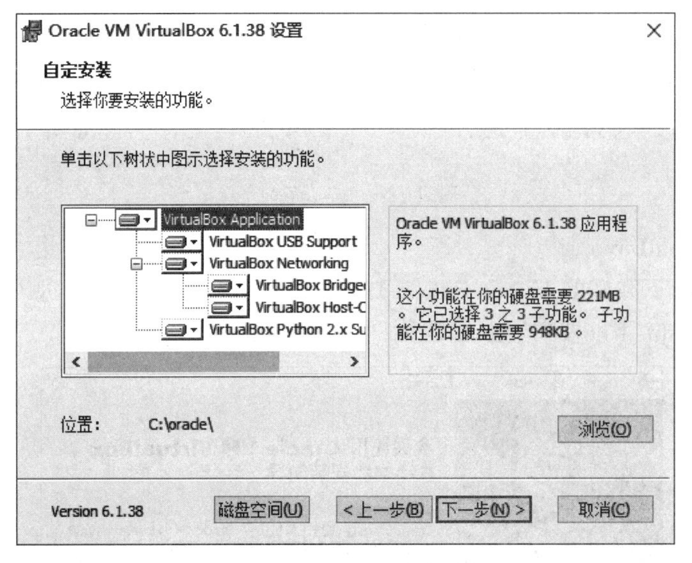

图 1-5　VirtualBox 安装路径

（4）单击“下一步”按钮，在弹出的窗口中单击“是”按钮，如图 1-7 所示。

（5）单击“安装”按钮，如图 1-8 所示，等待安装完成。

（6）在如图 1-9 所示的窗口中选中“安装后运行 Oracle VM VirtualBox 6.1.38”复选框后，单击“完成”按钮，系统会弹出 Oracle VM VirtualBox 管理器窗口。

3. 安装 Extension Pack

（1）双击运行 Oracle_VM_VirtualBox_Extension_Pack-6.1.38.VirtualBox-extpack，开始扩展包的安装，如图 1-10 所示。

（2）单击“安装”按钮后，浏览如图 1-11 所示的许可协议。确认浏览 VirtualBox 许可协议后，单击“我同意”按钮，等待安装完成。在弹出的窗口中单击“确定”按钮，完成安装，如图 1-12 所示。

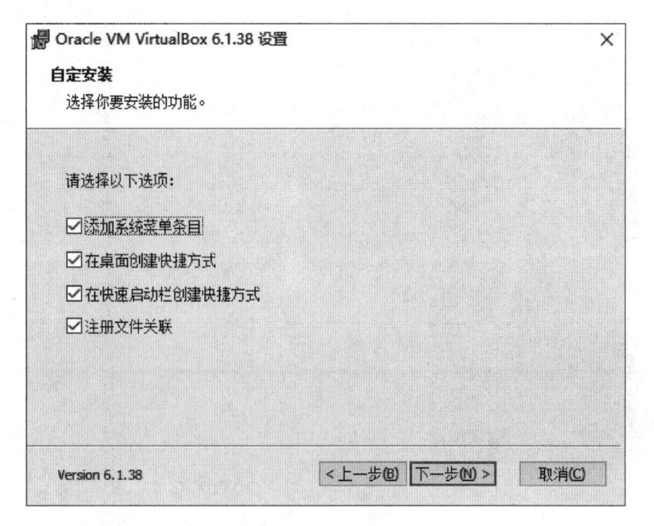

图 1-6　确认安装选项

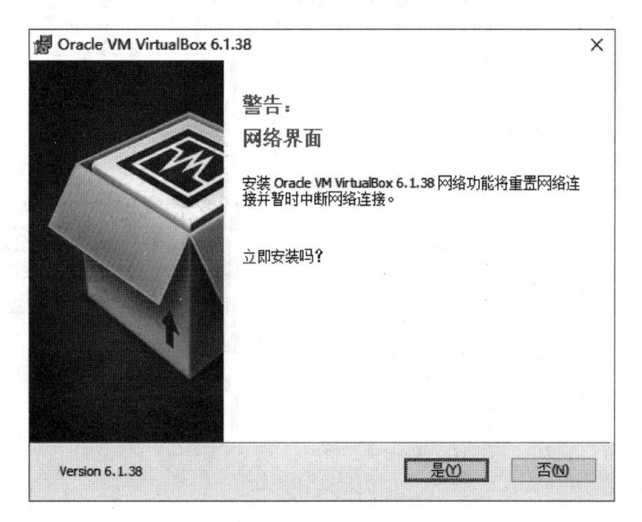

图 1-7　安装警告

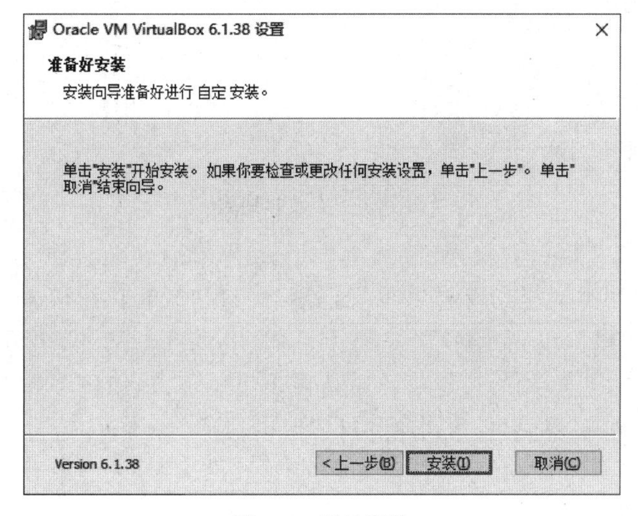

图 1-8　开始安装

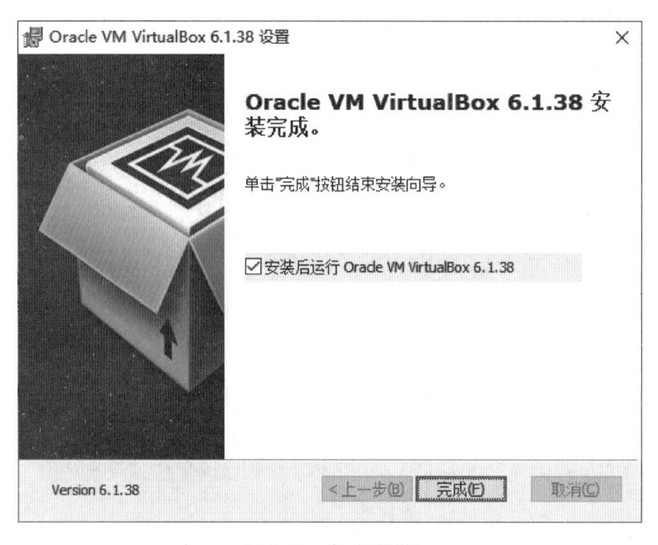

图 1-9　完成安装

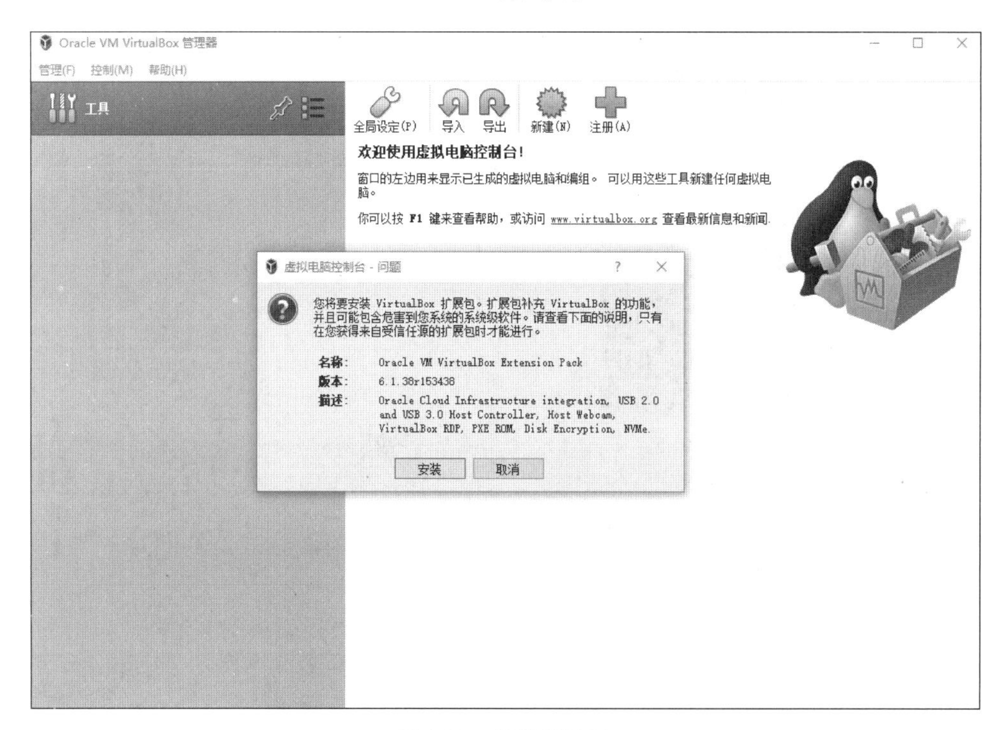

图 1-10　安装扩展包

4. 全局设置

（1）单击工具栏中的"全局设定"图标，或选择"管理"菜单下的"全局设定"菜单项，弹出"全局设定"窗口，如图 1-13 所示。

（2）在"全局设定"窗口中，可以修改默认虚拟电脑位置、热键等内容。选择"更新"选项，取消选中"检查更新"复选框，关闭系统自动更新，如图 1-14 所示。

提示： 一般情况下无须每天自动更新。关闭自动更新后，如有必要，可手动进行更新，具体过程与上述安装过程类似。

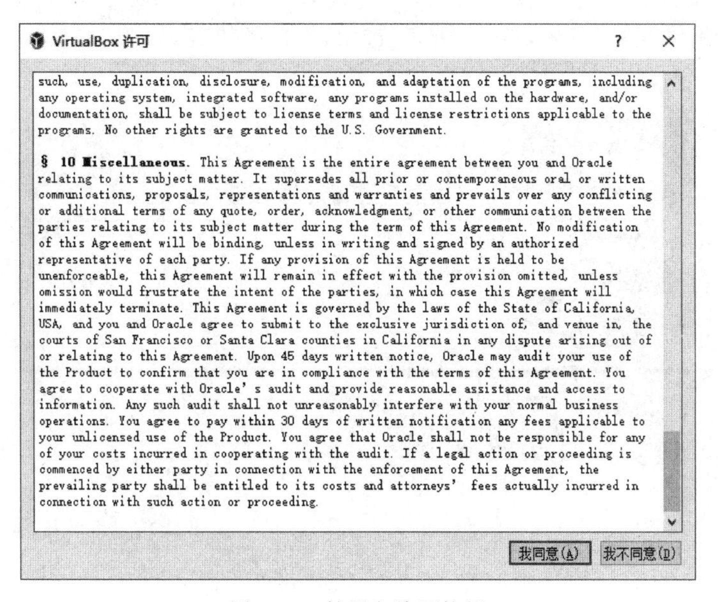

图 1-11 扩展包许可协议

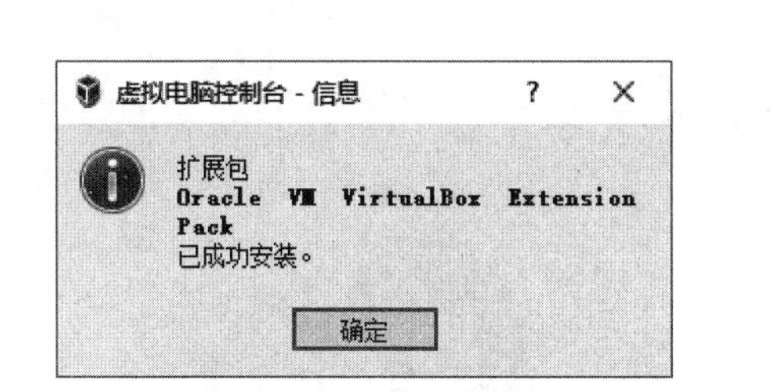

图 1-12 扩展包安装成功

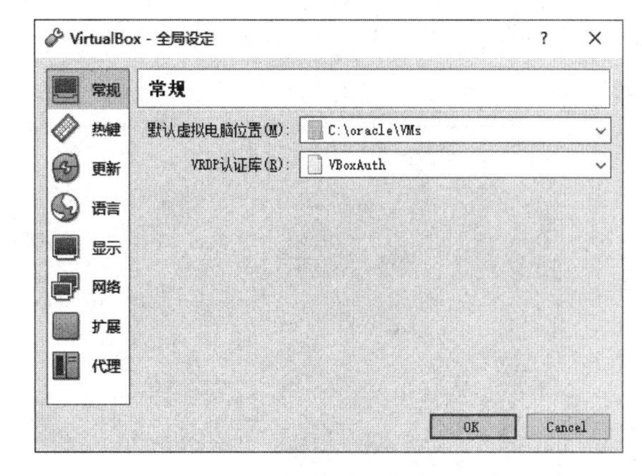

图 1-13 VirtualBox 的全局设定

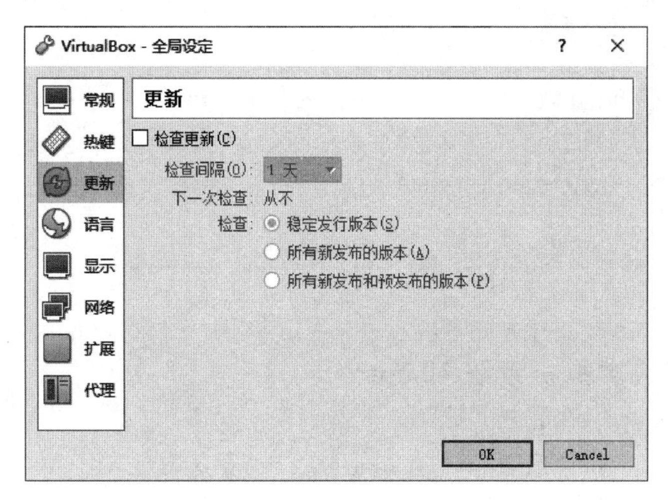

图 1-14 关闭 VirtualBox 自动更新

(3) 在"全局设定"窗口中，选择"语言"选项，可切换语言，如图 1-15 所示。

图 1-15 设置 VirtualBox 界面语言

如果可行，**强烈建议**使用英文界面[选择"English(内嵌)"]，因为英文界面菜单项、文字描述等更准确，并且与用户手册一致(暂时没有中文版用户手册)。切换成英文界面后界面如图 1-16 所示。

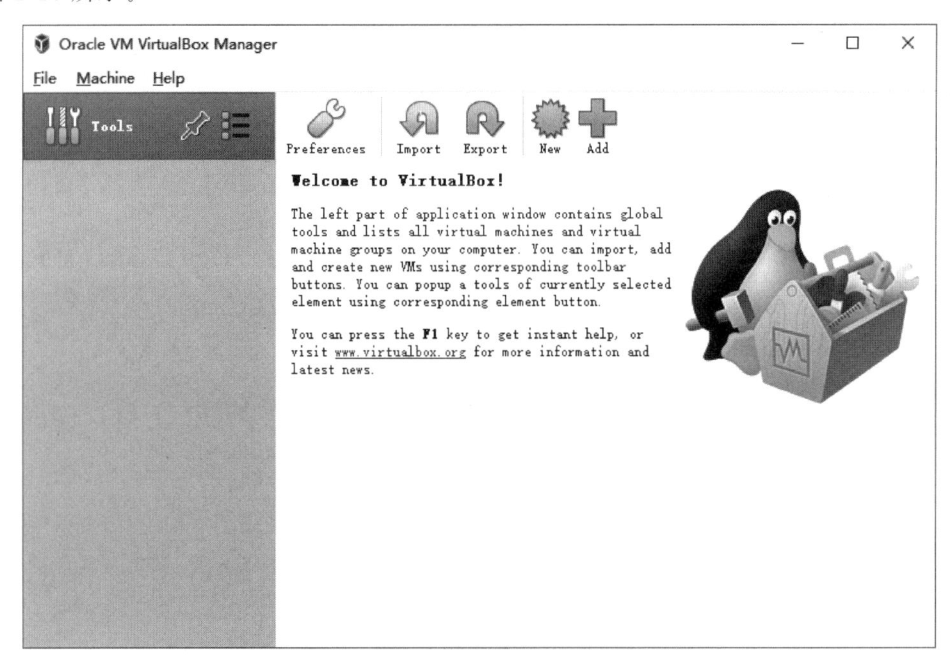

图 1-16 英文界面的 VirtualBox

1.5.3 安装虚拟机系统 Ubuntu

1. 下载 Ubuntu Desktop

可到官方网站(或镜像网站)下载 Ubuntu Desktop 安装包，建议选择长期支持(Long-Term Support，LTS)版本。官方下载页面如图 1-17 所示。

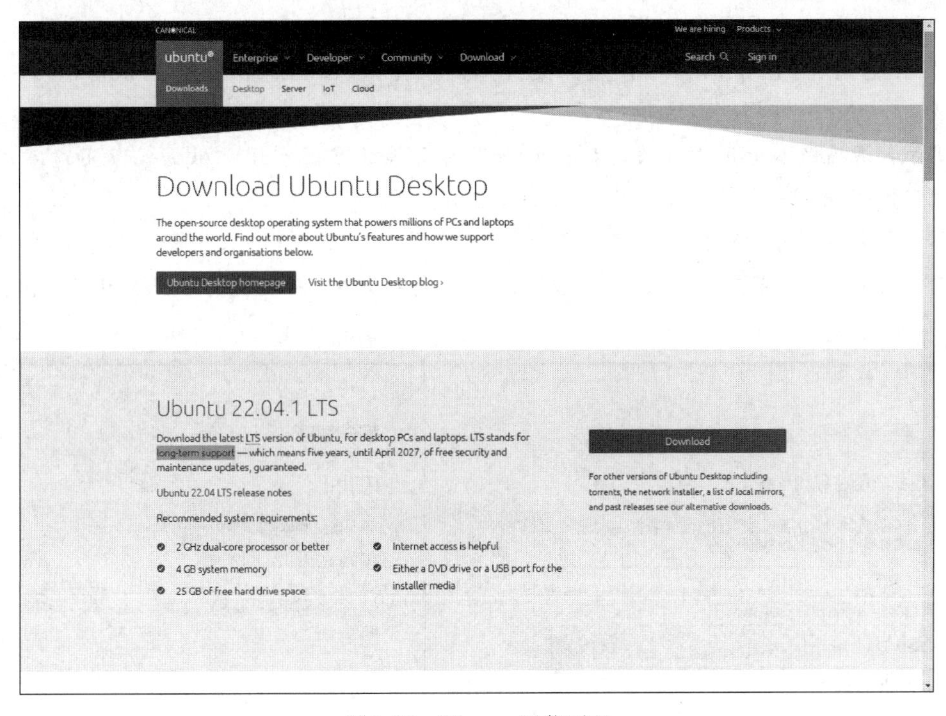

图 1-17　Ubuntu 下载页面

进入下载页面后，单击 Download 按钮，开始下载。当前版本是 22.04.1，ISO 镜像文件大约 3.6GB。考虑网速等，建议从国内镜像网站下载。Ubuntu 22.04.1 Desktop 的国内镜像比较多，教育网用户可选择清华大学或南京大学等镜像下载。

2. 创建 Ubuntu Desktop 虚拟机

（1）启动 VirtualBox 虚拟机后，在 Oracle VM VirtualBox 管理器窗口中，单击工具栏中的"新建"图标，或"控制"菜单下的"新建"菜单项，弹出如图 1-18 所示的"新建虚拟电脑"窗口。

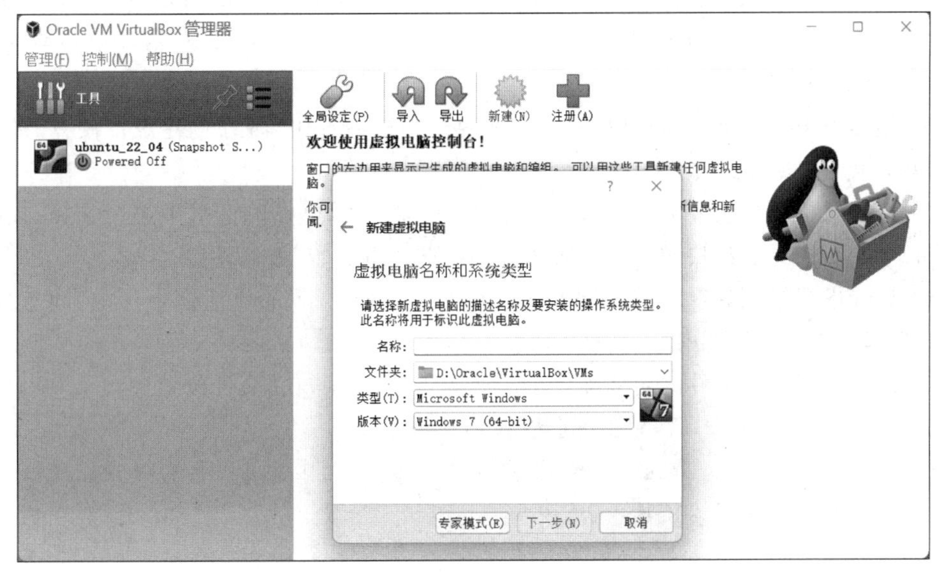

图 1-18　"新建虚拟电脑"窗口

(2) 在如图 1-19 所示的对话框中输入虚拟机的名称[1]，如 ubuntu_22_04，确定存放路径(默认路径为系统“全局设定”中设定的路径)，确认类型(Linux)和版本[Ubuntu (64-bit)]等参数，单击“下一步”按钮。

提示：请确保本地用于存放虚拟机的路径有足够的空闲空间。根据实际用途不同，所需要的空间不同。一般建议有 60GB 以上的空闲空间。

(3) 为虚拟机分配内存。如图 1-20 所示。在弹出的对话框中，根据机器硬件配置、实际用途等，拖动滑条或直接输入数字，设置虚拟机内存大小(如设置为 4GB)，单击“下一步”按钮。

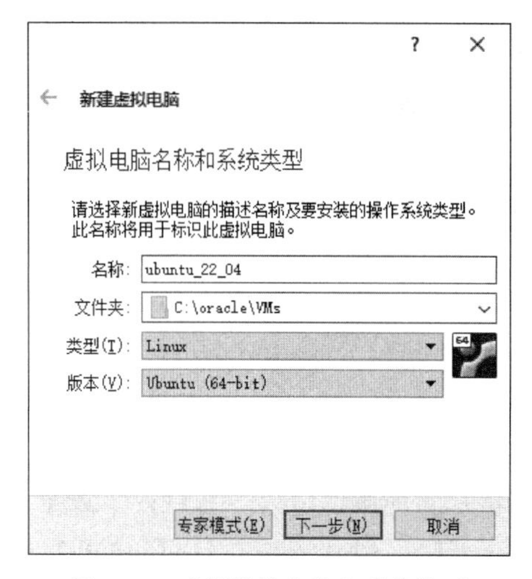

图 1-19　虚拟机的名称和系统类型

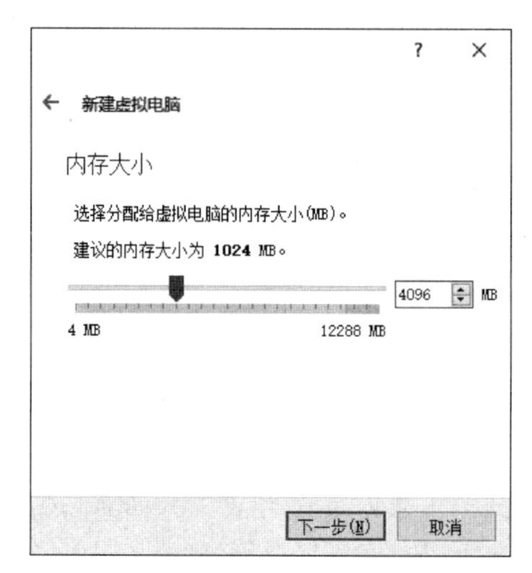

图 1-20　设置虚拟机内存

提示：如果经常使用虚拟机，那么可适当多分配内存。如果同一台机器同时安装、运行多台虚拟机，那么应合理调整各虚拟机使用的内存大小。请确保虚拟机占用的总内存容量小于机器可用的物理内存，并且(为各虚拟机分配的内存总量)尽量在滑动条绿色区域内。

注意，安装 Ubuntu22.04，推荐的系统内存配置是 4GB。如果系统内存较小，某些应用程序可能无法运行。

(4) 创建虚拟机硬盘。在如图 1-21 所示的对话框中选中“现在创建虚拟硬盘”单选按钮，并单击“创建”按钮。

(5) 选择虚拟硬盘文件类型。如图 1-22 所示，根据需要在对话框中进行选择，此处选中“VDI(VirtualBox 磁盘映像)”单选按钮，然后单击“下一步”按钮。

(6) 选择虚拟机硬盘空间的分配方式。在如图 1-23 所示的对话框中选中“动态分配”单选按钮，单击“下一步”按钮。

(7) 确认虚拟硬盘文件的名称和大小。如图 1-24 所示，在“文件位置和大小”窗口设置适当的文件大小(如 60GB)后，单击“创建”按钮。

注意：Ubuntu 22.04 Desktop(典型)安装完成后，大约占用 10GB 的磁盘空间，因此分配给虚拟机的空间宜大于 20GB。

---

① 由于书中软件界面中部分出现“虚拟电脑”，部分出现“虚拟机”，为便于统一，因此正文统一采用“虚拟机”。

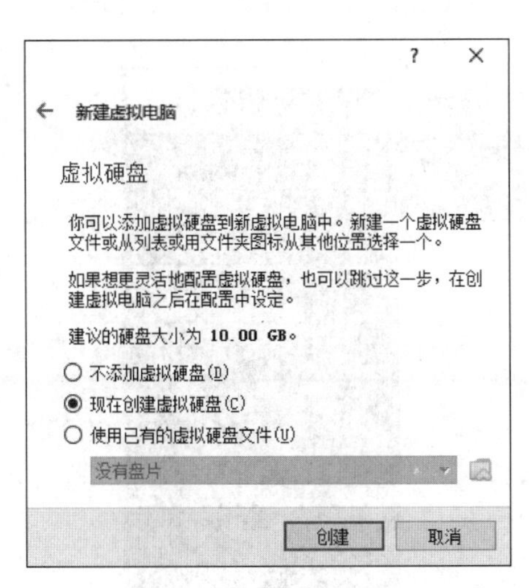

图 1-21　创建虚拟机硬盘

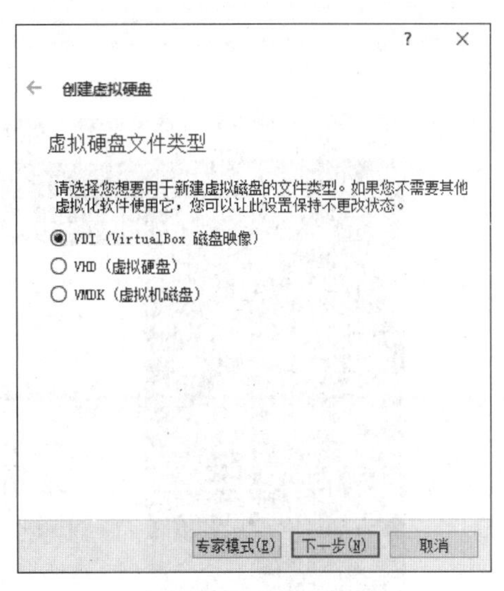

图 1-22　设置虚拟机硬盘类型

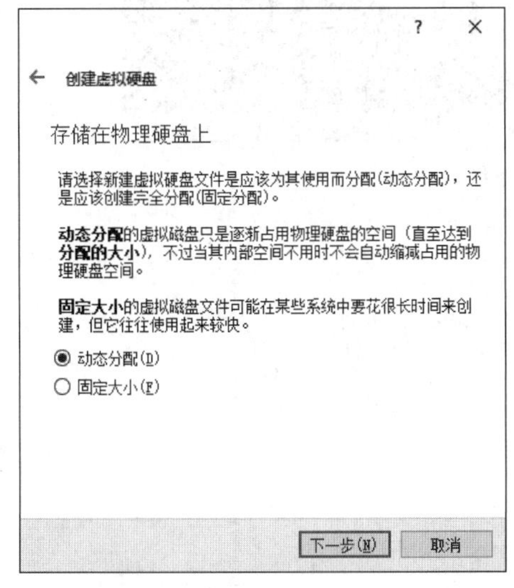

图 1-23　虚拟机硬盘分配方式

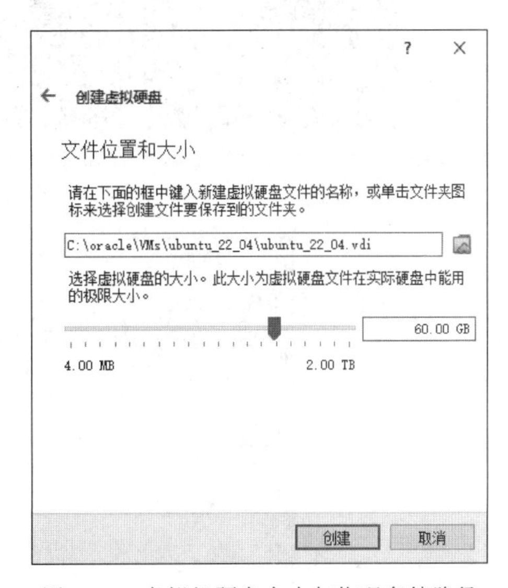

图 1-24　虚拟机硬盘大小与物理存储路径

3. 安装 Ubuntu Desktop 系统

(1) 在 Oracle VM VirtualBox 管理器窗口中，选中刚刚创建的 Ubuntu 虚拟机，单击工具栏中的“启动”图标，或选择“控制”菜单的“启动”→“正常启动”菜单项，启动 Ubuntu 虚拟机。由于刚才创建的虚拟机未安装操作系统，所以系统会提示选择启动盘，如图 1-25 所示。

(2) 选择已经下载完成的 Ubuntu 系统光盘镜像文件，单击图标，打开“虚拟光盘选择”窗口，如图 1-26 所示。

(3) 单击“注册”按钮，在弹出的窗口中选择下载的.iso 文件，如图 1-27 所示。

(4) 如图 1-28 所示，单击“选择”按钮后，即表示选择了.iso 文件启动系统。

(5) 回到“选择启动盘”窗口，单击“启动”按钮，如图 1-29 所示，进入启动安装界面。

图 1-25 准备虚拟机系统启动盘

图 1-26 添加虚拟机系统启动光盘

（6）如图 1-30 所示，在 Ubuntu 系统启动引导界面，选择 Try or Install Ubuntu，开始安装过程。

说明：此引导提供了 30s 的超时设置，如果未选择引导程序选项（用上下箭头键选择），则自动选择（默认为第一项 Try or Install Ubuntu）。

（7）安装引导启动过程某界面如图 1-31 所示。

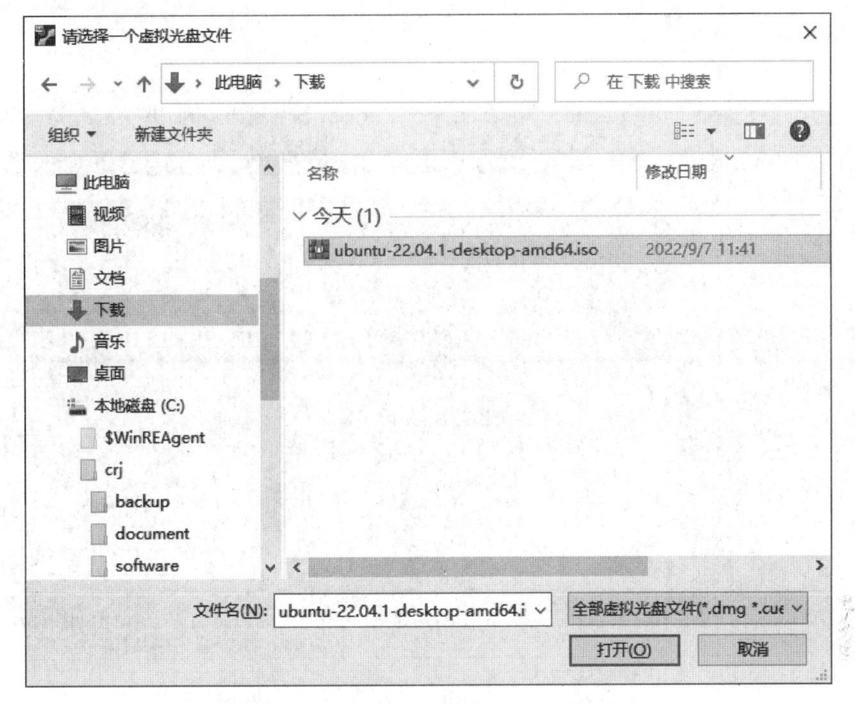

图 1-27 选择虚拟机系统启动光盘文件

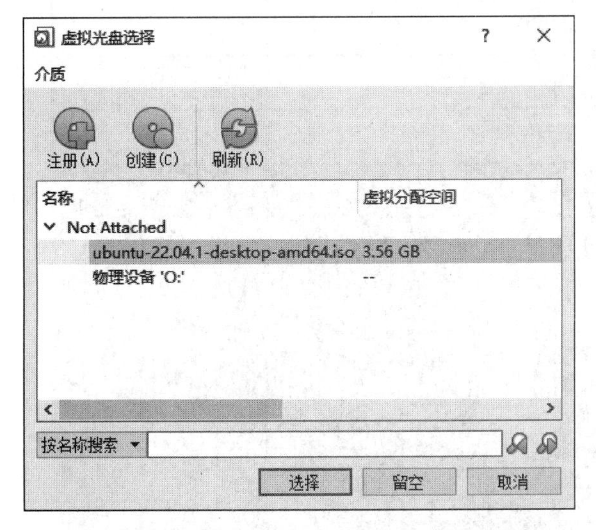

图 1-28 选择虚拟机系统启动光盘

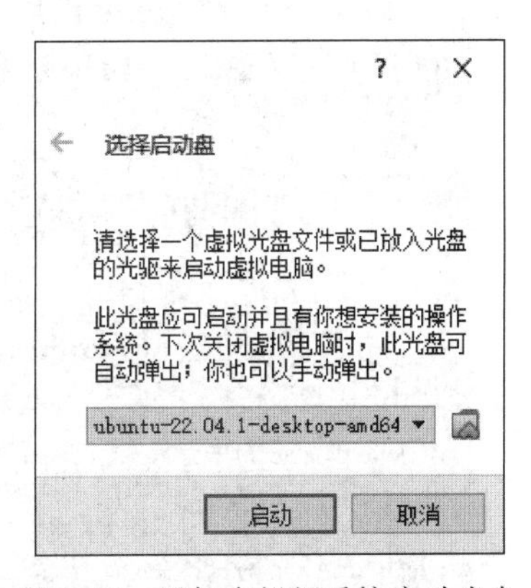

图 1-29 添加虚拟机系统启动光盘

(8) 等待引导结束后，进入如图 1-32 所示的系统安装界面。系统语言切换为“中文(简体)”，如图 1-33 所示。

说明：可以选择系统语言，如简体中文等，也可以在系统安装完成后更改系统语言。**建议系统语言使用英文。**

(9) 为保持简洁，以下以**中文界面**为例介绍。单击“安装 Ubuntu”按钮，开始安装过程(英文界面为单击 Install Ubuntu 按钮)。进入“键盘布局”窗口，如图 1-34 所示，确认键盘布局后，单击“继续”按钮。

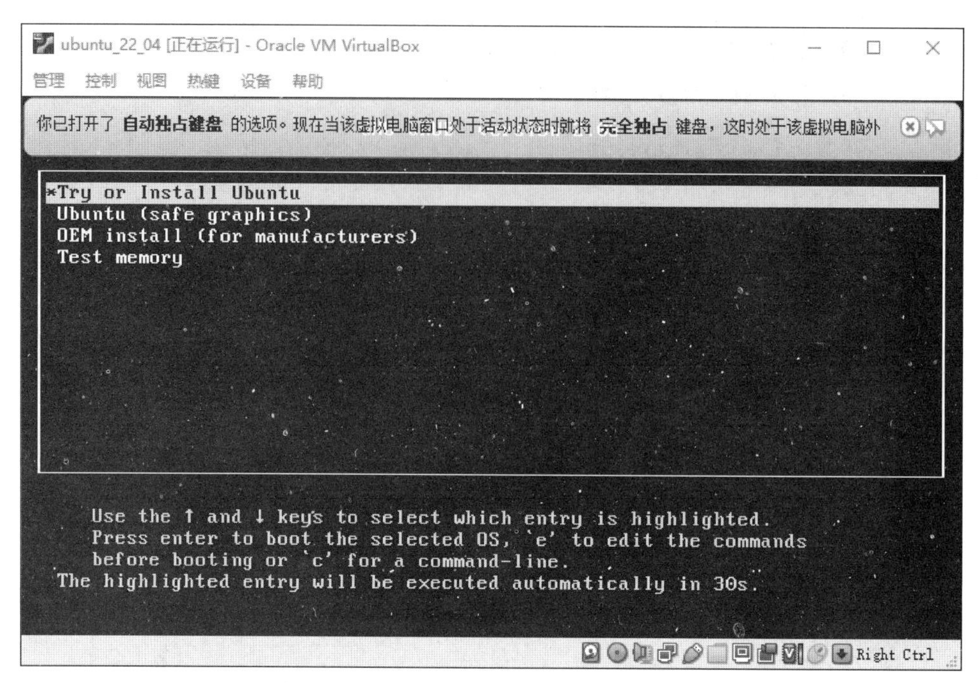

图 1-30　Ubuntu 系统启动引导界面

图 1-31　Ubuntu 系统启动引导过程

图 1-32 Ubuntu 系统安装界面

图 1-33 Ubuntu 系统中文安装界面

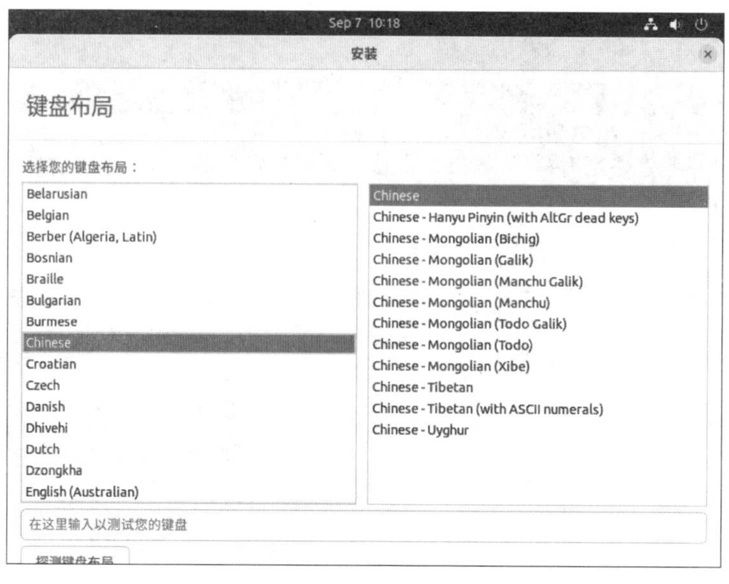

图 1-34　Ubuntu 系统键盘布局

说明：在安装过程中，可能由于安装界面窗口太小，导致安装进度窗口被遮挡，无法显示“退出”“后退”“继续”等按钮。此时，可按下组合键 Alt＋F7，同时按住鼠标左键拖动窗口。另一种方法是在前述窗口中单击“试用 Ubuntu”按钮后，依次选择“设置”→“显示”→“分辨率”，调整分辨率后继续安装过程。此外，还可以在启动虚拟机前先设置虚拟机的显示属性，将“显卡控制器”修改为 VirtualBoxSVGA，而非默认的 VMSVGA。启动虚拟安装后，重设“虚拟显示屏 1”的分辨率(调整为较高分辨率，而非默认的 800×600)，具体参考图 1-35。

图 1-35　调整 Ubuntu 系统安装时的窗口大小

(10) 进入"更新和其他软件"窗口,如图 1-36 所示,选中"正常安装"单选按钮,并取消选中"安装 Ubuntu 时下载更新"复选框,单击"继续"按钮。

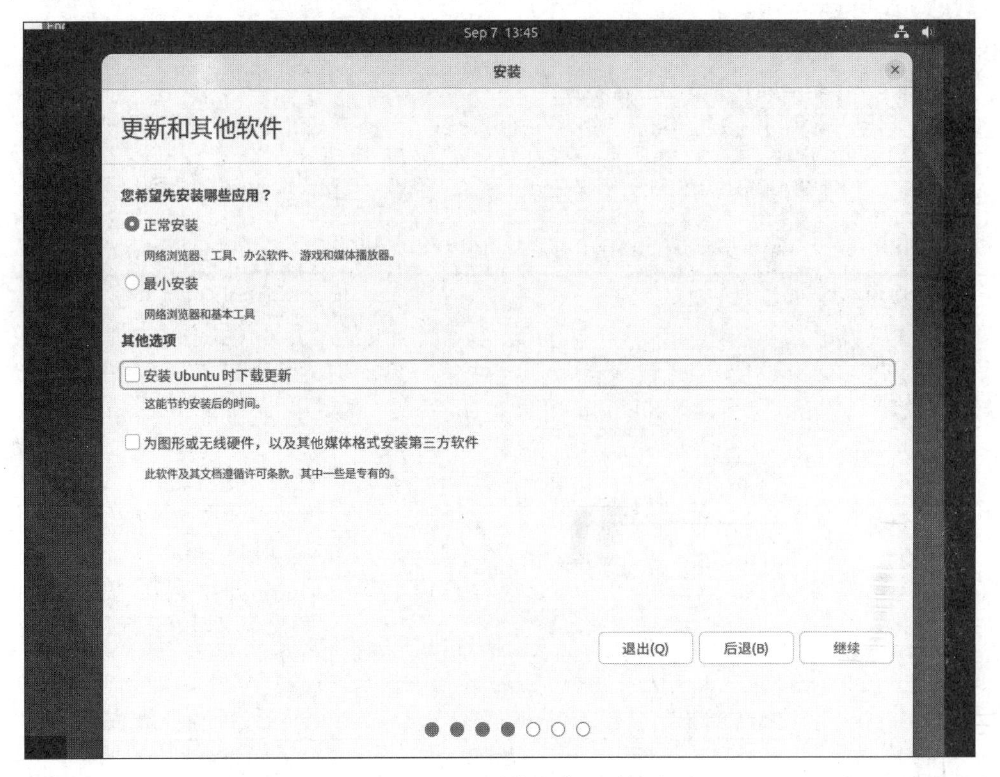

图 1-36 Ubuntu 系统安装及更新选项

说明: 若选中"安装 Ubuntu 时下载更新"复选框,则会在安装过程连接服务器下载更新,由于网速等原因,这会导致安装过程更耗时。可在安装完成后,合理选择更新服务器,然后完成系统更新过程。

(11) 在"安装类型"窗口,选中"清除整个磁盘并安装 Ubuntu"单选按钮后,再单击"现在安装"按钮,如图 1-37 所示。

(12) 如图 1-38 所示,在弹出的"将改动写入磁盘吗?"提示窗口中,单击"继续"按钮,进入时区设置窗口。

(13) 在"您在什么地方?"窗口中,合理选择时区(此处默认选择 Shanghai)后,单击"继续"按钮,如图 1-39 所示。

(14) 在如图 1-40 所示的"您是谁?"窗口中,输入姓名、计算机名、用户名、密码、密码确认等信息后,单击"继续"按钮,开始文件复制和系统安装过程,此时显示界面如图 1-41 所示。

提示: 在输入"您的姓名"之后,系统自动补全计算机名、用户名等信息。**请合理设置用户名、密码等信息,密码不建议留空。**

注意: 受安装选项、网络连接、机器性能等因素的影响,系统文件复制、安装所花费的时间可能从数分钟到数小时不等。如果时间过长,请在安装时取消系统更新,并检查网络连接。

图 1-37 Ubuntu 系统安装类型

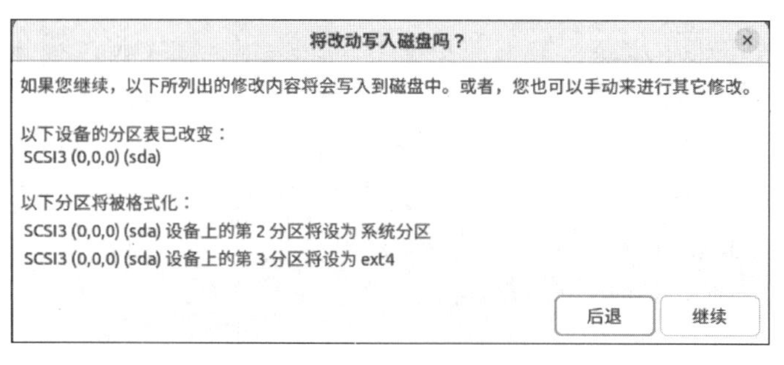

图 1-38 Ubuntu 系统全新安装

(15) 等待复制完成后，在弹出的窗口(见图 1-42)中单击“现在重启”按钮，重启系统以完成安装。启动 Ubuntu 系统界面如图 1-43 所示，重启时，请移走启动盘，并按 Enter 键继续。

说明：如果因屏幕分辨率设置不当导致安装窗口被遮挡，则可以选择修改虚拟机显卡设置，但这有可能导致虚拟机重启失败。此时，应将“显卡控制器”修改为默认的 VMSVGA 或 VirtualBoxVGA，再尝试重启。

4. 完成 Ubuntu Desktop 系统安装

(1) 重启系统并登录后，出现如图 1-44 所示的界面，此时可以进行联机账号设置、更新等操作(可根据实际情况设置相应的联机账号等信息)。

安装
您在什么地方？
Shanghai
后退(B)
继续

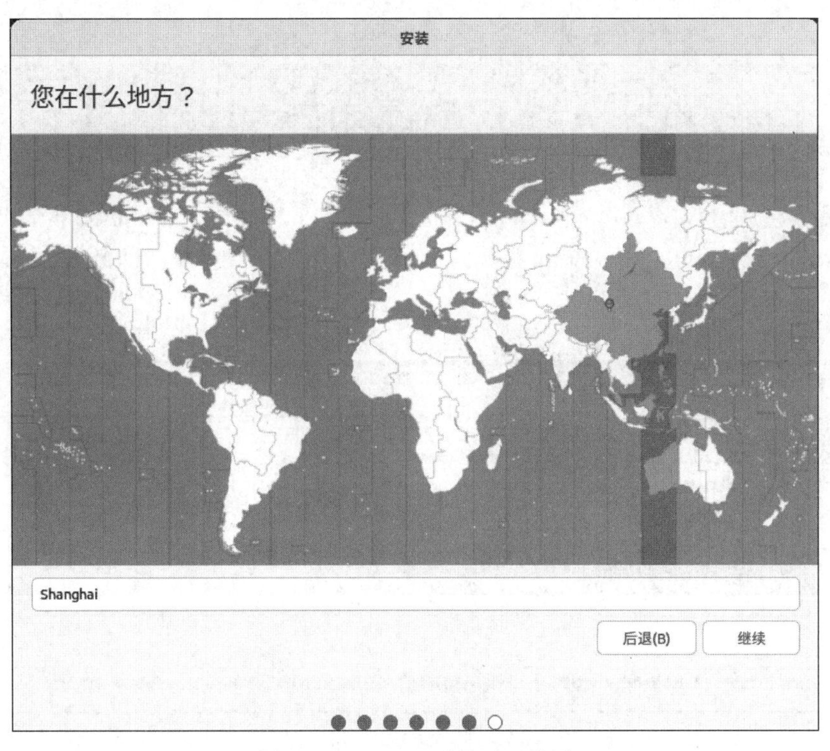

图 1-39　Ubuntu 系统时区设置

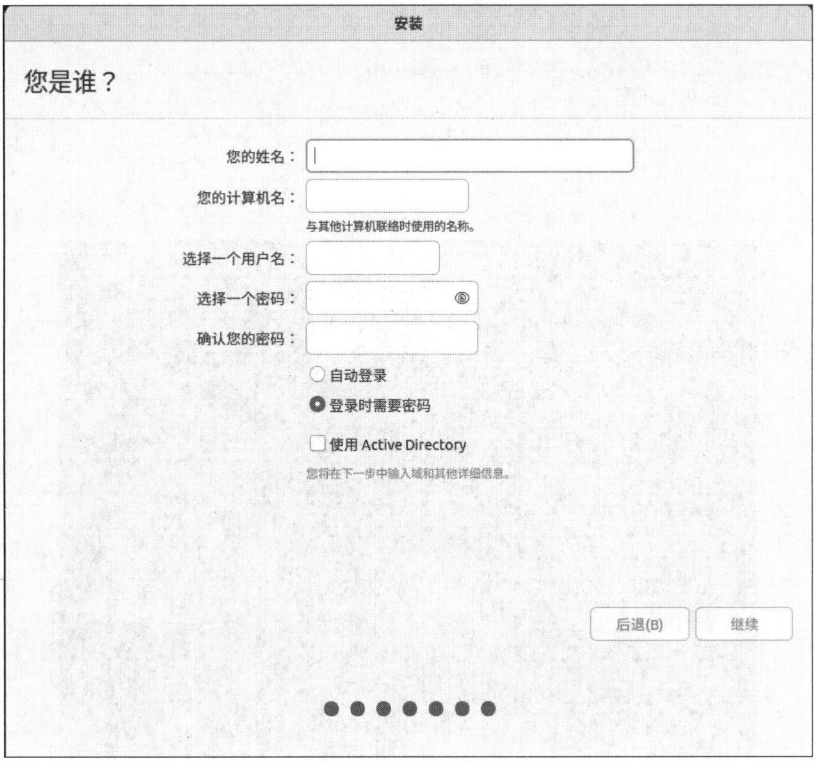

安装
您是谁？
您的姓名：
您的计算机名：
与其他计算机联络时使用的名称。
选择一个用户名：
选择一个密码：
确认您的密码：
自动登录
登录时需要密码
使用 Active Directory
您将在下一步中输入域和其他详细信息。
后退(B)
继续

图 1-40　Ubuntu 系统账号设置

图 1-41　安装 Ubuntu 系统

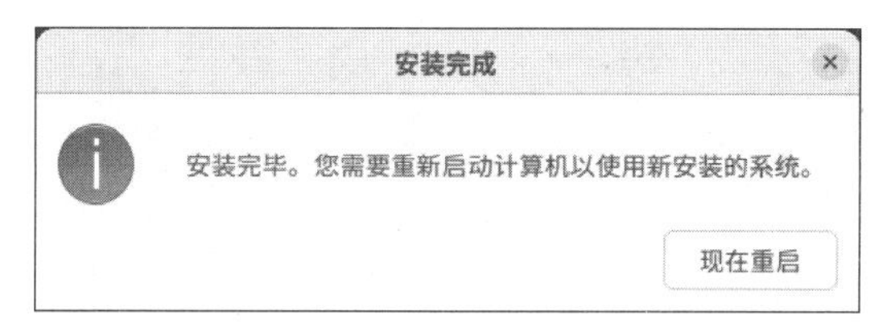

图 1-42　Ubuntu 系统文件复制完成

图 1-43　启动 Ubuntu 系统

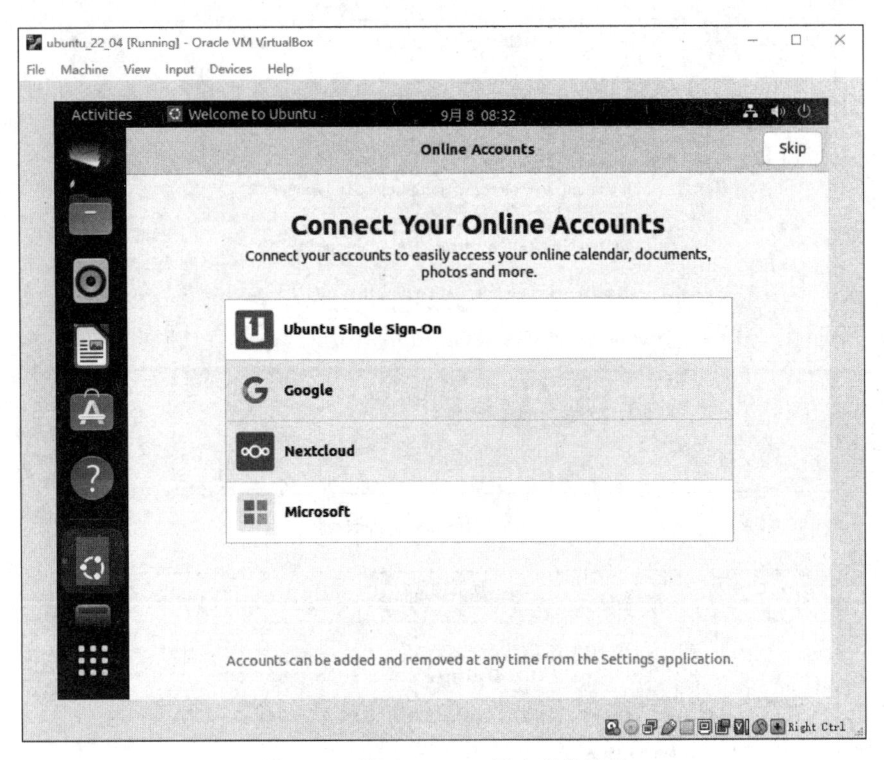

图 1-44 设置 Ubuntu 用户联机账号

(2) 单击 Skip 按钮,进入 Livepatch(内核补丁)设置界面,如图 1-45 所示,单击 Next 按钮,进入 Help improve Ubuntu 设置界面。

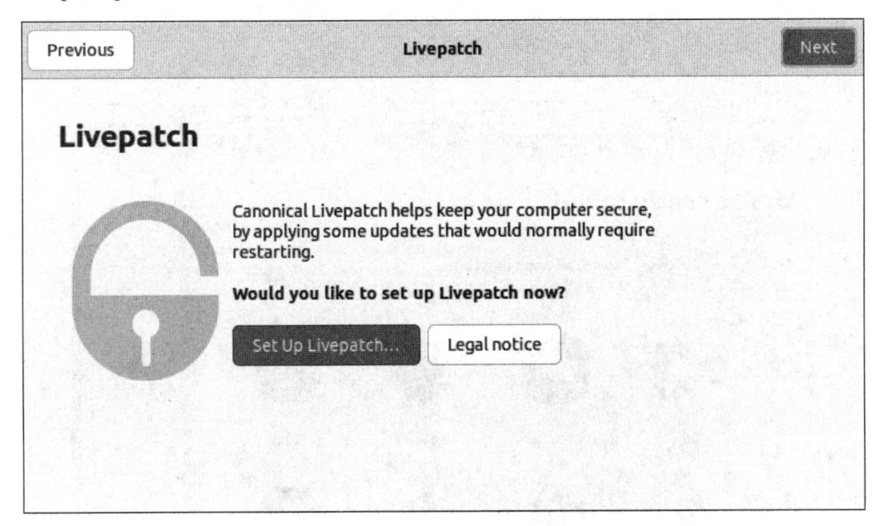

图 1-45 Ubuntu 系统补丁更新

(3) 如图 1-46 所示,选中"No,don't send system info"单选按钮,单击 Next 按钮,进入位置服务隐私设置界面。

(4) 在如图 1-47 所示的位置服务隐私设置界面单击 Next 按钮。

(5) 最后单击 Done 按钮,完成系统初始设置,如图 1-48 所示。

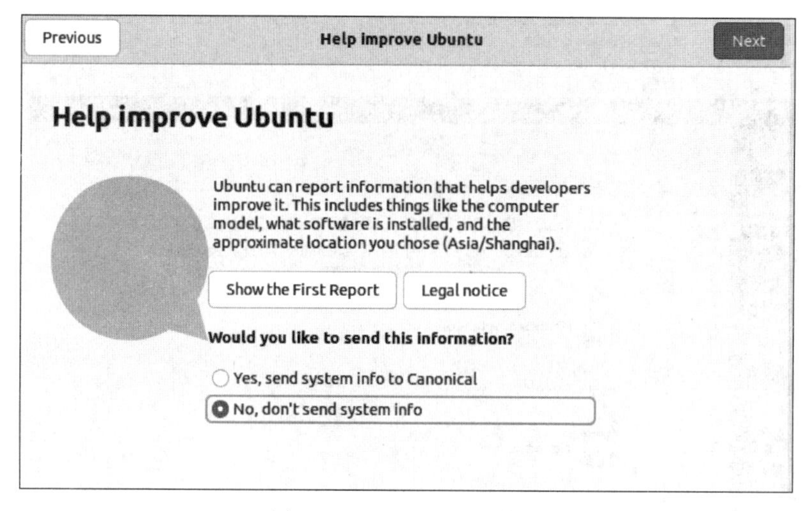

图 1-46　Ubuntu 改进计划

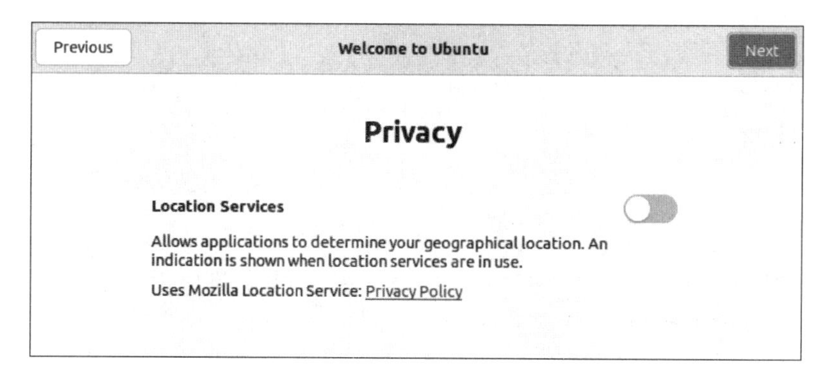

图 1-47　Ubuntu 位置服务隐私设置

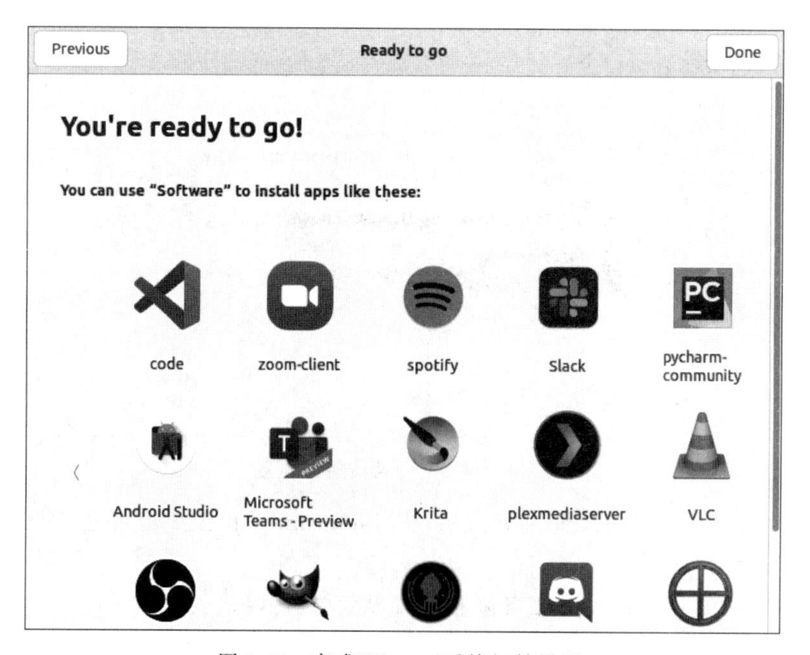

图 1-48　完成 Ubuntu 系统初始设置

5. 英文界面安装过程参考

（1）新建虚拟机，如图1-49所示。

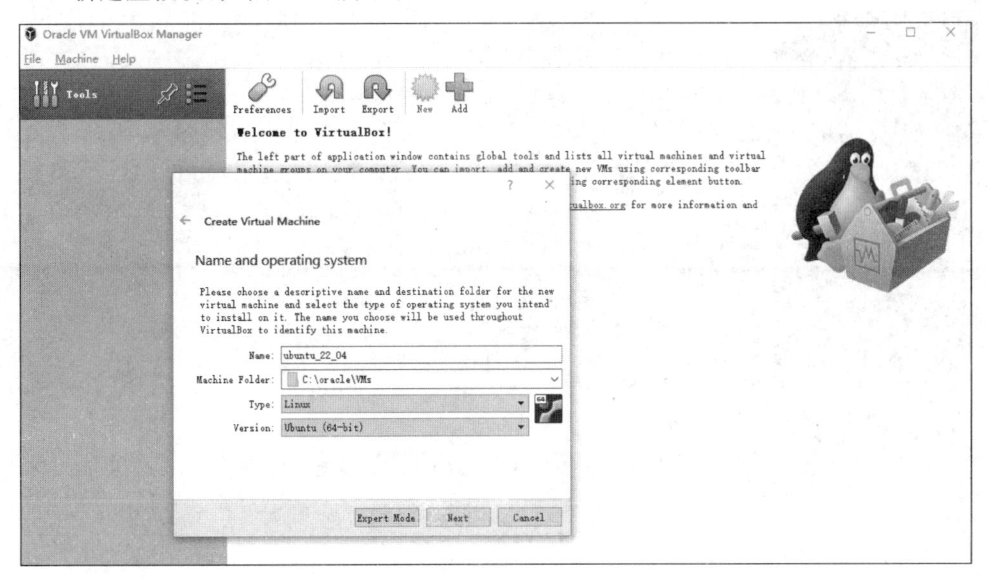

图1-49　新建虚拟机

（2）创建虚拟机硬盘，如图1-50所示。

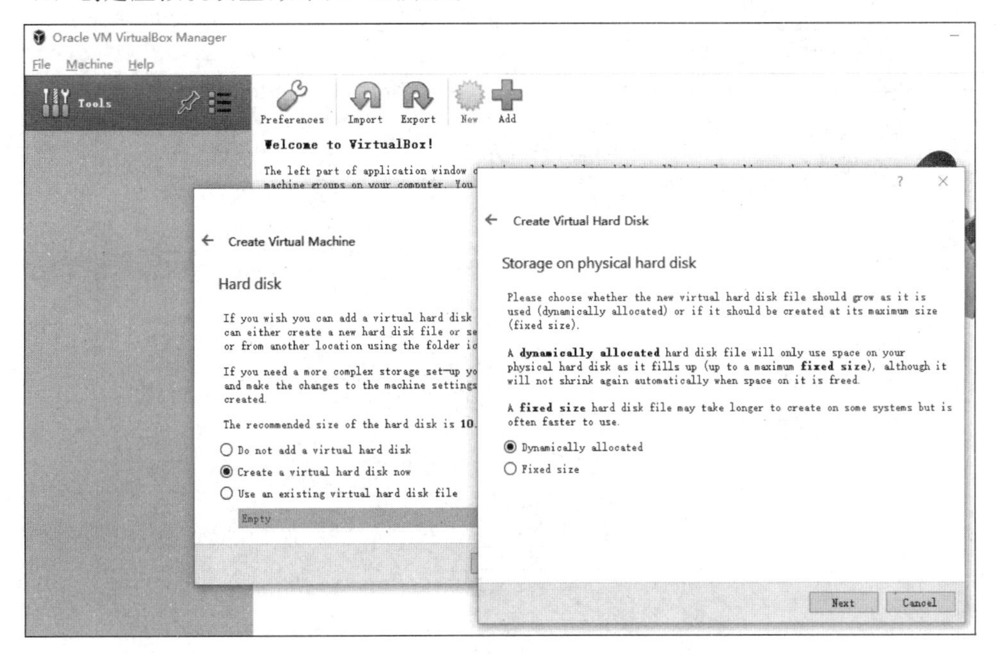

图1-50　创建虚拟机硬盘

（3）修改虚拟机设置，如图1-51所示。

（4）添加虚拟机启动光盘，如图1-52所示。

（5）启动安装，如图1-53所示。

（6）软件安装与更新，如图1-54所示。

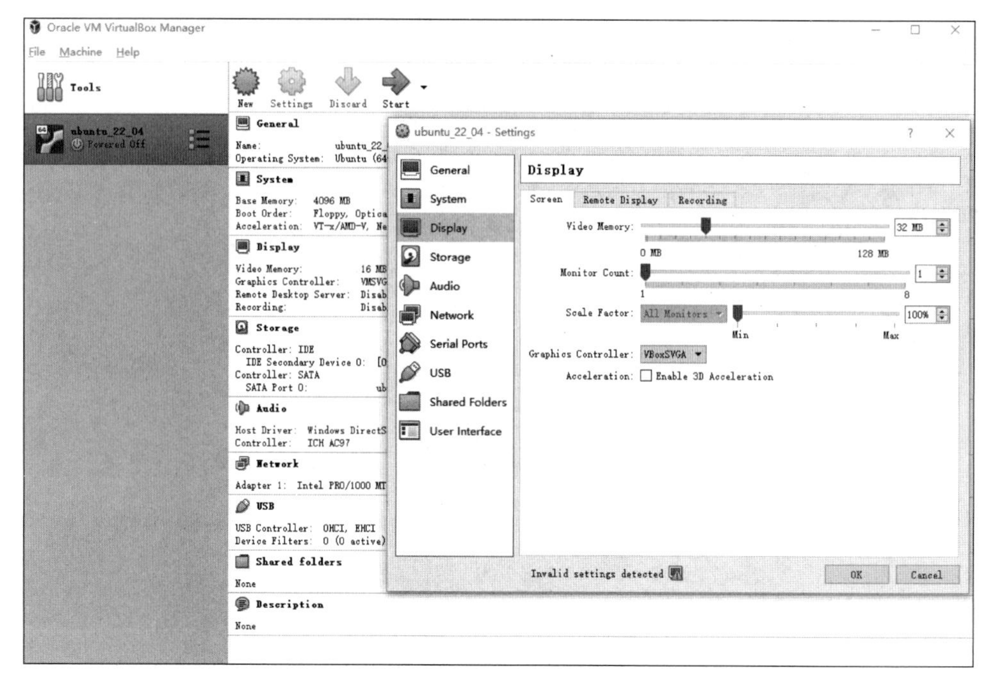

图 1-51　修改虚拟机设置

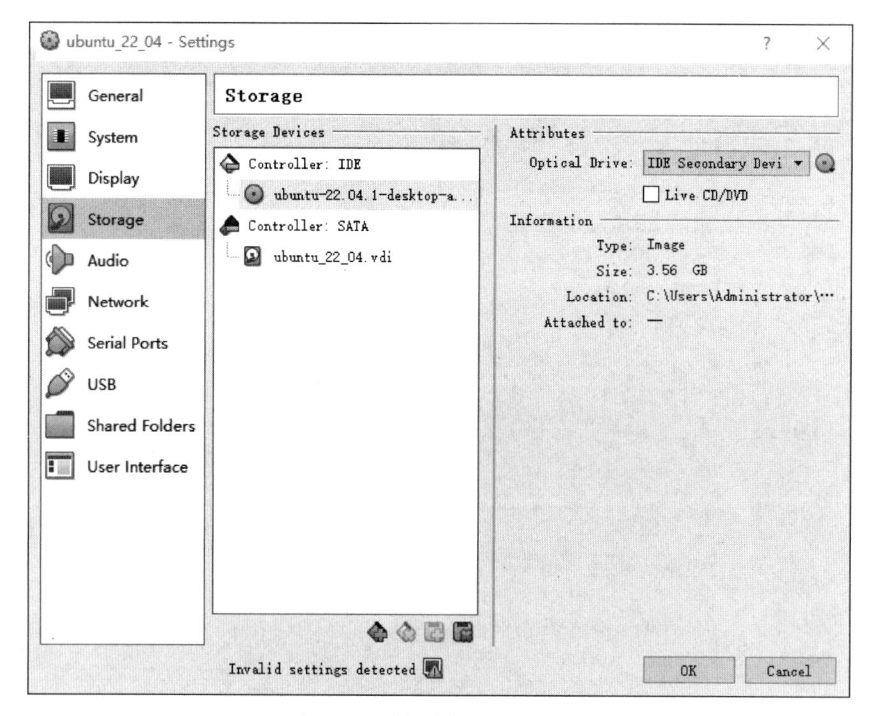

图 1-52　添加虚拟机启动光盘

(7) 设置机器名、用户名、登录密码等，如图 1-55 所示。

最后完成 Ubuntu Desktop 系统的安装。

6. Ubuntu 系统设置

(1) 运行系统设置程序，进入系统设置界面(选择 Settings 选项)，如图 1-56 所示。

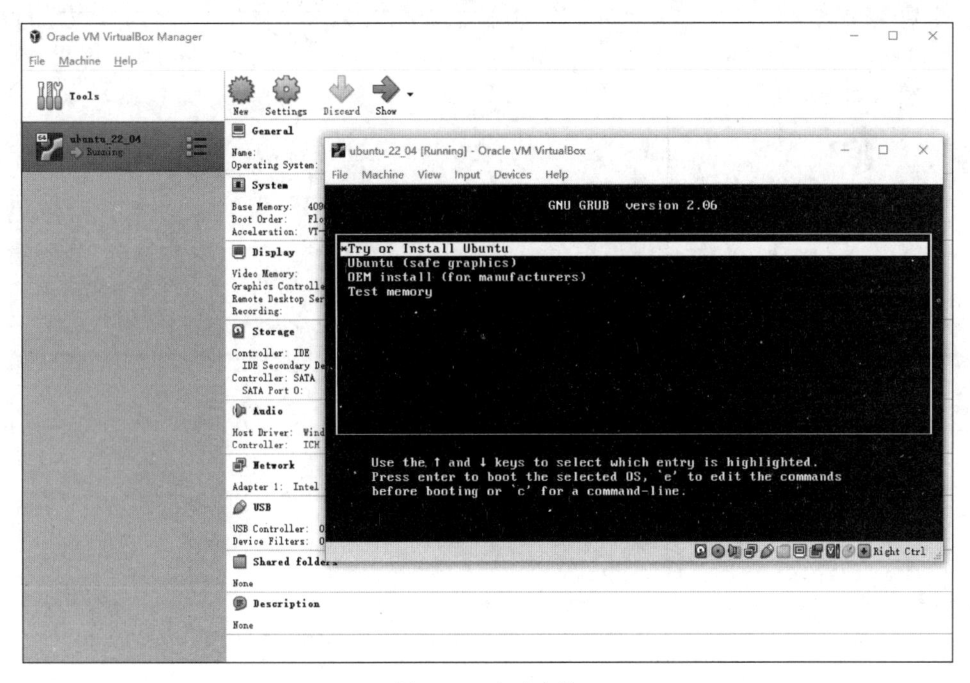

图 1-53　启动安装

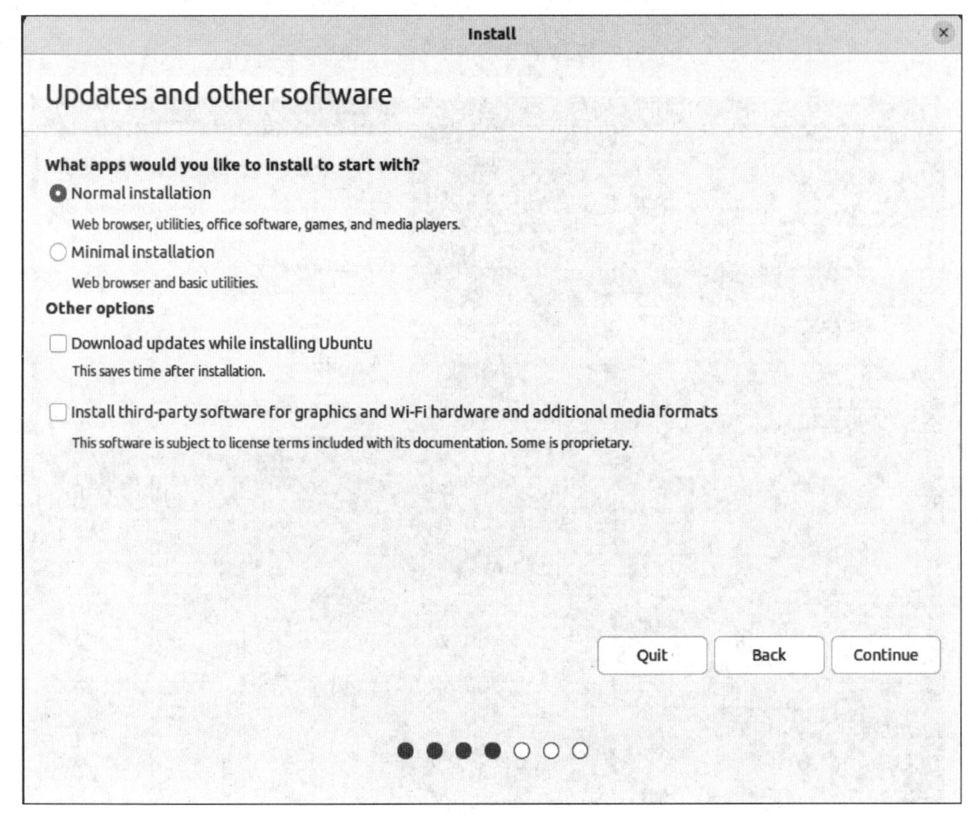

图 1-54　软件安装与更新

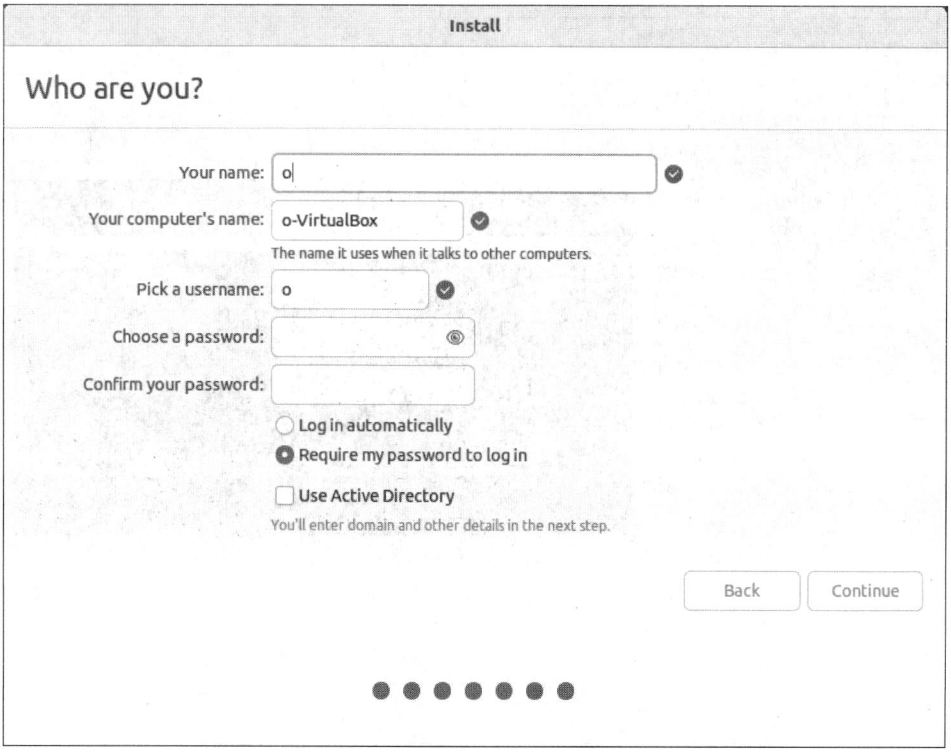

Install
Who are you?
Your name: o
Your computer's name: o-VirtualBox
The name it uses when it talks to other computers.
Pick a username: o
Choose a password:
Confirm your password:
Log in automatically
Require my password to log in
Use Active Directory
You'll enter domain and other details in the next step.
Back
Continue

图 1-55 设置机器名、用户名、登录密码

Activities
9月 8 08:56
Wired Connected
Balanced
Settings
Lock
Power Off / Log Out
Home

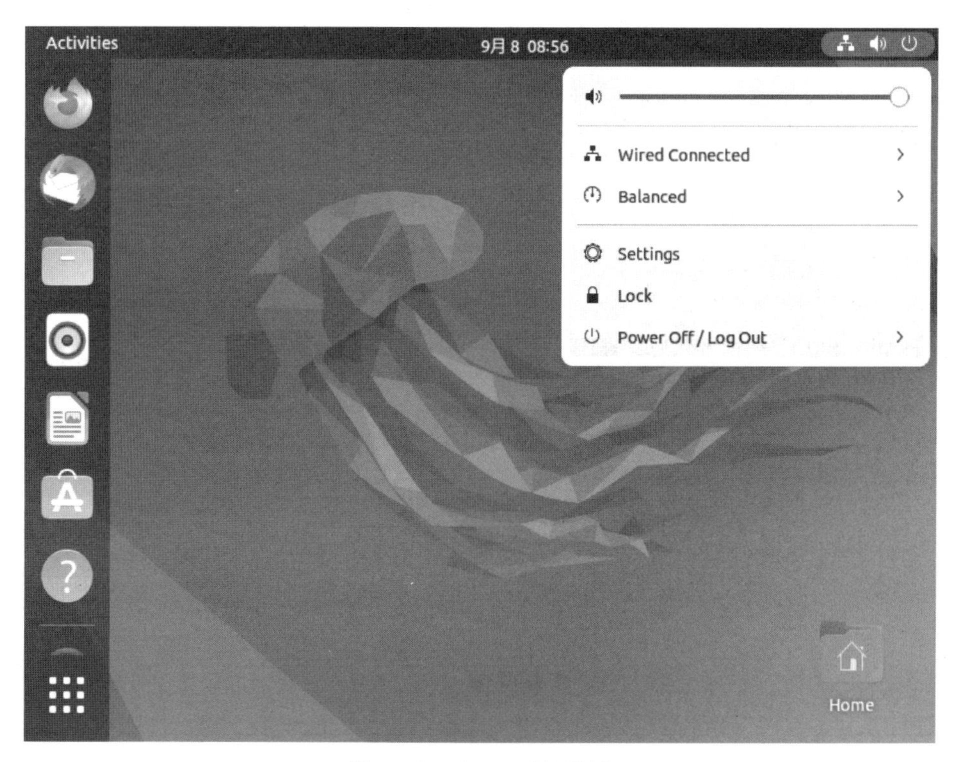

图 1-56 Ubuntu 系统设置

（2）调整显示分辨率。选择 Displays→Resolution 选项，设置合适的分辨率后单击 Apply 按钮，如图 1-57 所示。

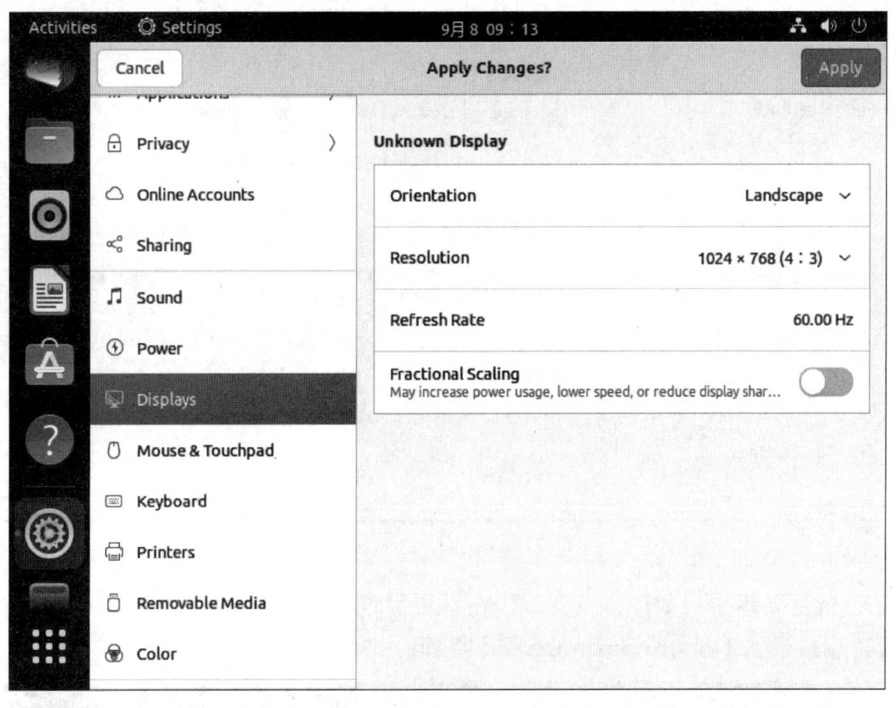

图 1-57　调整显示分辨率

（3）设置系统语言。依次选择 Region & Language→Language 选项，在弹出的窗口中选择合适的语言后，单击 Select 按钮，如图 1-58 所示。

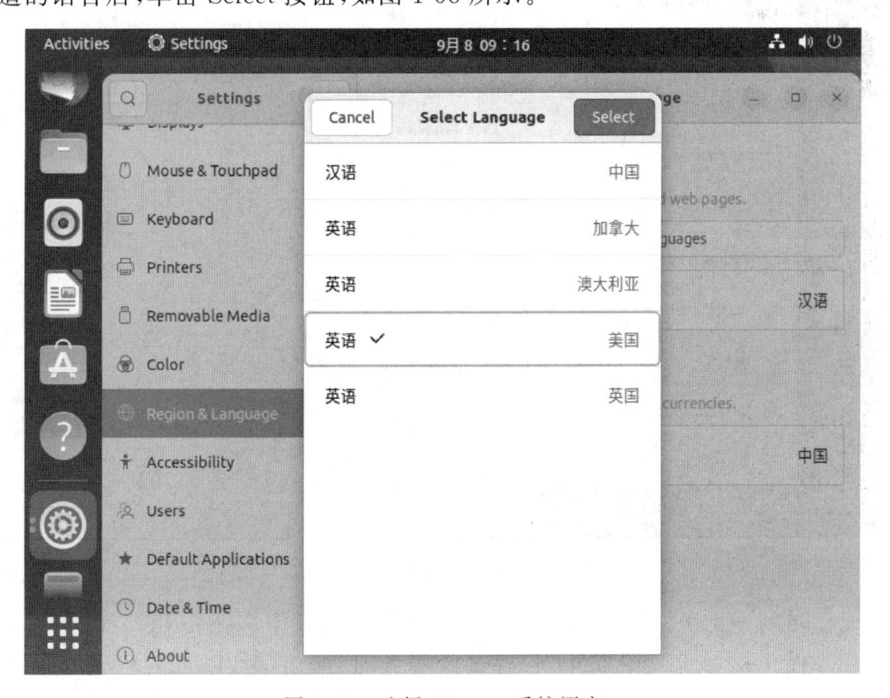

图 1-58　选择 Ubuntu 系统语言

（4）确认重启。单击 Restart 按钮，使语言设置生效，如图 1-59 所示。

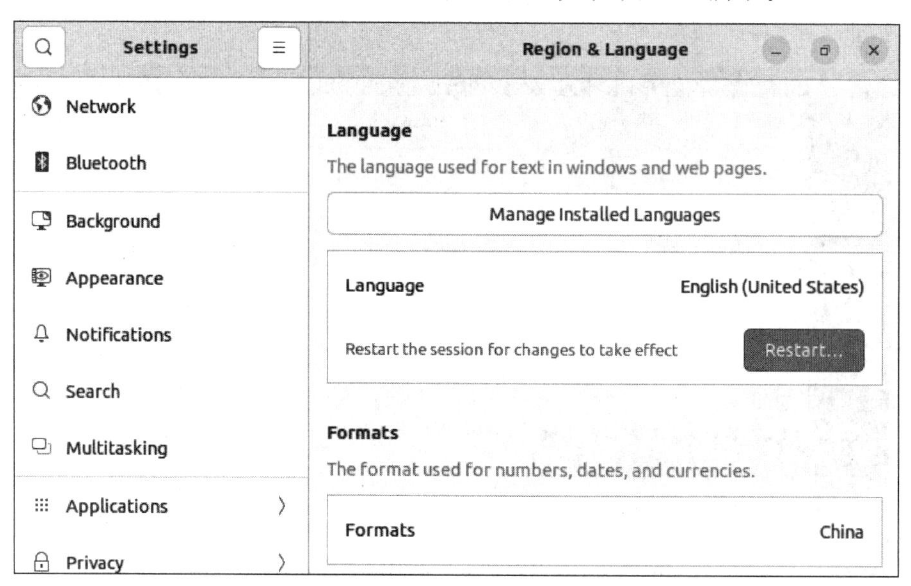

图 1-59 设置 Ubuntu 系统语言

（5）系统更新设置。如图 1-60 所示，在系统设置的 About 页面选择 Software Updates 选项，或者直接进入 Ubuntu Software 程序界面。

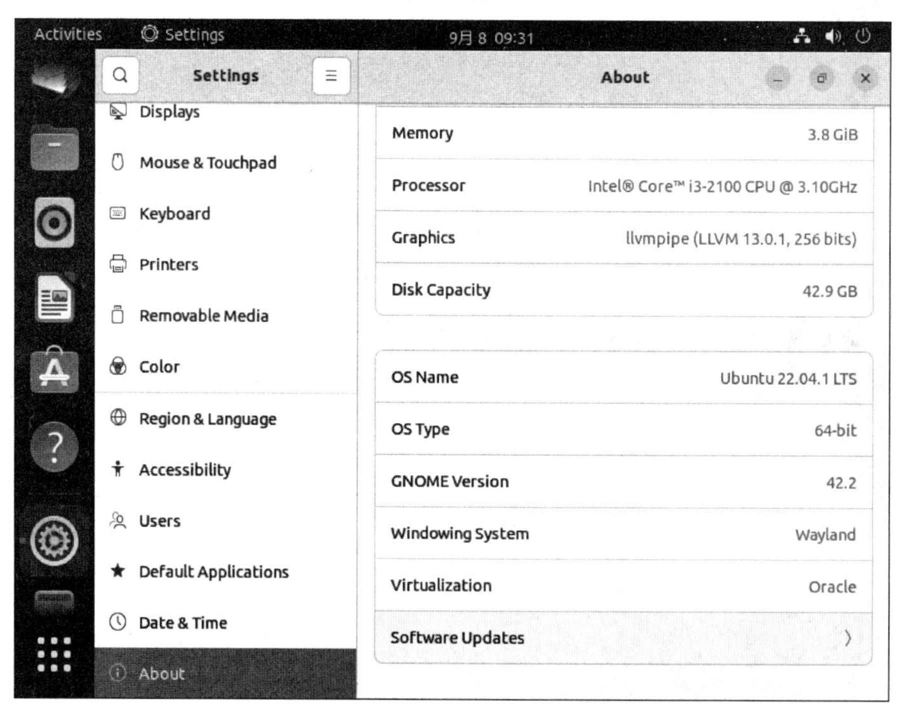

图 1-60 Ubuntu 系统软件更新

（6）设置更新镜像源。在 Download from 下拉列表框中选择 Other，如图 1-61 所示。

（7）在如图 1-62 所示的窗口中，选择镜像服务器（如南京大学或阿里云），单击 Choose Server 按钮后，输入密码进行认证。

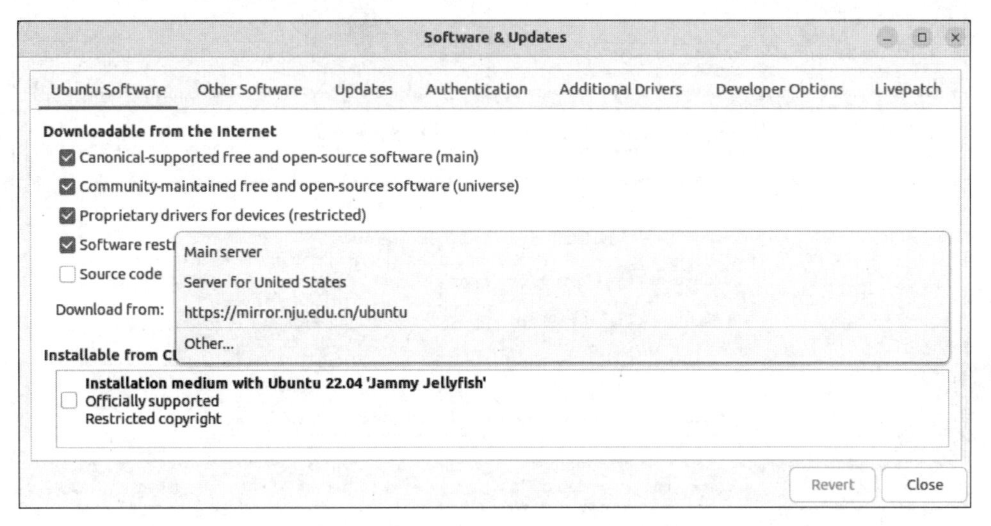

图 1-61 设置 Ubuntu 系统更新镜像源

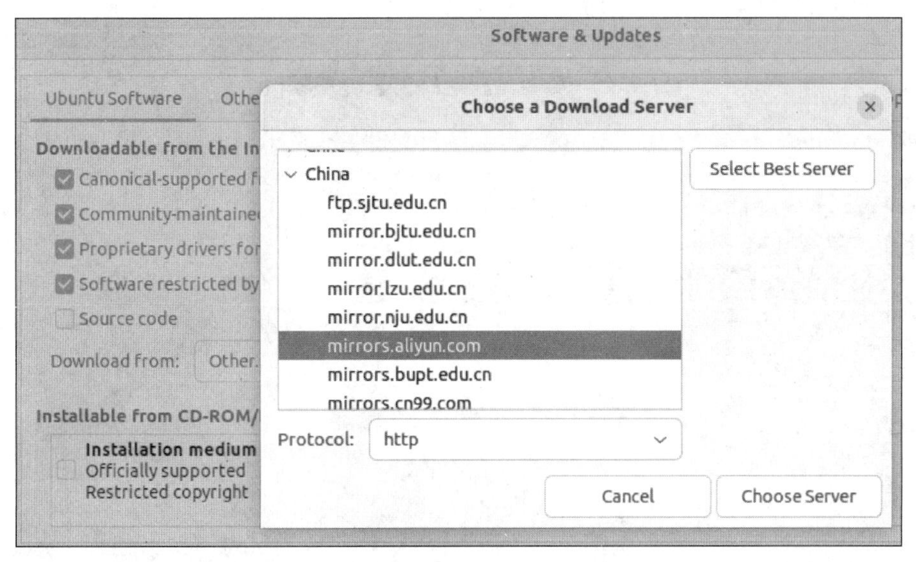

图 1-62 选择 Ubuntu 系统更新镜像源

说明：在 Ubuntu Desktop 22.04.1 版本中，在镜像服务器列表中没有清华大学镜像。要将 Ubuntu 镜像源设置为清华大学镜像服务器，需要手动操作。

(8) 设置系统更新。在 Updates 选项卡中，选择更新类型、更新频率、Ubuntu 新版本、通知消息等，如图 1-63 所示。

1.5.4 Linux 命令

在 Ubuntu 系统的应用程序图形界面(见图 1-64)中，单击 Terminal，或者直接使用 Ctrl+Alt+T 组合键，打开命令终端后，就会出现终端窗口界面(见图 1-65)。可以在终端窗口输入或使用各类 Linux 命令。

提示：可以将终端窗口添加到 Favorites 列表中，以方便下次快速打开终端，如图 1-65 所示。

Software & Updates

Ubuntu Software | Other Software | Updates | Authentication | Additional Drivers | Developer Options | Livepatch

Snap package updates are checked routinely and installed automatically.

For other packages, this system has: Basic Security Maintenance Extend...

Active until 2027年04月21日

Subscribed to: Security updates only

Automatically check for updates: Never

When there are security updates: Download and install automatically

When there are other updates: Display every two weeks

Notify me of a new Ubuntu version: For long-term support versions

Revert Close

图 1-63 进行 Ubuntu 系统更新设置

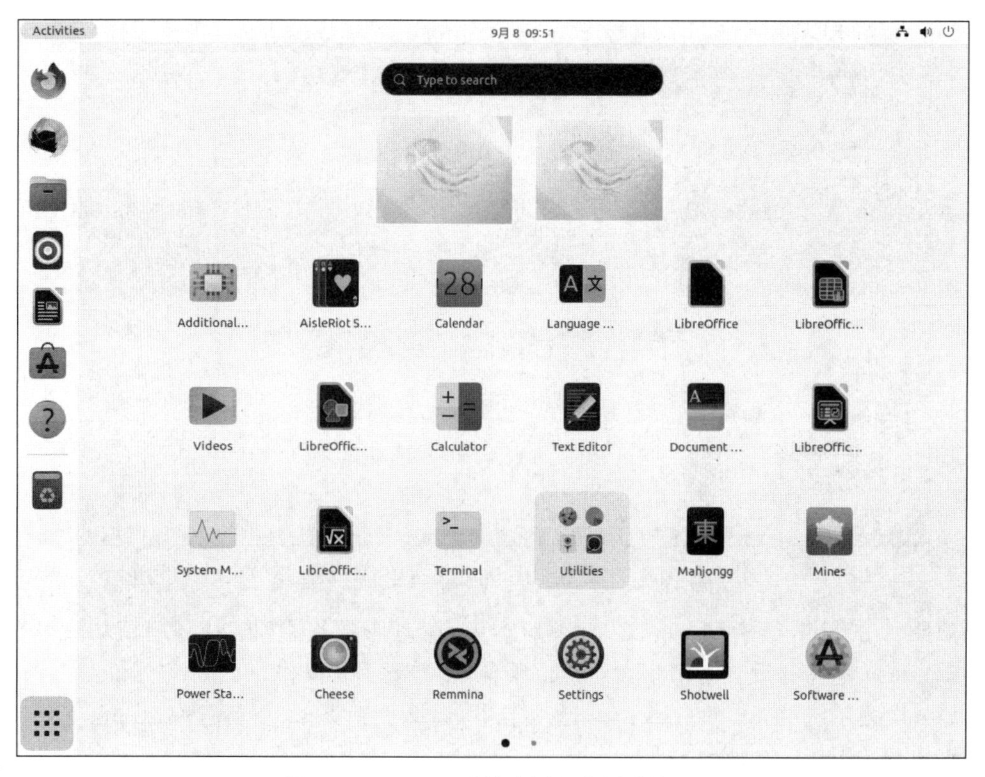

图 1-64 Ubuntu 系统应用程序图形界面

Linux 的操作命令比较多，且每条命令通常又有较多的选项，因此建议掌握最常用的命令及选项即可，其他命令或选项在有需要时再参考相关资料。对初学者而言，Linux Shell 提供的命令补全快捷键 Tab(键盘上的制表符键，不是 3 个字母的组合)，可以有效地避免输入错误命令或不正确的路径等，对快速掌握 Linux 命令起到事半功倍的作用。具体的操作命令等请参考有关资料或网上资源。

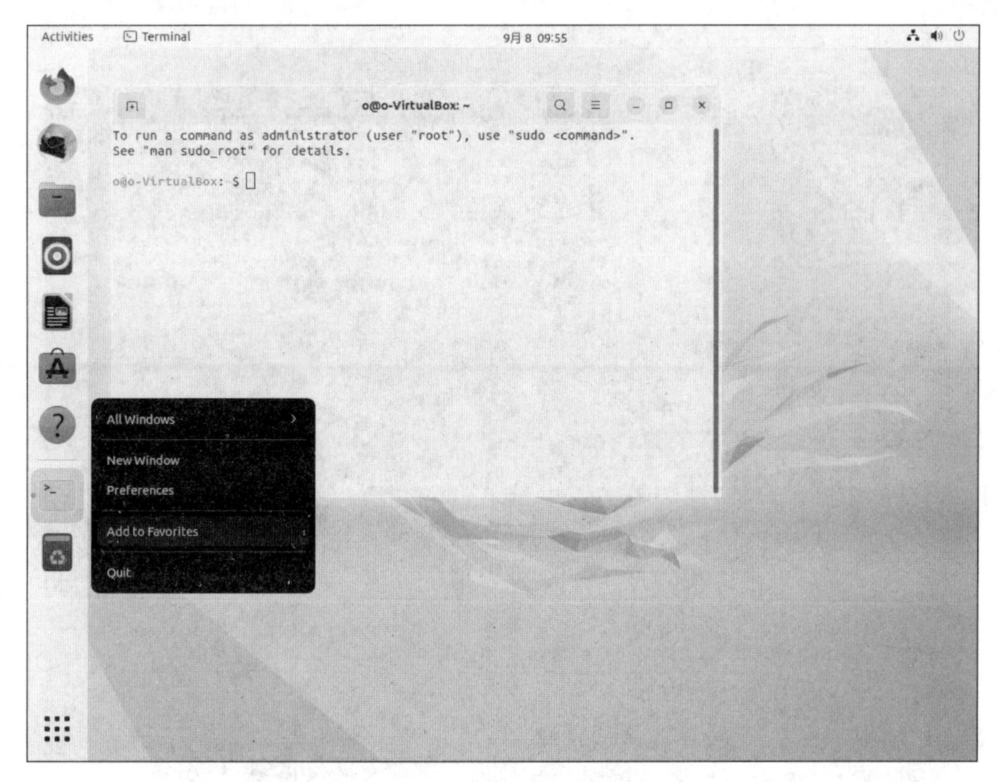

图 1-65　快捷访问终端窗口

1.5.5　主机与虚拟机交互

1. 安装 VirtualBox 增强功能

(1) 选择虚拟机窗口“设备”菜单下的“安装增强功能”菜单项，装载 VirtualBox Guest Additions CD image(.iso 文件)，如图 1-66 所示。

说明：不同于 Ubuntu 20.04 等版本，由于安全等原因，Ubuntu 22.04 不会自动运行光盘上的 autorun 等文件。

(2) 打开光盘映像文件后，右击 autorun.sh 或 VirtualBoxLinuxAdditions.run，在弹出的快捷菜单中选择“Run as a Program”命令(见图 1-67)，输入认证口令后，开始安装(见图 1-68)。

待安装完成后，重启虚拟机。

2. 粘贴板交互

根据应用需求，在“设备”菜单的“共享粘贴板”子菜单下选择“主机到虚拟机”“虚拟机到主机”“双向”“已禁用”菜单项，如图 1-69 所示。

3. 拖放

根据应用需求，在“设备”菜单的“拖放”子菜单下选择“主机到虚拟机”“虚拟机到主机”“双向”或“已禁用”菜单项(与“共享粘贴板”设置类似)。

说明：VirtualBox 6.1.x 版本中的 Drag and Drop(拖放)支持纯文本、文件、文件夹等的拖放操作。

图 1-66　安装 VirtualBox 增强功能

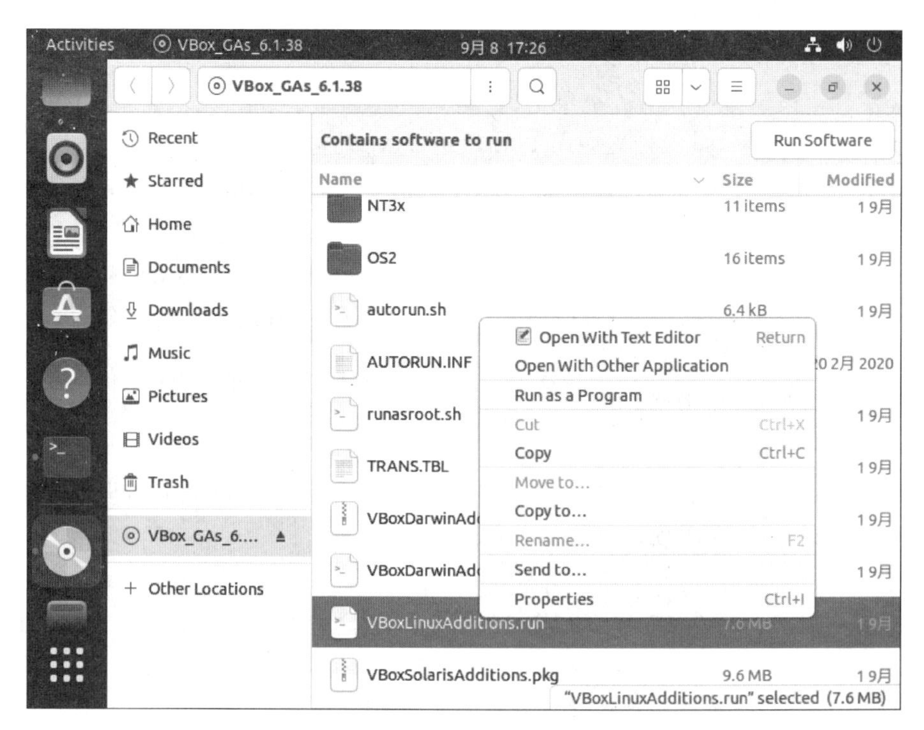

图 1-67　运行增强功能安装程序

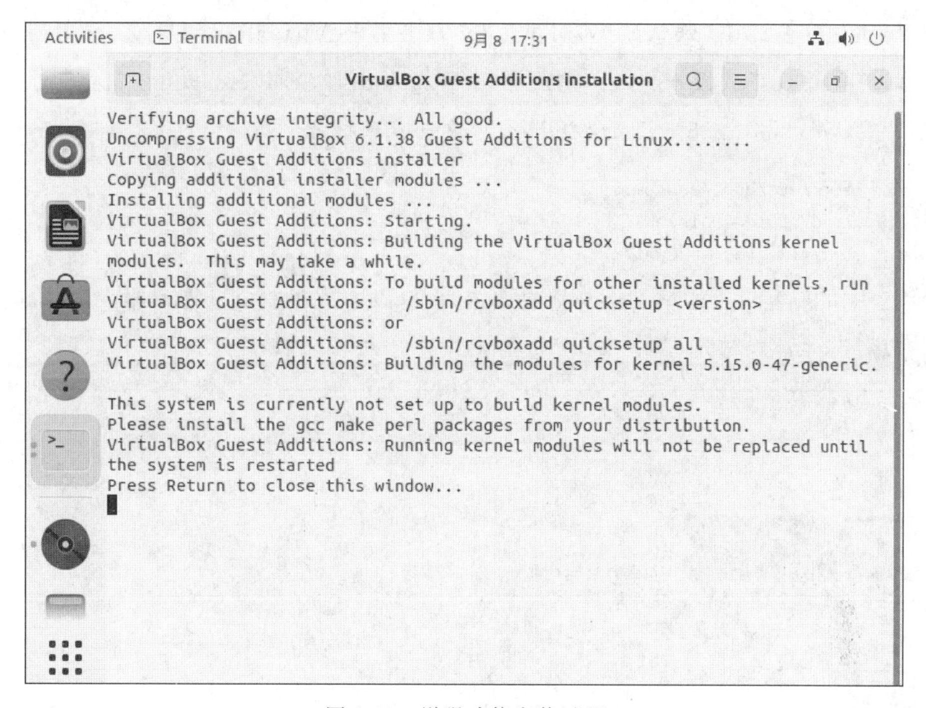

图 1-68　增强功能安装过程

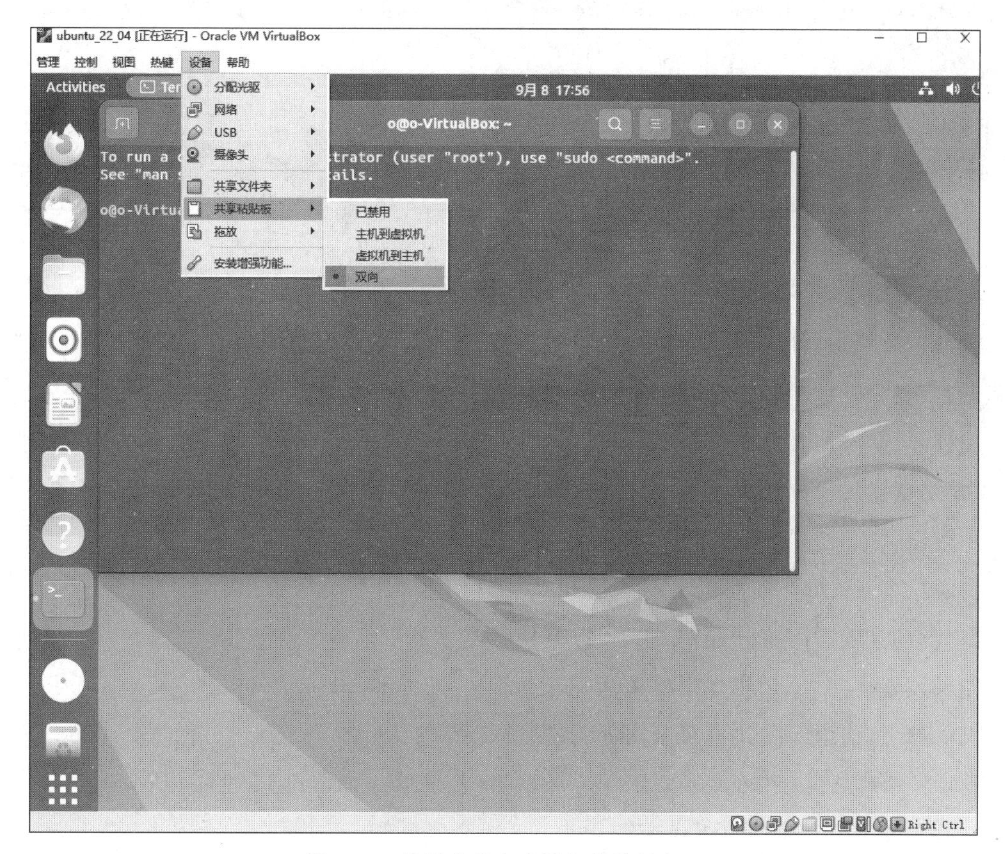

图 1-69　设置主机与虚拟机粘贴板交互

提示：Ubuntu 22.04 默认的 Wayland 显示服务器与 VirtualBox 6.1.38 使用的拖放协议不兼容，可能导致拖放操作失败。需要禁用 Wayland，即编辑/etc/gdm3/custom.conf 文件，将其中的 WaylandEnable 设置为 false 后，重启图形界面。具体修改如下：

```
$ sudo nano /etc/gdm3/custom.conf
    WaylandEnable = false
$ sudo systemctl restart gdm3
```

说明：主机与客户机的粘贴板与拖放设置，也可以通过在虚拟机管理器中选择虚拟机，再选择"设置"→"常规"选项，在"高级"选项卡中完成，如图 1-70 所示。

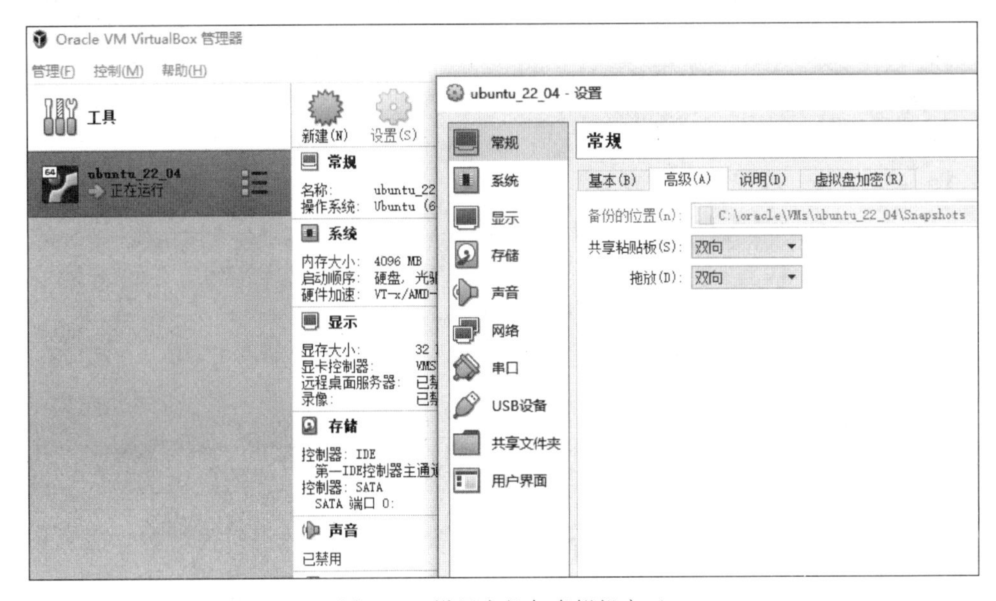

图 1-70 设置主机与虚拟机交互

4. 共享文件夹

在虚拟机管理器中选择虚拟机，依次选择"设置"→"共享文件夹"后，在"共享文件夹"页面单击右侧的"+"按钮，添加共享文件夹，如图 1-71 所示。

在打开的"添加共享文件夹"窗口中，选择共享文件夹路径，设置共享文件夹名称、挂载点等，并根据实际情况选择是否"只读分配""自动挂载""固定分配"等选项。设置完成后单击 OK 按钮，如图 1-72 所示。

说明：如果主机与虚拟机之间需要相互读写信息，则不要选中"只读分配"复选框。建议选中"自动挂载""固定分配"复选框，以方便经常性的交互。

如果设置成功，那么在虚拟机中可以读(写)主机目录，参考示例如图 1-73 所示(注意，内容仅供参考，请以实际共享目录内容为准)。

提示：粘贴板、拖放及共享文件夹等功能，需要安装 VirtualBox Guest Additions，且安装成功后需要进行相应的设置。

图 1-71　主机与虚拟机文件共享

添加共享文件夹

共享文件夹路径：C:\oracle\doc

共享文件夹名称：doc

☐ 只读分配(R)

☑ 自动挂载(A)

挂载点：/mnt/share

☑ 固定分配(M)

OK　Cancel

图 1-72　主机与虚拟机文件夹共享选项

```
o@o-VirtualBox: ~
o@o-VirtualBox:~$ sudo ls -ahl /mnt/share
total 34M
drwxrwx--- 1 root vboxsf 4.0K  9月 10 17:52 .
drwxr-xr-x 4 root root   4.0K  9月 10 17:53 ..
-rwxrwx--- 1 root vboxsf 1.7M  9月  6 15:35 creative-scala.pdf
-rwxrwx--- 1 root vboxsf  16M  9月  6 08:15 Programming-in-Scala-Fifth-Edition.pdf
-rwxrwx--- 1 root vboxsf 2.0M  9月  6 08:14 Programming-In-Scala.pdf
-rwxrwx--- 1 root vboxsf 6.3M  9月  6 08:49 'Programming Scala 2e.pdf'
-rwxrwx--- 1 root vboxsf 3.3M  9月  6 09:12 Programming-Scala-Third-Edition.pdf
-rwxrwx--- 1 root vboxsf 4.8M  9月  4 15:49 VirtualBox-UserManual-6.1.38.pdf
o@o-VirtualBox:~$
```

图 1-73　虚拟机访问主机文件夹

第2章 Scala 基础

2.1 Scala 概述

2.1.1 Scala 简介

Scala 编程语言是将面向对象(object-oriented)与函数式编程(functional programming)结合在一起的、一种简洁的高级程序设计语言。Scala 的静态类型有助于避免复杂应用程序中的错误,其 JVM 和 JavaScript 运行时库,可用来构建高性能系统,并且可以轻松地访问庞大的生态系统库。

Scala 是 Scalable Language 的缩写,是一种多范式的编程语言。Scala 最早是由瑞士联邦洛桑理工学院(EPFL)的 Martin Odersky 教授于 2001 年在 Funnel 的工作基础上设计开发的。Funnel 是函数式编程思想和 Petri 网相结合的一种编程语言。

Java 平台的 Scala 于 2003 年年底、2004 年年初发布,. NET 平台的 Scala 发布于 2004 年 6 月。该语言第二个版本,即 v2.0 发布于 2006 年 3 月。截至 2022 年 11 月,最新的发行版本是 3.2.1 和 2.13.10。Scala 的版本规划不是很完善,不同版本之间存在不兼容的情况。

Scala 结合了面向对象与函数式编程的特性。Scala 是一种纯面向对象的语言,每个值都是对象。对象的数据类型以及行为由类和特质描述。类抽象机制的扩展有两种途径:一种是子类继承,另一种是灵活的混入机制。这两种途径能避免多重继承的种种问题。

Scala 也是一种函数式编程语言,其函数也能当成值来使用。Scala 提供了轻量级的语法以定义匿名函数,且支持高阶函数,允许函数嵌套。Scala 的样例类 case class 及其内置的模式匹配相当于函数式编程语言中常用的代数类型。程序开发人员可以利用 Scala 的模式匹配,编写与正则表达式类似的代码。Scala 中的函数也是对象,与其他数据类型(如整数、字符串等)处于相同地位。

Scala 运行于 JVM(Java 虚拟机)之上,兼容现有的 Java 程序,可以与 Java 类进行互操作,如继承 Java 类、实现 Java 接口、创建 Java 对象、调用 Java 方法等。

Scala 是静态类型的编程语言，具备类型系统，通过编译时检查，可保证代码的安全性和一致性。类型系统支持的特性包括泛型类、复合类型、视图、多态方法等。

Scala 的设计秉承的一项理念是：在实践中，某个领域特定的应用程序开发往往需要特定于该领域的语言扩展。因此，Scala 提供了许多独特的语言机制，可以以库的形式轻易无缝地添加新的语言结构，如，任何方法都可以用作前缀或后缀操作符，可以根据预期类型自动构造闭包等。

Scala 是相对热门的现代编程语言之一。对开发人员来说，Scala 是开发大数据应用程序的高效语言。使用 Scala 有助于编写健壮的代码，减少错误。Spark 主要是用 Scala 编写的，所以 Scala 非常适合开发 Spark 应用程序。

本章介绍 Scala 编程语言的一些基础知识，目的是帮助读者了解足够的 Scala 相关知识，以理解和编写 Scala 版本的 Spark 应用程序。本书中的示例代码大多是用 Scala 编写的，因此了解 Scala 是非常必要的。

2.1.2 Scala 安装

1. Scala 运行环境

Scala 的运行基于 Java 虚拟机环境，可运行于 Windows、Linux 等操作系统中。由于本书的主要开发环境基于 Linux 系统，因此，本章介绍的 Scala 安装部署、测试开发等内容也是基于 Linux 系统（Ubuntu Desktop）的，但语言、语法、示例代码等完全适用于 Windows 系统中的 Scala 环境。

2. Scala 的下载和安装

可以到官方网站下载 Scala 的相应版本，下载页面如图 2-1 所示。

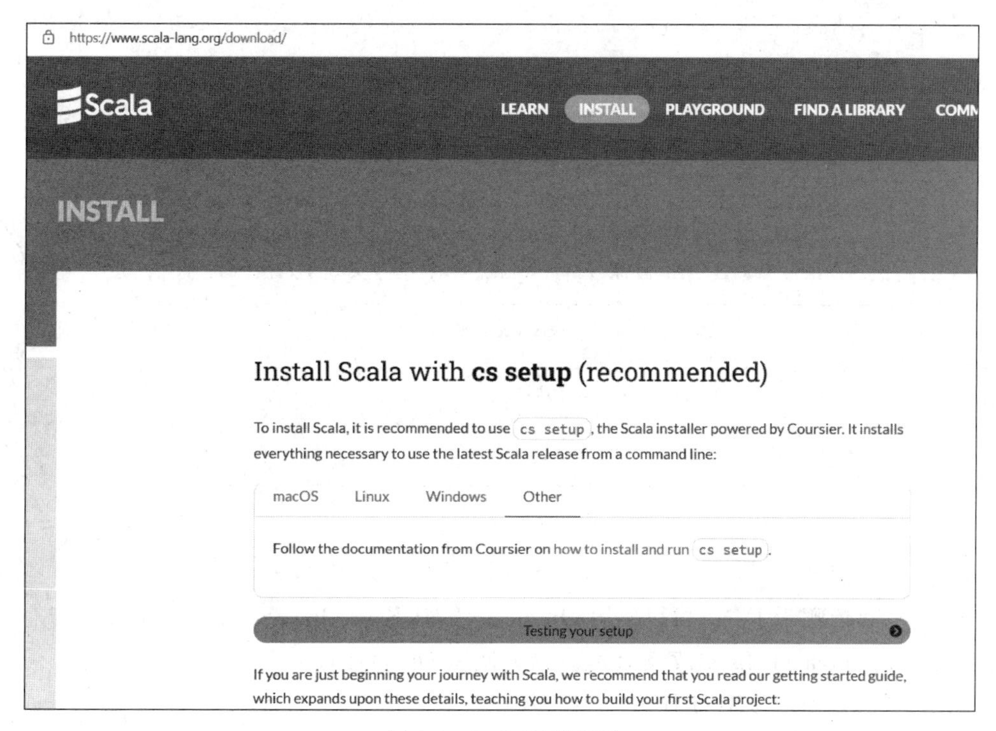

图 2-1　Scala 下载页面

官方推荐的环境安装过程是使用 cs setup(Coursier CLI)。即，先安装 Coursier，再利用 Coursier 安装 Scala、JVM、SBT 等。

由于网络连接等原因，这里选择手动安装。以下为 Ubuntu 系统中手动下载、安装过程。

当前的 Scala 发行版为 3.2.x(3.2.0)以及 2.13.x(2.13.8)。此外，还可以下载维护版本 2.12.16、2.11.12、2.10.7 等(**不建议使用**)。考虑到当前的 Spark 版本基于 Scala 2.x，因此选择下载 Scala 2.13.8。

说明：Scala 不同版本之间存在兼容性问题。不仅不同主版本之间有差异，同一主版本的不同次版本间也有差异(如 2.12.x 与 2.13.x 也有不同)。

特别提示：除非特殊说明，本书中的 Scala 语法、用法、工具等均基于 2.13.x 版本。

进入 Scala 2.13.8 下载页面，在 Other Resource 栏目下选择需要下载的版本进行下载。也可以直接使用命令行工具进行下载，如图 2-2 所示，代码示例如下：

```
$ wget https://downloads.lightbend.com/scala/2.13.8/scala-2.13.8.tgz
```

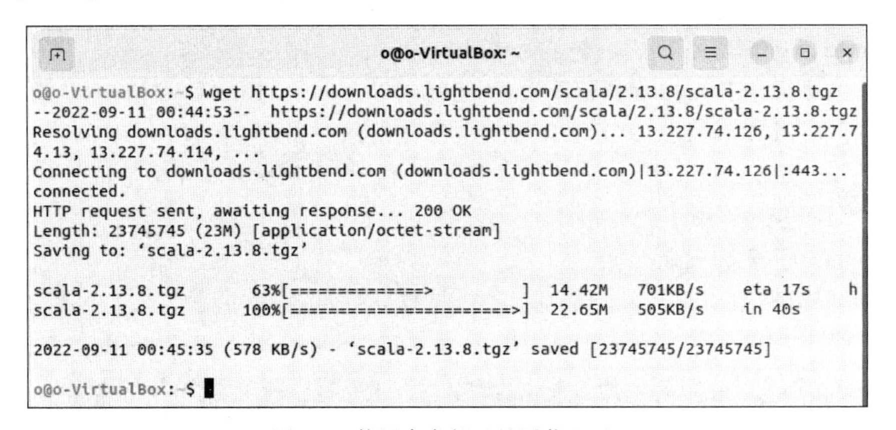

图 2-2　使用命令行工具下载 Scala

下载完成后解压：

```
$ tar -zxf ./scala-2.13.8.tgz
```

解压后的 scala-2.13.8/bin 目录下有 scala、scalac 等文件，如图 2-3 所示。

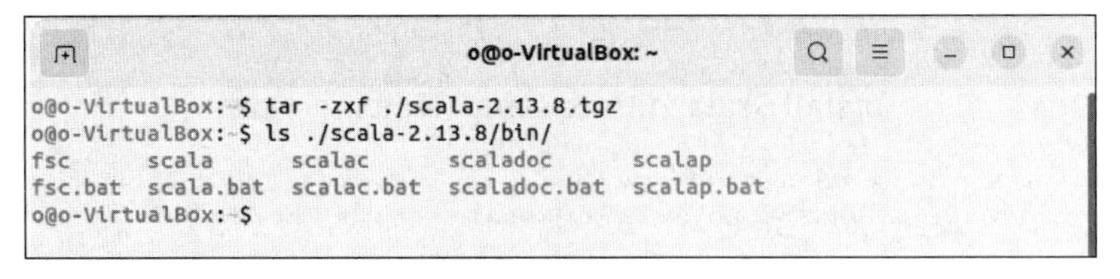

图 2-3　Scala 安装

3. Java 环境

Scala 运行依赖于 JVM，可以使用 Oracle JRE/JDK 或 Open JDK 等。Scala 2.13.8 可运行于 Java 8/Java 11/Java 17 等环境。以下使用 Open JDK 17。

说明：关于 Scala 版本与 JDK 版本的兼容性，可扫描二维码获取相关内容。

(1) 选择合适的镜像站点进行下载，一般采用如图 2-4 所示的命令行方式下载。

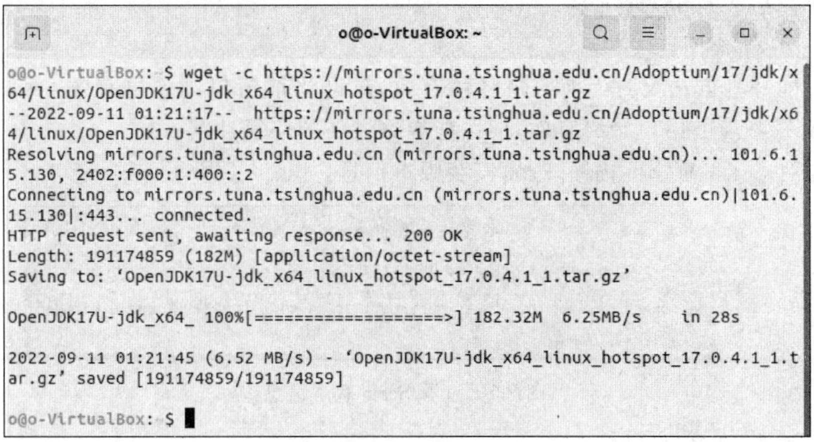

```
o@o-VirtualBox: $ wget -c https://mirrors.tuna.tsinghua.edu.cn/Adoptium/17/jdk/x
64/linux/OpenJDK17U-jdk_x64_linux_hotspot_17.0.4.1_1.tar.gz
--2022-09-11 01:21:17--  https://mirrors.tuna.tsinghua.edu.cn/Adoptium/17/jdk/x6
4/linux/OpenJDK17U-jdk_x64_linux_hotspot_17.0.4.1_1.tar.gz
Resolving mirrors.tuna.tsinghua.edu.cn (mirrors.tuna.tsinghua.edu.cn)... 101.6.1
5.130, 2402:f000:1:400::2
Connecting to mirrors.tuna.tsinghua.edu.cn (mirrors.tuna.tsinghua.edu.cn)|101.6.
15.130|:443... connected.
HTTP request sent, awaiting response... 200 OK
Length: 191174859 (182M) [application/octet-stream]
Saving to: 'OpenJDK17U-jdk_x64_linux_hotspot_17.0.4.1_1.tar.gz'

OpenJDK17U-jdk_x64_ 100%[===================>] 182.32M  6.25MB/s    in 28s

2022-09-11 01:21:45 (6.52 MB/s) - 'OpenJDK17U-jdk_x64_linux_hotspot_17.0.4.1_1.t
ar.gz' saved [191174859/191174859]

o@o-VirtualBox: $
```

图 2-4　镜像下载 JDK

(2) 下载完成后进行解压和目录重命名：

```
$ tar -zxf ./OpenJDK17U-jdk_x64_linux_hotspot_17.0.4.1_1.tar.gz
$ mv ./jdk-17.0.4.1+1/ ./jdk-17
```

解压(重命名)后的 jdk-17/bin 目录下有 java、javac 等文件，如图 2-5 所示。

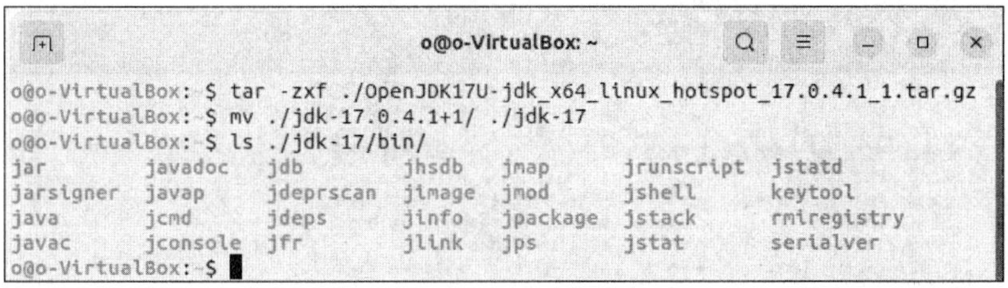

```
o@o-VirtualBox: $ tar -zxf ./OpenJDK17U-jdk_x64_linux_hotspot_17.0.4.1_1.tar.gz
o@o-VirtualBox: $ mv ./jdk-17.0.4.1+1/ ./jdk-17
o@o-VirtualBox: $ ls ./jdk-17/bin/
jar        javadoc   jdb         jhsdb   jmap       jrunscript  jstatd
jarsigner  javap     jdeprscan   jimage  jmod       jshell      keytool
java       jcmd      jdeps       jinfo   jpackage   jstack      rmiregistry
javac      jconsole  jfr         jlink   jps        jstat       serialver
o@o-VirtualBox: $
```

图 2-5　JDK 安装

(3) 运行 jdk-17/bin 目录下的 Java 程序，如图 2-6 所示为查看 JDK 版本信息，图中显示版本为“17.0.4.1”。

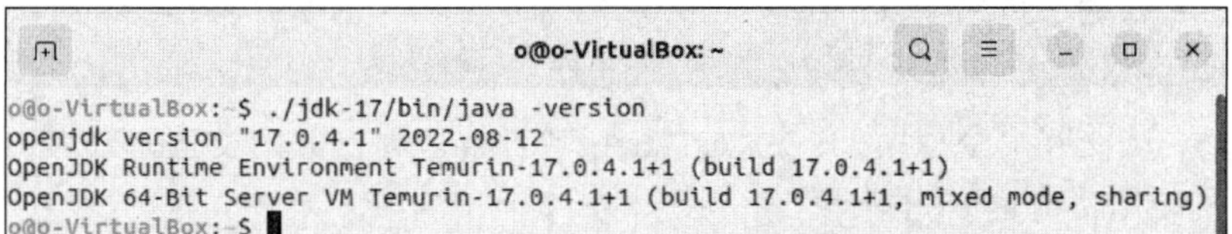

```
o@o-VirtualBox: $ ./jdk-17/bin/java -version
openjdk version "17.0.4.1" 2022-08-12
OpenJDK Runtime Environment Temurin-17.0.4.1+1 (build 17.0.4.1+1)
OpenJDK 64-Bit Server VM Temurin-17.0.4.1+1 (build 17.0.4.1+1, mixed mode, sharing)
o@o-VirtualBox: $
```

图 2-6　查看 JDK 版本信息

4. 验证 Scala 安装

(1) 根据实际需要选择以下两种方式之一完成路径的添加。第一种是添加路径到当前终端：

```
$ export PATH=~/jdk-17/bin:$PATH
```

第二种是添加路径到用户环境：

```
# 编辑用户文件,在其中添加 export 行的内容
$ gedit ./.bashrc
    export PATH=~/jdk-17/bin:$PATH
```

```
# 文件保存后使环境变量生效
$ source ./.bashrc
```

说明：前一种方法仅对当前窗口环境有效，离开当前窗口则不再有效；后一种方法设置的环境变量对当前用户始终有效，但可能导致潜在的路径冲突。

（2）运行 Scala 命令行程序，查看安装版本信息，如图 2-7 所示。

图 2-7　查看 Scala 版本信息

（3）启动 Scala 交互环境：

```
$ ./scala-2.13.8/bin/scala
```

可以运行程序代码或者运行交互命令，图 2-8 所示为运行 help 命令后的界面。

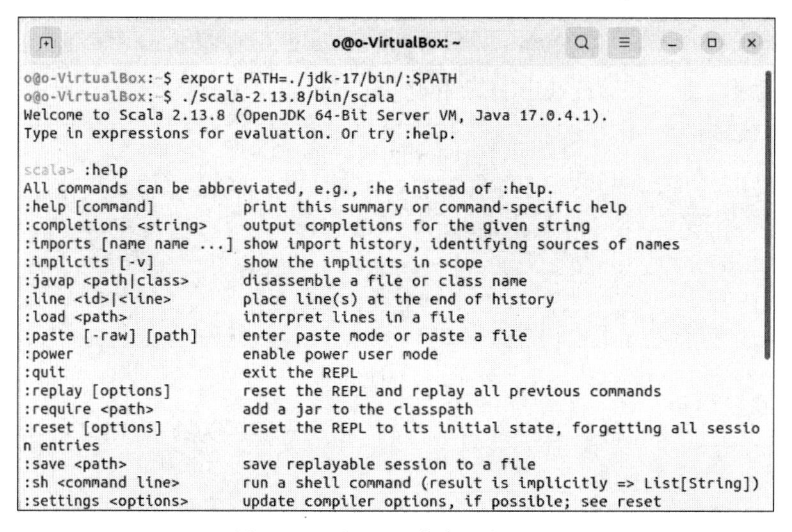

图 2-8　运行 help 命令后的界面

说明：Scala 交互命令以“:”开头，如“:help”“:load”等。退出交互环境使用“:quit”命令，也可直接使用快捷键 Ctrl+D。

5. 基于 cs 的 Scala 环境部署

（1）下载、解压 cs 安装包（由于网络原因可能下载失败，请多次尝试）：

```
$ wget -c https://github.com/coursier/launchers/raw/master/cs-x86_64-pc-linux.gz |
gzip -d > cs
```

（2）赋予执行权限：

```
$ chmod +x cs
```

（3）使用 cs 命令安装 Scala，输入命令后界面如图 2-9 所示。

（4）安装完成后，cs 会自动设置路径等环境变量，可以直接查看版本信息等：

```
$ scala -version
```

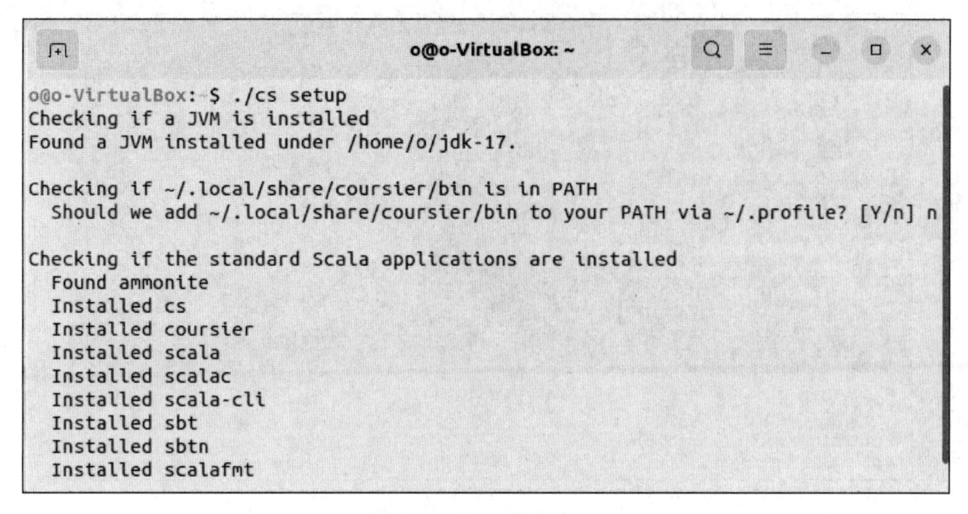

图 2-9　用 cs 安装 Scala

2.1.3　Scala 使用基础

1. 交互环境例子

如图 2-10 所示，进入交互环境：REPL(Read-Evaluation-Print-Loop)，执行程序脚本：

```
scala> println("Hello, world")
```

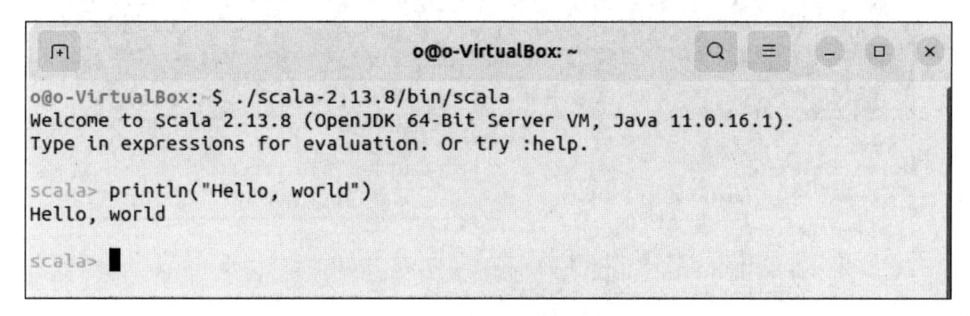

图 2-10　在 Scala 交互式环境 REPL 中执行代码

说明：Scala 交互式环境默认提示符为“scala >”。

2. 加载脚本运行

用文本编辑器编辑程序源代码，在 Scala REPL 中加载执行，如编辑 helloworld. scala，在其中输入 Scala 代码，如图 2-11 所示。

3. 编译运行程序

用文本编辑器编辑程序源代码，经 Scalac 编译后，在 JVM 中执行，如图 2-12 所示。

```
# 编辑代码,保存为 hello.sc
$ gedit ./hello.sc
# 编译程序,生成 hello.class 类文件等
$ ./scala-2.13.8/bin/scalac ./hello.sc
# 加载、运行程序
$ ./scala-2.13.8/bin/scala -classpath . hello
```

说明：相对于当前路径，加载和运行程序应保持正确的路径。

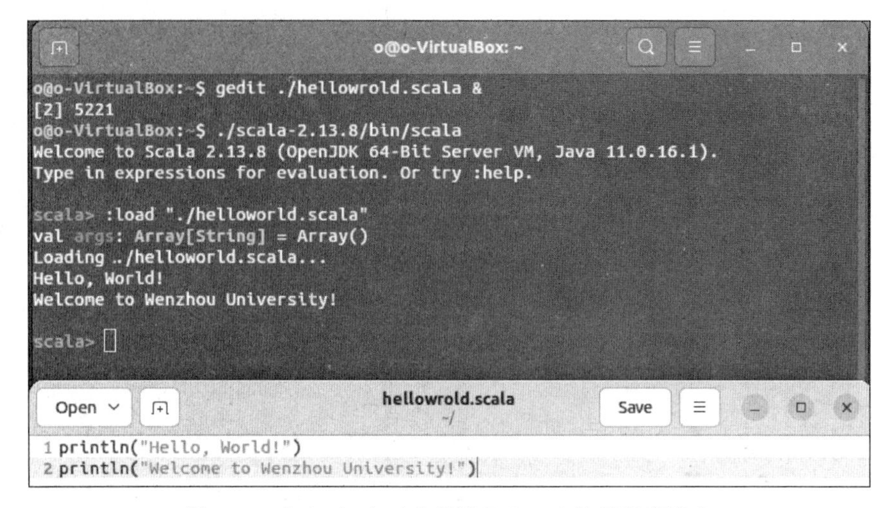

图 2-11　在 Scala 交互式环境 REPL 中执行程序脚本

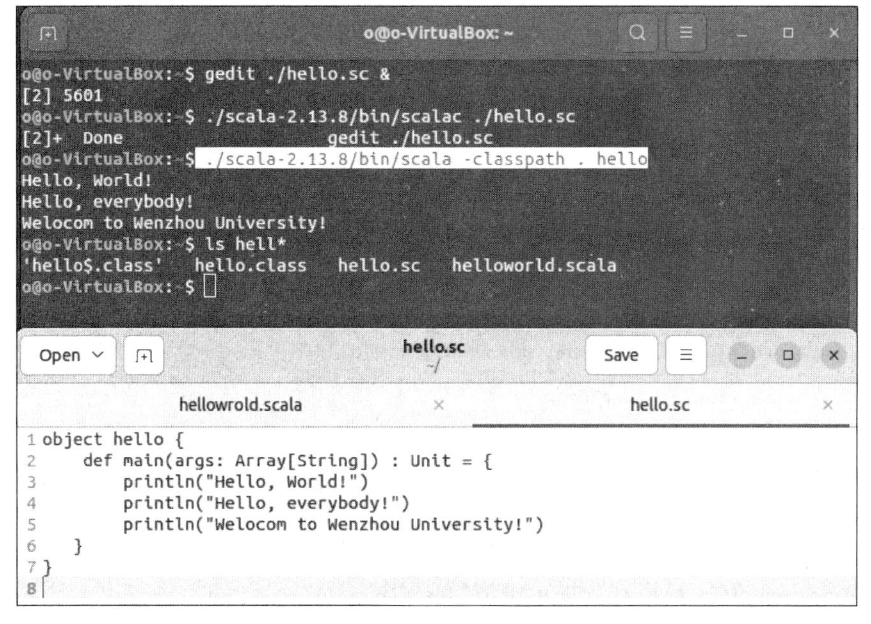

图 2-12　运行 Scala 应用程序

2.2　Scala 初步

2.2.1　初识 Scala REPL

在 Scala 交互式 shell(REPL)中编写 Scala 表达式及程序。如图 2-13 所示，在交互环境中输入：

```
scala> 1 + 2
```

REPL 将打印输出：

```
val res0: Int = 3
```

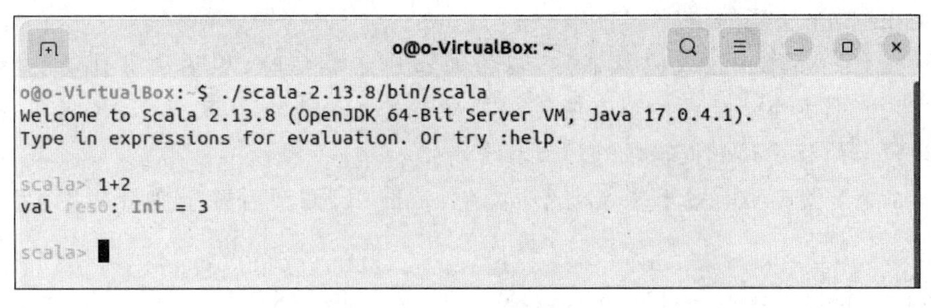

图 2-13 Scala 交互环境

提示：在 Scala 交互环境中可以使用 Tab 键补全命令、类、方法名称等。合理使用 Tab 键可以提高输入效率，减少不必要的输入错误。

如图 2-13 所示，输出中包含如下信息：

(1) 用于声明变量的关键字 **val**；

(2) 自动生成或用户定义的计算结果名称(**res0**，表示 result 0 或“结果 0”)；

(3) 冒号(:)以及紧跟其后的表达式类型(**Int**)；

(4) 等号 (=)；

(5) 表达式计算结果(**3**)。

结果标识符 **resX** 可用于后续计算，如前述结果，res0 * 3 的计算结果为 9：

```
scala> res0 * 3
val res1: Int = 9
```

类型名称 **Int** 所指代的**类 Int** 定义在 **scala** 包中。Scala 中的包类似于 Java 中的包——对全局命名空间(global namespace)进行划分，并提供信息隐藏机制。

Scala 中的 Int 等效于 Java 中的 int。一般而言，所有 Java 的基本类型在 scala 包中都有对应的类，例如，scala. Boolean 对应 Java 的 boolean，scala. Float 对应 Java 的 float。当 Scala 代码编译成 Java 字节码时，Scala 编译器将使用 Java 基本类型以获得性能提升。

说明：类 **Int** 是 **scala** 包的成员，**Int** 是简称，全称为 **scala. Int**。作为经常使用的包名，scala 可以省略。

2.2.2 变量定义

Scala 有两种类型的变量：一种是 **val**，类似于 Java 的 final 变量，是不可变的，在声明时就必须被初始化，且初始化以后就不能再赋值；另一种是 **var**，是可变的，声明的时候需要进行初始化，初始化以后还可以再次对其赋值。

val 定义示例如下，

```
scala> val msg = "Hello, world!"
val msg: String = Hello, world!
```

第 1 行是输入的代码，定义了变量 msg，类型为 String，值为“Hello, world!”。按 Enter 键后，Scala 解释器会解析输入的代码，返回执行结果(第 2 行)。需要注意的是，尽管在第 1 行代码的变量定义中，并没有给出 msg 是 String 类型，但是，Scala 具有“类型推理”能力，可以自动推断出变量的类型。在上面的例子中，通过 msg 所被赋值的类型(字符串)，推断出其类型。

上述变量 msg 的变量类型为 String，全称是 java. lang. String，即 Scala 的字符串是由

Java 的 String 类来实现的。

提示：当 Scala REPL（或编译器）可以推断出变量类型时，尽量使用自动类型推断功能，而非显式声明类型。显式类型声明可以确保所定义的类型与 Scala 编译器推理类型一致，也可为将来的程序读者提供较好的文档资料。

与 Java 的类型声明前置于变量名不同，在 Scala 中，类型后置于变量名称，且用"："分隔，示例如下：

```
scala> val msg2: String = "Hello again, World!"
val msg2: String = Hello again, World!
```

也可以直接使用 Java 字符串类型：

```
scala> val msg3: java.lang.String = "Hello yet again, World!"
val msg3: String = Hello yet again, World!
```

如果对上述的 val 类型变量重新赋值，解释器会提示报错信息，如图 2-14 所示。

```
scala> msg = "Say good-bye!"
             ^
error: reassignment to val
```

注意：**Scala REPL** 中可以重新定义一个与已有 val 变量同名的变量，但**两者并非同一变量**。

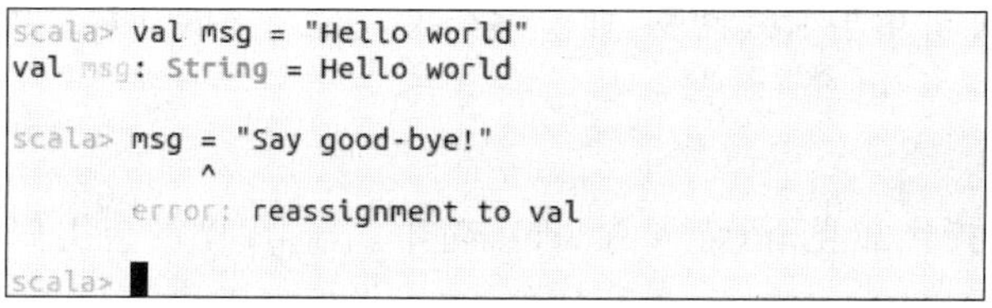

```
scala> val msg = "Hello world"
val msg: String = Hello world

scala> msg = "Say good-bye!"
           ^
       error: reassignment to val

scala>
```

图 2-14　Scala 中 val 类型只读变量

如果需要重新赋值，则应使用 **var** 类型的变量，如，

```
// var 类型的 String 变量 greeting 初值 "Welcome to Wenzhou University!"
scala> var greeting = "Welcome to Wenzhou University!"
var greeting: String = Welcome to Wenzhou University!
// var 变量可修改 greeting = "Welcome to AI School, Wenzhou University!"
scala> greeting = "Welcome to AI School, Wenzhou University!"
scala> print(greeting)
Welcome to AI School, Wenzhou University!
```

注：Scala 2.13.8 REPL 可能存在错误（bug），即重新赋值 var 变量时，REPL 输出一条注释信息（如图 2-15 所示）。Scala 2.12.x REPL 未出现类似问题。

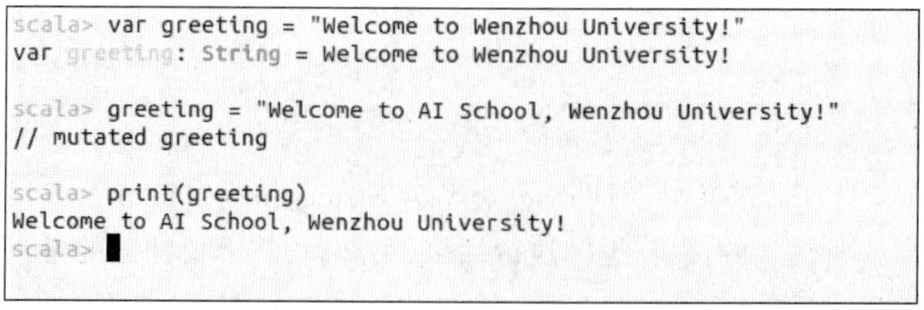

```
scala> var greeting = "Welcome to Wenzhou University!"
var greeting: String = Welcome to Wenzhou University!

scala> greeting = "Welcome to AI School, Wenzhou University!"
// mutated greeting

scala> print(greeting)
Welcome to AI School, Wenzhou University!
scala>
```

图 2-15　Scala 2.13.x 交互环境未正确响应赋值更新

2.2.3 Scala REPL 中的多行输入

在 Scala 解释器 REPL 中，当输入一个表达式并且按 Enter 键后，代码会被执行并显示出结果，比如输入下面的表达式并按 Enter 键后会得到结果 29：

```
scala> 3 * 7 + 8
val res2: Int = 29
```

但是，如果需要在 REPL 提示符后输入多行代码，这该如何实现呢？怎么才能让 Scala 解释器意识到要输入多行代码呢？

通常来说，如果需要多行输入，只需要在前一行之后持续输入即可。只要 Scala 解释器推断出代码还没有结束，解释器就会在下一行显示一条竖线"|"，此时可以继续输入剩余的代码。比如，输入表达式"val multiLine ="后按 Enter 键，显然，这个表达式尚未结束，解释器会在下一行显示一条竖线"|"，在第 2 行继续输入"This is the second line."然后按 Enter 键，解释器就会得到如图 2-16 所示的执行结果。

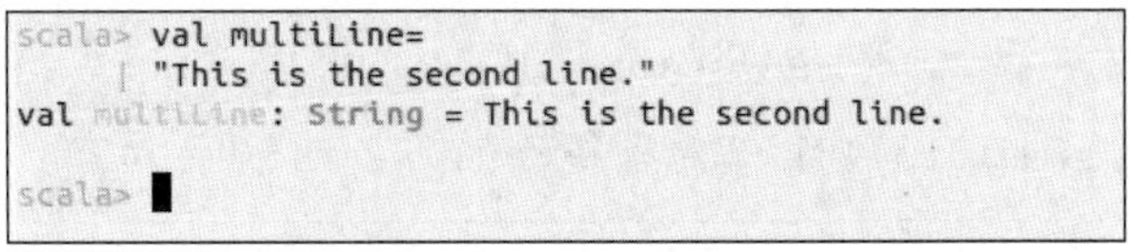

```
scala> val multiLine=
     | "This is the second line."
val multiLine: String = This is the second line.

scala> 
```

图 2-16　输入多行代码

在 REPL 中如果输入错误，且解释器仍在等待进一步的输入，则可以用键盘上下左右箭头键移动光标到错误位置以进行修复，如图 2-17 所示。

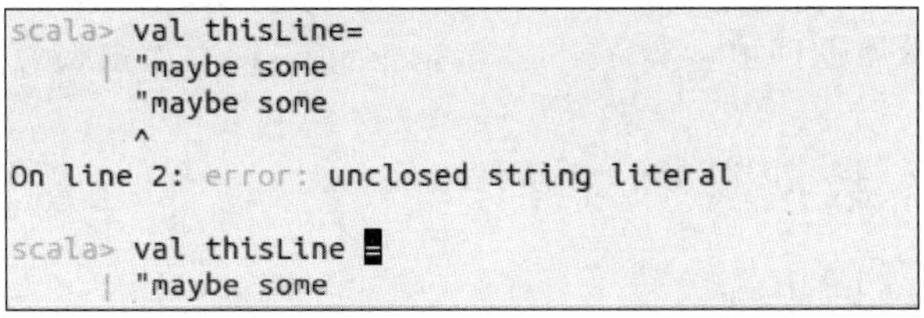

```
scala> val thisLine=
     | "maybe some
       "maybe some
       ^
On line 2: error: unclosed string literal

scala> val thisLine 
     | "maybe some
```

图 2-17　在 Scala REPL 多行输入时编辑错误

如果想中止本次输入，则可以在"|"后连续按两次 Enter 键。

提示：在 Java 中，每条语句都是以英文的分号";"结束。在 Scala 中，单行语句结束可以不用分号。如果把多条语句写在同一行上，那么语句之间需要使用分号来分隔。

提示：Scala REPL 的交互命令":paste"也可以用来编辑多行代码。

2.2.4 函数定义

Scala 是一种多范式编程语言，混合了面向对象编程和函数式编程的风格。在熟悉了 Scala 变量之后，就可以开始编写函数程序了。Scala 中的函数示例如下：

```
def min(x: Int, y: Int): Int =
  if (x < y) x
  else y
```

函数使用 **def** 定义。函数名(如上例中的 **min**)之后紧跟由一对圆括号"()"界定的函数参数列表，参数之间以","分隔。因为 Scala 编译器(以及 REPL)不对函数参数进行类型推理，所以函数的各个参数必须包含类型说明（参数名称之后以“:”分隔）。上例中的函数包括两个 **Int** 类型的参数：**x**、**y**。

函数结果类型（**result type**，区分于 Java 的 return type）紧跟在参数列表之后，以“:”分隔。上例中 min()函数的结果类型为 **Int**。函数结果类型之后是“=”，以及由语句块定义的函数体。上例中的函数体仅包含单一的 **if** 表达式，即选择 x、y 中的较小者作为函数结果。类似于 Java 的三元操作符，Scala 的 **if** 表达式可以返回值（Scala 表达式“if (x > y) x else y”类似于 Java 中的“(x > y)? x:y”）。

说明：如果编译器可推理出函数结果类型，那么函数定义时可省略结果类型。在某些情况下，如在递归函数中，则必须显式声明函数结果类型。

建议：定义函数时显式声明结果类型，以方便程序阅读。

函数定义后，即可以通过函数名调用，代码示例如下：

```
scala> val smaller = min(5, 8);              // result = 5
```

函数也可以没有参数列表和结果类型，代码示例如下：

```
scala> def greet() = println("Welcome to Wenzhou University!")
```

在 REPL 中定义 **greet**()函数时，解释器提示如图 2-18 所示。

```
scala> def greet() = println("Welcome to Wenzhou University!")
def greet(): Unit
```

图 2-18 无返回类型的函数

空的圆括号表示函数没有参数，**Unit** 为函数的结果类型。类似 Java 的 void 类型，结果类型为 Unit 表示函数不返回值。实际上，Java 的 void 返回类型被映射到 Scala 的 Unit。

2.3 Scala 基本数据类型与操作

2.3.1 基本数据类型

Scala 的基本数据类型包括 Byte、Char、Short、Int、Long、Float、Double 和 Boolean。和 Java 不同的是，在 Scala 中，这些类型都是“类”，并且都是 scala 包的成员，比如，Int 的全名是 scala.Int。对于字符串，Scala 用 java.lang.String 类来表示字符串。

Scala 中的字面量（literal）是可以直接写在代码中的常量。字面量包括整数字面量、浮点数字面量、布尔型字面量、字符字面量、字符串字面量、符号字面量、函数字面量和元组字面量等。代码示例如下：

```
val hex = 0x00FF                        // 255: Int
val tow = 35L                           // 35: Long
val little: Short = 367                 // 367: Short
val littler: Byte = 37                  // 37: Byte
val big = 3.768                         // 3.768: Double
val red = 1.0F                          // 1.0: Float
val chi = 'A'                           // 'A': Char
val hel = "HI"                          // String
val foo = true                          // true: Boolean
```

Scala 允许对字面量直接执行方法，如：

```
7.toString()                          // 产生字符串"7"
"abc".intersect("bcd")                // 输出"bc"
```

2.3.2 操作符

Scala 为基本类型提供了丰富的操作符。在 Scala 中，可以使用加（+）、减（－）、乘（*）、除（/）、取余（%）等操作符。几乎所有的操作符都是方法。从技术角度，Scala 不存在传统意义的操作符，操作符仅仅是普通方法调用的一种语法形式。

例如，**1+3** 和 **1.+(3)** 是等价的，也就是说，Int 类包含一个名称为“+”的方法，该方法输入一个类型为 Int 的参数，结果类型为 Int。当两个 Int 相加时调用该方法。代码示例如下：

```
val sum = 1 + 3                  // Scala invokes 1. + (3)
```

思考：1 + 2 * 3 是否等同于 1.+(2) * 3？

提示： Int 类包含多个重载的“+”方法以支持不同的参数类型。

符号“+”是一种中缀（infix）操作符（符号位于对象与参数之间）。事实上，操作符记号并不局限于“+”“－”等与其他语言类似的符号。如果方法仅有一个操作数，则可以将其用作操作符记号。例如，String 类的 indexOf 方法仅有一个 Char 类型的操作数（搜索指定字符首次出现的位置，不存在则为－1），可用于操作符。代码示例如下：

```
scala> val str = "Welcome to Wenzhou University!"
val str: String = Welcome to Wenzhou University!
scala> str indexOf 'm' // Scala 将调用 str.indexOf('m') 方法
val res6: Int = 5
```

除中缀操作符外，Scala 还包括前缀（prefix）操作符和后缀（postfix）操作符。例如，

```
scala> val minus_2 = -2
val minus_2: Int = -2
scala> -minus_2                  // 前缀操作,Scala 调用 minus_2.unary_- 方法
val res7: Int = 2
scala> res7 toLong               // 后缀操作
val res8: Long = 2
```

说明： 与中缀操作具有两个操作数不同，前缀操作、后缀操作是一元操作，仅有一个操作数。仅“+”“－”“!”“～”可用作前缀操作符。

提示： 后缀操作符定义在 scala.language.postfixOps 包中，使用前需要导入该包，请参考图 2-19。

说明： 在不引起歧义的情况下，Scala 函数调用可以省略界定调用参数列表的括号。

1. 算术操作

算术操作符可用于数值类型操作数，如加（+）、减（－）、乘（*）、除（/）、取余（%）等中缀操作记号。代码示例如下：

```
1.2 + 2.3                   // 3.5: Double
'b' - 'a'                   // 1: Int
2L * 3L                     // 6: Long
11.0f / 4.0f                // 2.75: Float
11.0 % 4.0                  // 3.0: Double
```

```
scala> var x:Int=7
var x: Int = 7

scala> x toLong
         ^
       error: postfix operator toLong needs to be enabled
       by making the implicit value scala.language.postfixOps visible.
       This can be achieved by adding the import clause 'import scala.language.postfixOps'
       or by setting the compiler option -language:postfixOps.
       See the Scaladoc for value scala.language.postfixOps for a discussion
       why the feature needs to be explicitly enabled.

scala> import scala.language.postfixOps
import scala.language.postfixOps

scala> x toLong
val res1: Long = 7
```

图 2-19 Scala的后缀操作符

说明：浮点类型的取余运算，与 **IEEE 754** 标准不一致。如果需要使用 IEEE 754 标准的取余运算，则需要使用 scala.math 包中的 IEEEremainder：

```
math.IEEEremainder(11.0, 4.0)                  // -1.0: Double
```

数值类型同时提供一元前缀操作符“+”（方法 unary_+，正，positive）和“-”（方法 unary_-，负，negative）。

2. 关系与逻辑操作

关系操作符用于数值类型比较，如，大于（>）、小于（<）、大于或等于（>=）、小于或等于（<=）等，结果为布尔（Boolean）类型。一元操作符（!）用于取反（反转布尔值，方法 unary_!）。代码示例如下：

```
1.2 > 2.3                                      // false: Boolean
'b' >= 'A'                                     // true: Boolean
!true                                          // false: Boolean
```

逻辑操作符（中缀）与（&&、&）、或（||、|）的操作结果为布尔值。代码示例如下：

```
val toBe = true                                // true: Boolean
val question = toBe || !toBe                   // true: Boolean
val paradox = toBe && !toBe                    // false: Boolean
```

与 Java 相似，操作符 && 及 || 会进行短路操作，即根据操作符左边表达式的结果确定是否需要计算右边的表达式。

如果 && 左边的值为 false，则不会计算右边的表达式；类似地，|| 左边的值为 true，则右边的表达式也不会被计算。代码示例如下：

```
scala> def salt() = { println("salt"); false }
def salt(): Boolean
scala> def pepper() = { println("pepper"); true }
def pepper(): Boolean
scala> pepper() && salt()
pepper
salt
val res21: Boolean = false
scala> salt() && pepper()
salt
val res22: Boolean = false
```

3. 位操作

Scala 整数类型可以进行位运算,如位与(&)、位或(|)、位异或(^)以及一元位反操作(～,方法 unary_～)。代码示例如下:

```
1 & 2                                   // 0: Int
1 | 2                                   // 3: Int
1 ^ 2                                   // 2: Int
~1                                      // -2: Int
```

Scala 整数类型可以进行移位运算,即,左移(<<)、右移(>>)以及无符号右移(>>>)。左移及无符号右移移出位补 0,右移最高位补符号位(最高位)。代码示例如下:

```
-1 >> 31                                // -1: Int
-1 >>> 31                               // 1: Int
1 << 3                                  // 8: Int
```

说明:－1 的二进制位是 11111111111111111111111111111111(32 位)。

4. 对象比较

Scala 可以比较两个对象是否相等,即,==和!=操作符。代码示例如下:

```
1 == 2                                  // false: Boolean
1 != 2                                  // true: Boolean
```

对象比较符运用于对象而非基本类型。可以与空对象(null)进行比较。代码示例如下:

```
List(1, 2, 3) == null                   // false: Boolean
("he" + "llo") == "hello"               // true: Boolean
```

说明:==操作符可用于大多数情况,首先检查左侧对象是否为 null(空),不为空则调用 equals 方法。实际使用时,无须进行空值判断。

注意:Scala 的==与 Java 的区别,Java 基本类型的==运算与 Scala 一致,但 Java 引用类型的==运算则是比较其所指向的堆地址。

2.3.3 运算的优先级与结合性

操作符**优先级**(precedence)决定表达式求值顺序。可以用括号来改变(或明确)计算优先级。

Scala 的操作符都是方法,操作符的优先级由操作符记号的首字符确定,例如,"*"优先于"+"等(见表 2-1)。

赋值类操作符(后面是"="，注意不是比较操作符<=、>=、==或!=),具有最低优先级。

在一个表达式中,操作数的运算顺序是从左到右。

操作符运算的分组则由其**结合性**(associativity)决定。Scala 中操作符的结合性则由其符号的最后一个字母决定。由":"结尾的方法由右操作数调用,左操作数作为参数传递,其他字符结尾的方法则是左参数调用。因此,a * b 等效于 a.*(b),而 a:::b 则等效于 b.:::(a)。

无论操作符是左结合还是右结合,操作数的求值顺序都是从左到右。a:::b 相当于:

```
{ val x = a; b.:::(x) }
```

操作符的结合性会影响计算的优先级。a:::b:::c 的计算顺序是 a:::(b:::c)，而 a * b * c 的计算顺序是(a * b) * c。Scala 操作符优先级具体参考表 2-1，优先级从上到下依次递减，最上面具有最高的优先级。

表 2-1 Scala 操作符优先级

优　先　级	操　作　符	优　先　级	操　作　符
1	(所有其他特殊字符)	6	=!
2	* / %	7	&
3	+ −	8	|
4	:	9	所有字母符号
5	<>	10	所有赋值操作符

提示：对于相同优先级的操作符，请使用括号指明其运算顺序。

2.3.4 富操作(Rich Operations)

Scala 基本类型可以调用更多方法。这些方法其实是由基本类型的“富包装”(rich wrapper)类实现的。每一个基本类型都有对应的富包装类，如 Int 类有对应的富包装类 RichInt。通过隐式转换，基本类型 Int 可以调用 RichInt 提供的额外的方法。

要了解基本类型及其对应的富包装类的可用方法，请参考相应的 API 文档。

2.4 控制结构

2.4.1 if 表达式

if 语句是许多编程语言中都会用到的控制结构。与大多数编程语言类似，在 Scala 中，执行 if 语句时，会首先检查 if 条件是否为真，如果为真，则执行对应的语句块；如果为假，则执行 else 条件分支(如果有 else 分支)。和 Java 一样，if 语句可以嵌套。代码示例如下：

```
if (2 + 2 == 5) {
    println("Hello from Venus.")
} else if (2 + 2 == 3) {
    println("Hello from Remedial Math class.")
} else {
    println("Hello from Wenzhou University.")
}
```

与 Java 或其他多数语言不同的是，Scala 中 if 语句的实质是返回值的表达式，其结果值可以赋给变量，代码示例如下：

```
val x = if (2 + 2 == 5) 3 else 7                    // val x: Int = 7
```

2.4.2 while 循环

与 Java 类似，Scala 中也有 while 循环语句，代码示例如下：

```
var i = 9
while (i > 0) {
  i -= 1
```

```
    printf("i is %d\n", i)
}
```

同样也有 do-while 语句，代码示例如下：

```
var i = 0
do {
    i += 2
    println(i)
} while (i < 9)
```

2.4.3 for 表达式

1. Collection 遍历

Scala 中的 for 表达式格式如下：

```
for (var <- expression) block
```

其中，"var <-expression"（变量<-表达式）被称为"生成器"（generator），即，从 Collection 容器中生成每一个值。左箭头操作符（<—）用来遍历。代码示例如下：

```
for (i <- 1 to 10) println(i)
```

在上面的语句中，变量 i 不需要提前定义，可以在 for 语句括号中的表达式中直接使用。

说明： Collection 容器等集合类型的遍历，也可以使用 foreach 表达式。

2. 条件遍历

如果不希望遍历容器中的所有值，而是希望遍历满足特定条件的子集，那么可以给 for 表达式增加过滤器（**filter**），即，在 for 表达式括号中使用 **if** 子句，也称"守卫"（guard）表达式。例如，仅输出 1～9 的所有奇数，可以采用如下语句：

```
for (i <- 1 to 9 if (i % 2 == 1)) println(i)
```

守卫表达式可以有多个，如（输出 1～19 中 5 的奇倍数），

```
for (i <- 1 to 19 if (i % 2 == 1) if (i % 5 == 0))
  println(i)
```

说明： 利用循环内的条件语句或条件组合等也可以实现上述功能。但上面的实现方式更简洁。

3. 循环嵌套

for 表达式可以增加多个"<—"（遍历）子句（生成器），形成循环嵌套。多个子句之间用"；"隔开，其中，左侧子句为外层循环，右侧子句为内层循环。代码示例如下：

```
for (i <- 1 to 3; j <- 1 to 5 by 2)
    println(i * j)
```

说明： 嵌套循环支持条件遍历。

4. 导出式

在前面的例子中，遍历的结果使用后即被丢弃。如果需要对遍历结果进行进一步的处理，可以在程序体前使用 **yield** 关键字，构建新的集合。代码示例如下：

```
scala> val tc = for (i <- 1 to 3) yield
   {println(i * 2); i * 2}
```

```
val tc: IndexedSeq[Int] = Vector(2, 4, 6)
```

说明：与多数编程语言不同的是，Scala 没有类似跳出循环的 break 语句，或短路循环的 continue 语句。

5. 中间变量绑定

如果迭代的中间表达式计算复杂（费时），那么可以使用中间变量绑定（mid-stream variable bindings），使其仅计算一次。绑定变量类似于省略 val 关键字的变量定义。for 表达式的其余部分可以使用新变量，从而减少重复计算。

2.4.4 match 表达式

与其他编程语言中的 switch 语句类似，Scala 的 match 表达式可以从多个分支中选择一个分支。实际上，Scala 的 match 表达式可以匹配任意模式。模式匹配可以包括类型、通配符、序列、正则表达式，甚至对象状态等。代码示例如下：

```
// 简单匹配的例子
val bools = Seq(true, false)
for (bool <- bools) {
  bool match {
     case true  => println("Got heads")
     case false  => println("Got tails")
  }
}

// 匹配多种模式的例子
for {
  x <- Seq(1, 2, 3L, 2.4, "one", "two", Symbol("four"))
}
{
   val str = x match {
   case 1  => "int 1"
   case i: Int  => "other int: " + i
   case d: Double  => "a double: " + x
   case "one"  => "string one"
   case s: String  => "other string: " + s
   case unexpected  => "unexpected value: " + unexpected
  }
 println(str)
}
```

与 Java 中 switch 语句不同的是，在 Scala 中，match 表达式具有以下特点：

(1) 不仅限于整数、枚举、字符串等常量，其他各种类型的常量都可用于 case 语句中。

(2) 各分支结尾没有 break 语句(隐含)，且不会进入下一分支。

(3) match 是表达式，可以返回结果。

2.4.5 try 表达式(异常处理)

Scala 的异常处理与其他语言类似，除了正常执行流程返回外，也可以通过抛出异常，中止正常流程的执行。方法调用者可以捕获、处理异常，或将异常传递到调用者的更上层处理(直到异常被处理或没有更上层调用)。

1. 抛出异常

Scala 抛出异常的用法与 Java 一致：创建异常对象，然后使用 throw 关键字抛出异常。代码示例如下：

```
throw new IlleIllegalArgumentException
```

当 n 不是偶数时抛出异常，代码示例如下：

```
def half(n: Int) =
  if (n % 2 == 0)
     n / 2
  else
     throw new RuntimeException("n must be even")
```

从技术角度看，异常抛出的类型为 Nothing(不作计算)。抛出的异常可以被视为任意类型的值，尽管尝试获取异常返回值的代码不会获取到有效结果。

2. 捕获异常

Scala 中 **try** 表达式的基本结构如下：

```
try block
catch block
finally block
```

可以使用 **catch** 子句捕获异常，其语法结构与模式匹配(参见 2.4.4 节)一致。代码示例如下：

```
import java.io.FileReader
import java.io.FileNotFoundException
import java.io.IOException

try {
  val f = new FileReader("input.txt")
  // Use and close file
  }
  catch {
    case ex: FileNotFoundException => // Handle missing file
    case ex: IOException => // Handle other I/O error
}
```

上面例子中的 try-catch 表达式与其他编程语言的异常处理相似，执行 try 语句块，如果抛出异常，则 catch 子句尝试进行相应处理。如果是 FileNotFoundException 类型的异常，则执行第一条语句；如果是 IOException 类型的异常，则执行第二条语句；如果是其他类型的异常，则终止 try-catch 过程，且异常将传递给更上层进行处理。

3. finally 语句

finally 语句用来确保资源等得到适当清理，即，无论 try 语句块是否执行完成，都会执行 finally 中的代码。例如，确保关闭已打开的文件代码示例如下：

```
import java.io.FileReader
val file = new FileReader("input.txt")
try {
  println(file.read())                    // Use the file
}
finally {
```

```
  file.close()                          // Be sure to close the file
}
```

提示：上面是释放如文件(file)、套接字(socket)、数据库连接(database connection)等非内存资源的习惯用法示例。首先获取资源，在 try 语句块中使用资源，最后在 finally 语句中关闭(释放)资源。

4. try 表达式导出值

与 Scala 中的大多数控制结构类似，try-catch-finally 会导出结果。代码示例如下：

```
import java.net.URL
import java.net.MalformedURLException

def urlFor(path: String) =
  try { new URL(path) }
  catch {
  case e: MalformedURLException =>
      new URL("http://www.wzu.edu.cn")
}
```

上面的例子尝试对输入的 URL 字符串进行解析，如果输入 URL 格式错误，则返回默认的 URL。如果没有异常抛出，则结果为 try 块的值；如果是捕获到的异常(MalformedURLException)，则返回值是 catch 块的值；如果是未捕获的异常，则没有(有效的)结果。

建议：因为 finally 语句(如果有)总会被执行，一般情况下，不要在 finally 中改变 try 表达式主体中(try 块或 catch 块)的计算结果。

2.5 Scala 常用数据结构

2.5.1 序列数

Scala 中的序列数 Range 是指有固定间隔的有界数值序列，常用于循环迭代、序列等。其定义形式为：

```
val range = Range(x, y, z)
```

其中，x、y 和 z 分别是下界、上界和增量。

可以使用的数值类型为整型，包括 Int、Long、Short、BigInt 等。Range 变量初始化时可以包括也可以不包括上界。例如，

```
scala> 1 to 10                                    // Int range inclusive
scala> 1 until 10                                 // Int range exclusive
scala> 1 to 10 by 3                               // Int, every third
scala> 'a' to 'h' by 3                            // Char, every third
scala> val big = BigInt(1) to BigInt(9) by 2      // BigInt
```

提示：Range 是在常量内存空间中表示的，其中的大多数操作都非常快速。

2.5.2 数组

数组 Array 是编程中经常用到的数据结构，是相同类型数据的序列，可以对其中的元素

进行随机访问。Scala 中数组下标从 0 开始编号(zero-based):

```
val fiveInts = new Array[Int](5)                    // Array(0,0,0,0,0)
val fiveToOne = Array(5,4,3,2,1)                    // 初始化
```

Scala 中数组元素的访问是使用圆括号“()”索引,而不是方括号“[]”:

```
fiveInts(2) = fiveToOne(1)                      // Array(0,0,4,0,0)
```

数组初始化后,数据长度不能改变,但可以改变数组元素的值。

说明:Scala 数组的表示与 Java 数组相同,在 Java 方法中可以直接使用返回的数组。

2.5.3 列表

Scala 列表是可变序列(mutable,可改变数组元素的值)。在 Scala 中,如果使用相同类型对象的不可变序列,则可使用 **List** 类。代码示例如下:

```
val oneTwo = List(1, 2)
val threeFour = List(3, 4)
val oneTwoThreeFour = oneTwo ::: threeFour
```

说明:“:::”是 List 的连接方法(concatenation),List 的有关操作可生成一个新的 List,而不是修改原有 List。

除“:::”方法外,也可以使用“::”前连接操作符,将一个元素连接在 List 的左端,并返回结果列表。代码示例如下:

```
val zeroToFour = 0 :: oneTwoThreeFour
```

说明:Scala 中的 List 是不可变的,而 Java 中的 List(java.util.List)是可变的。

2.5.4 元组

与 List 类似,元组 **Tuple** 是不可变的;但不同于 List,元组可包含不同类型的元素。一个方法如果需要返回多个对象,则可以使用元组。实例化一个元组时,只需要将元素用圆括号括起来即可。访问元组中的元素,使用“元组名._n”的形式,“_n”(下画线)表示元组的第 n 个元素(注:从 1 开始),代码示例及结果如图 2-20 所示。

```
val tu = (1, "two", 3.0f)
print(tu._2)
```

```
scala> val tu = (1, "two", 3.0f)
val tu: (Int, String, Float) = (1,two,3.0)

scala> print(tu._2)
two
```

图 2-20 元组代码示例

说明:可以使用 TupleN 对 N 个元素进行归组,如 Tuple3,其中 $1 \leqslant N \leqslant 22$。

2.5.5 集合

集合(Set)中不包含重复元素。List 中的元素是按照插入的先后顺序来组织的,但集合中的元素并不会记录元素的插入顺序,而是用哈希(hash)方法对元素进行组织,可以快速查找其中的元素。

相较于 List 不可变(immutable)、Array 可变(mutable)，Scala 中的 Set 包括可变集合与不可变集合(分属于不同的包)，且使用相同的名称。具体的 Set 实现类，如 HashSet，则由可变或不可变集合扩展，如图 2-21 所示。

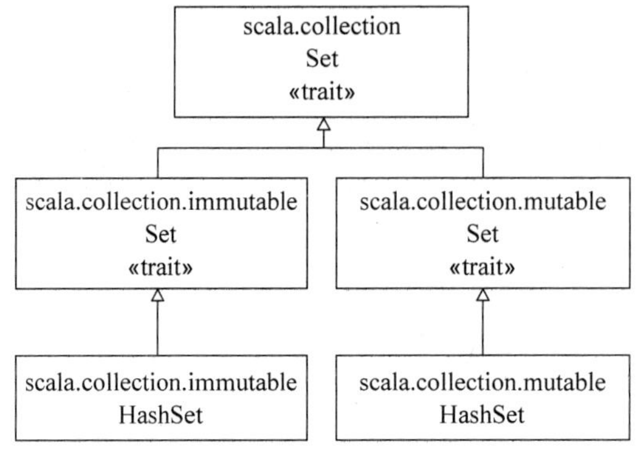

图 2-21　Set 继承关系

默认的 Set(immutable)使用方法如图 2-22 所示，示例代码如下：

```
var citySet = Set("Hangzhou", "Wenzhou")
citySet += "Ningbo"
val Lishui = citySet.contains("Lishui")                    // false
```

```
scala> var citySet = Set("Hangzhou", "Wenzhou")
var citySet: scala.collection.immutable.Set[String] = Set(Hangzhou, Wenzhou)

scala> citySet += "Ningbo"

scala> print(citySet)
Set(Hangzhou, Wenzhou, Ningbo)
scala> val Lishui = citySet.contains("Lishui")
val Lishui: Boolean = false
```

图 2-22　默认的 Set 使用方法

与 List 或 Array 变量的创建过程类似，变量 citySet 被初始化为包含两个字符串的不可变集合，Scala 编译器(或 REPL)推理出 citySet 的类型为“immutable Set[String]”。向不可变集合添加新元素，使用“+”方法，该方法将创建一个新的、包含新增元素的不可变集合并返回。集合的 contains 方法用于查找集合是否包含某个元素。

注意：可变集提供“+=”方法，但不可变集合没有“+=”方法。前述例子中的“+=”只是简写形式，实际执行的是：

```
citySet = citySet + "Ningbo"
```

如果使用可变集合(mutable set)，则需要导入相应的包(scala. collection. mutable)：

```
import scala.collection.mutable
val foodSet = mutable.Set("dumplings", "moon-cake")
foodSet += "steamed-bread"
```

使用 import 语句，可以简化名称的导入(不必再引用完整的长名称)。在上面的例子中，因使用的是可变集合，不需要对变量 foodSet 进行再赋值，所以定义其为 **val** 类型(注意，前面介绍的例子中的 citySet 是 **var** 类型，否则赋值操作会报错)。

如果需要使用显式的 HashSet 类，那么语法类似。代码示例如下：

```
import scala.collection.mutable.HashSet
val hashSet = HashSet("Tomato", "Potato")
val ingredients = hashSet + "Onion"
```

2.5.6 映射

映射(Map)也称字典,是一系列键/值对(Key-Value Pair,KVP)的集合,即建立了键与值之间的对应关系。在一个映射中,键是唯一的,值可以相同。所有的值都可以通过键来获取。

与Set类似,Scala中的映射也包括可变和不可变两种,分别在特质(trait)scala.collection.mutable和scala.collection.immutable包中。具体类的实现层次结构也与Set相似(参考图2-21)。

默认情况下创建的是不可变映射,如果需要创建可变映射,需要引入scala.collection.mutable.Map包,代码示例如下:

```
import scala.collection.mutable
val treasureMap = mutable.Map.empty[Int, String]
treasureMap += (1 -> "Go to island.")
treasureMap += (2 -> "Find big Z on ground.")
treasureMap += (3 -> "Dig and dig.")
val step2 = treasureMap(2) // "Find big Z on ground."
```

2.6 函数式编程

使用Scala虽然可以进行命令式编程,但更应该践行函数式编程。

函数式编程的一个主要观点是方法不应有副作用(side effects),方法应该仅仅是计算并返回值。这样做方法才更可靠、更易复用。在类似Scala这样的静态类型语言中,可以对方法进行类型检查,减少逻辑错误等。函数式编程思想的应用,是使对象不可变(immutable)。

从代码风格来看,如果代码中包含许多var变量,则极可能是命令式编程风格;如果代码中不包含变量,即,仅包含val类变量,则极可能是函数式编程风格。换言之,从命令式编程转换到函数式编程的方法是尽量不使用var变量。

考虑while循环(命令式)的例子:

```
var i = 9
while (i > 0) {
  i -= 1
  printf("i is %d\n", i)
}
```

可以改写为不使用var变量的函数式风格:

```
for (i <- 9 to 1 by -1)
  println(f"i is $i")
```

两者对比,后者(函数式)代码更易理解,编程更不易出错。

上述代码可以更加函数化:

```
def print_i(i: Int) = println(f"i is $ i")
val rng = 9 to 1 by -1
rng.foreach(print_i)
```

说明：函数式编程或命令式编程并无好或坏之分，应根据应用场景选择适用风格。

2.7 Scala类与对象

2.7.1 类、字段及方法

类(class)是对象的模板，对象(object)是类的实例化。类定义后，即可以使用 **new** 关键字创建对象，代码示例如下：

```
class CheckSum
// 具体定义,用 "{ }" 界定
// 定义 CheckSum 类之后,可以创建该类的对象:
new CheckSum
```

在类中，定义类的成员，即，字段(field)和方法(method)。字段是使用 val 或 var 定义的变量，这些变量由对象使用。方法是使用 **def** 关键字定义的可执行代码。字段保存对象的状态或数据，而方法可以使用该数据来执行对象的计算工作。类实例化时，runtime 库(运行时库)会分配内存来保存对象的状态(即其字段的内容)。例如，CheckSum 类包括一个 var 字段 sum：

```
class CheckSum{
   var sum = 0
}
// 分别实例化两个对象
val acc = new CheckSum
val csa = new CheckSum
csa.sum = 8
```

对于实例化的两个对象 acc 和 csa，它们都有各自的内存映像。可以分别给对象的 sum 字段赋值(注意，sum 字段是 var 变量)，而且更改一个变量时，另一个变量不受影响。实例化对象具体的过程如图 2-23 所示。

```
scala> class CheckSum{
     |   var sum = 0
     | }
class CheckSum

scala> val acc = new CheckSum
     | val csa = new CheckSum
val acc: CheckSum = CheckSum@58337c20
val csa: CheckSum = CheckSum@7082d3e2

scala> csa.sum = 8
// mutated csa.sum

scala> csa = new CheckSum
           ^
       error: reassignment to val
```

图 2-23 实例化对象

注意：上述例子中实例化的对象是不可变 val 类型，不能对其重新赋值，但对象的成员变量（var 类型）可以重新赋值。

说明：字段也称实例变量，因为每个实例都有自己的变量集。对象的实例变量构成对象的内存映像。

保持对象健壮性的一个重要方法是确保对象的状态（实例变量的值）在其整个生存期内保持有效。首先，将字段设为私有（private）来防止外部的直接访问字段。由于私有字段只能由同一类中定义的方法访问，因此所有可以更新状态的代码都将本地化到该类。如图 2-24 所示，如果设置了类成员的访问范围，那么运行时会出现外部无法访问的错误且报错，代码示例如下：

```
class CheckSum{
  private var sum = 0
  def add(b: Byte): Unit = sum += b
  def checksum(): Int = return ~(sum & 0xFF) + 1
}
val csa = new CheckSum
csa.sum = 8                    // error, sum is private
```

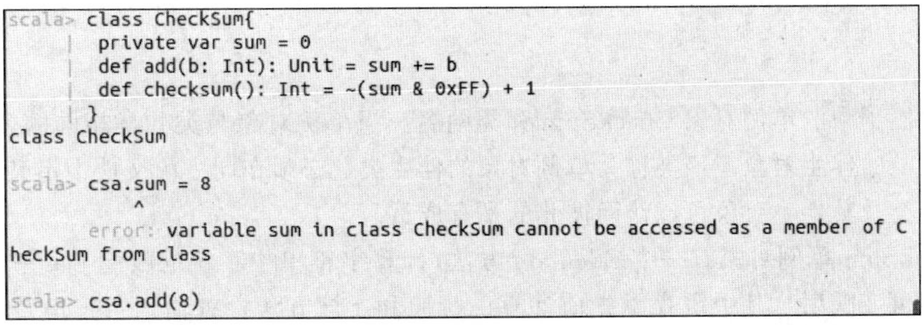

```
scala> class CheckSum{
     |   private var sum = 0
     |   def add(b: Int): Unit = sum += b
     |   def checksum(): Int = ~(sum & 0xFF) + 1
     | }
class CheckSum

scala> csa.sum = 8
           ^
       error: variable sum in class CheckSum cannot be accessed as a member of C
heckSum from class

scala> csa.add(8)
```

图 2-24 类成员的访问范围

上述例子中 checksum 函数的 return 可以删除。在没有任何显式返回语句的情况下，Scala 方法返回该方法计算的最后一个值。

返回结果类型为 Unit（或无返回）的方法，体现的是其副作用（side effect），如代码中 add 方法将输入参数增加到 sum 变量中。仅针对其副作用执行的方法称为过程（procedure）。

建议：在方法（函数）定义中避免使用显式（尤其是多个）return 语句。

提示：在 Scala 中，public 是默认访问级别，public 成员或方法不需要显式指定 public 访问修饰符。在 Java 中则需要显式指定 public。

2.7.2 单例对象

与 Java 不同，Scala 中的类没有静态成员；相反，Scala 有单例对象（singleton object）。单例对象的定义与类定义相似，但单例对象使用的关键字是 object。代码示例如下：

```
// In file CheckSum.scala
import scala.collection.mutable

class CheckSum {                      // 伴生类
  private var sum = 0
  def add(b: Int): Unit = sum += b
```

```
  def checksum(): Int = ~(sum & 0xFF) + 1
}

object CheckSum {                    // 单例对象
  private val cache = mutable.Map.empty[String, Int]
  def calculate(s: String): Int = {
      // 检查缓存是否已存在输入的字符串
      if (cache.contains(s)) { cache(s) }
      else {
        // 类实例化,调用类方法进行计算
        val acc = new CheckSum
        for (c <- s) {
          acc.add((c >> 8).toByte)
          acc.add(c.toByte)
        }
        val cs = acc.checksum()
        // 缓存计算结果,以提升程序性能
        cache += (s -> cs)
          // 返回计算结果
          cs
        }
    }
}
```

上面例子中的单例对象CheckSum和类同名。当单例对象与类共享相同的名称时，它被称为该类的**伴生对象**。该类称为单例对象的**伴生类**。必须在同一源文件中定义类及其伴生对象。类及其伴生对象可以访问彼此的私有成员。

CheckSum单例对象有一个calculate方法，计算字符串中字符的校验和；一个私有字段cache(可变映射)，其中缓存了先前计算的校验和。该方法检查输入字符串是否已经缓存。若存在，则返回缓存值，否则计算校验和(else子句)。最后一行代码cs确保方法的结果是checksum(校验和)。

可以使用类似的语法调用单例对象的方法，即采用"单例对象名.方法名"的形式。Java程序员可将单例对象视为可用Java编写的任何静态方法的类。

定义单例对象不会定义类型(type，Scala抽象层)。仅给定对象CheckSum的定义，并不能创建CheckSum类型的变量。CheckSum的类型由单例对象的伴生类定义。单例对象扩展了超类，并且可以混合在特征(trait)中。假设每个单例对象都是其超类和混合特征的实例，则可以调用这些类型的方法，从这些类型的变量中引用它，并将其传递给需要这些类型的方法。

类和单例对象的一个区别是，单例对象不能采用参数。由于不能使用new关键字实例化单例对象，因此也无法向其传递参数。单例对象在一些代码首次访问它时被初始化，其初始化语义与Java静态变量的相同。与伴生类不共享相同名称的单例对象称为**独立对象**(standalone)。独立对象可用于多种用途，如将相关的实用程序方法收集在一起或定义Scala应用程序的入口点等。

2.7.3 样例类

通常在编写类时，需要实现一些方法，例如，==、hashCode、toString、accessor(访问器)或 factory(工厂)方法等。这些可能比较耗时且容易出错。Scala 提供了样例类(case class),它可以根据传递给其主要构造函数的值生成多个方法的实现。通过将 **case** 修饰符放在类的前面来声明 case 类,代码示例如下:

```
case class Person(name: String, age: Int)
```

对 case 类,编译器将首先创建一个伴生对象,并在其中放置 apply 工厂方法,可用来构造新的对象:

```
// 调用工厂方法,Person.apply("Zhansan", 20)
val s = Person("Zhansan", 20)
```

其次,编译器存储所有的类参数,并生成与参数名相同的访问方法,用来访问成员值,代码示例如下:

```
s.name                    // Zhansan
s.age                     // 20
```

再次,编译器实现 toString、hashCode、==(等于,equals)方法:

```
s.toString                                    // Person(Zhansan, 20)
s.hashCode == Person("Lilly", 20).hashCode    // false
s == Person("Zhansan", 21)                    // false
```

最后,编译器还会为样例类实现 copy 方法,为伴生类实现 unapply 方法。

因此,使用样例类有诸多便利。但同时,类和对象会变得更大,因为会生成其他方法,并且会为每个构造函数参数添加一个隐式字段。

在样例类中可以自己定义方法。如果实现者已经实现了上述方法(apply、toString 等),则编译器使用用户定义的方法,而不自动生成。

提示: 在实例化 case 类时,不需要使用关键字 new。case 类的参数都是可以直接访问的 val(不能被修改)。

提示: 样例类适用于不可变的数据。它是一种特殊的类,能够被优化以用于模式匹配。

2.8 Scala 应用程序

要运行 Scala 程序,必须提供独立(standalone)单例对象的名称,其中包含一个 main 方法,该方法有一个 Array[String]参数,结果类型为 Unit。任何具有正确签名的 main 方法的独立对象都可以用作应用程序的入口点,代码示例如下:

```
// In file Summer.scala
import CheckSum.calculate                    // Defined in CheckSum.scala

object Summer {                              // a singleton object
  def main(args: Array[String]): Unit =
    for (arg <- args)
      println(arg + ": " + calculate(arg))
}
```

Scala 隐式地将包 java.lang 和 scala 中的成员以及 Predef 的单例对象的成员导入到每个 Scala 源文件中。位于包 scala 中的 Predef,包含许多有用的方法。例如,当在 Scala 中调用 println 时，实际是调用 Predef. println（进而调用 Console. println）；当调用 assert 时，实际是在调用 Predef. assert。

为运行 Summer 应用程序，可将代码放在 Summer. scala 文件中。由于 Summer 引用了 CheckSum. scala 文件中的 CheckSum，所以需要对这两个文件进行编译。不同于 Java，Scala 文件名与其中的类名称并不要求保持一致（建议两者保持一致，以便于查找定位）。使用 scalac 命令编译，代码示例如下：

```
$ scalac ./Summer.scala ./CheckSum.scala
```

编译生成 Java 字节文件 *. class 后，可以通过 scala 命令运行该应用程序。例如，执行命令：

```
$ scala Summer I love you
```

将看到程序输出 3 个命令行参数的 checksum 结果，如图 2-25 所示。

```
o@o-VirtualBox:~$ ./scala-2.13.8/bin/scalac ./Summer.scala ./CheckSum.scala
o@o-VirtualBox:~$ ./scala-2.13.8/bin/scala Summer I love you
I: -73
love: -182
you: -93
o@o-VirtualBox:~$
```

图 2-25　Scala 应用程序示例

第3章

Spark开发基础

3.1 Spark 概述

3.1.1 Spark 简介

Spark 最初由美国加州大学伯克利分校(UC Berkeley)的 AMP 实验室(AMPLab,现在称为 RISELab)于 2009 年开发,是基于内存计算的大数据并行计算框架,可用于构建大型的、低延迟的数据分析应用程序。研究人员之前曾从事 Hadoop MapReduce 的工作,他们承认 MapReduce 对于交互式或迭代计算作业和复杂的学习框架是低效、难以处理的,因此从一开始,他们就有了使 Spark 更简单、更快、更容易使用的想法。

Spark 在诞生之初属于研究性项目,其诸多核心理念均源自学术研究论文。Spark 项目的核心是借用 Hadoop MapReduce 的思想,但强于后者。Spark 的改进包括:提高容错性和并行性,支持内存存储以在迭代和交互式 Map 和 Reduce 之间减少中间计算,提供支持多种编程语言、且简单易用的 API,并以统一的方式支持其他工作负载。2013 年,Spark 加入 Apache 孵化器项目后,开始迅猛发展,目前已成为使用最多的大数据开源项目之一。

Apache Spark 是为大规模、分布式数据处理而设计的一个分析引擎,为中间计算提供了内存存储,运行速度较 Hadoop MapReduce 快若干倍。Spark 包括用于机器学习的库 MLlib、用于交互式查询的 SQL(Spark SQL)、用于与实时数据交互的流处理(Structured Streaming)以及用于图形处理的 GraphX 库,如图 3-1 所示。

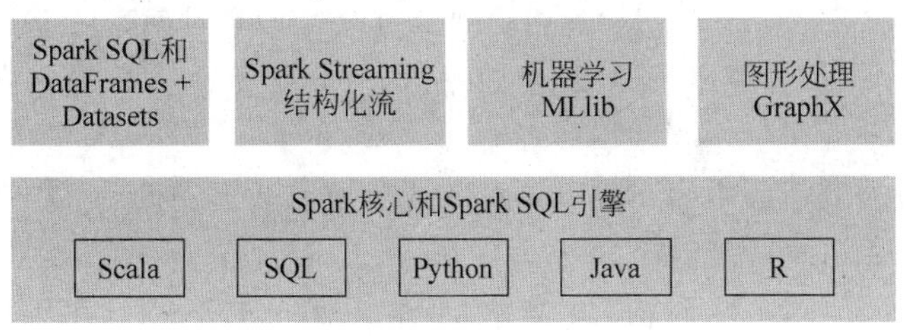

图 3-1 Spark 的组件与 API 接口

Spark 具有如下主要特点。

（1）**运行速度快**：Spark 框架经过优化，可以充分利用多核 CPU 和内存资源，高效利用操作系统的多线程和并行处理机制。其次，Spark 将其查询计算构建为有向无环图（Directed Acyclic Graph，DAG），执行引擎将其优化为高效的计算图，分解为可以在集群上多个工作线程之间并行执行的任务。此外，所有中间结果都保留在内存中（尽量减少磁盘 I/O），也极大地提高了性能。

（2）**容易使用**：Spark 支持使用 Scala、Java、Python 和 R 语言进行编程，简洁的 API 设计有助于用户轻松构建并行应用程序，并且可以通过 Spark Shell 进行交互式编程。

（3）**通用性强**：Spark 可以应用于多种类型的工作任务，提供了支持多种编程语言接口的、统一的 API 库，可以将不同的工作负载组合在一个引擎下运行。其核心组件（或模块），如 Spark SQL、Structured Streaming、MLlib 和 GraphX 等，可以无缝地整合在同一个应用中，足以应对复杂的计算。

（4）**扩展性强**：Spark 专注于其快速的并行计算引擎，而不是存储。使用 Spark 可以读取存储在多种数据源中的数据，如 Apache Hadoop、Cassandra、HBase、Hive、MongoDB，以及各种关系数据库等。Spark 的 DataFrame Reader 和 Writer 可以扩展以支持其他数据源（如 Apache Kafka、Kinesis、Azure Storage 和 Amazon S3 等）。

3.1.2 Spark 架构设计

Spark 是一个分布式数据处理引擎，其组件在集群机器上协同工作。在探讨 Spark 编程之前，需要了解 Spark 分布式架构的所有组件，以及组件之间是如何协同工作和通信的。Spark 的运行架构包括集群管理器、应用程序的任务驱动程序 Driver 和运行作业任务的工作节点（Worker Node），其中，每个工作节点的程序执行器 Executor 负责具体任务的执行。集群管理器可以是 Spark 自带的资源管理器，也可以是 YARN 等资源管理框架。

与 Hadoop MapReduce 相比，Spark 采用 Executor 的优点体现在两个方面：一是利用多线程执行任务（Hadoop MapReduce 采用的是进程模型），减少任务的启动开销；二是 Executor 中的 BlockManager 模块会将中间结果存到内存中，当迭代计算需要时，可以直接从内存读数据，而无须读写 HDFS 等文件系统，减少了 I/O 开销。另外，在交互式查询场景下，通过预先将数据表缓存到 BlockManager 中，从而提高 I/O 读写性能。

如图 3-2 所示，Spark 应用程序包含一个 Driver 程序，该程序负责协调 Spark 集群上的并行操作。Driver 程序通过 SparkSession 访问集群中的分布式组件，包括 Spark 程序执行器 Executor 和集群管理器 Cluster Manager。

Spark Driver 是 Spark 应用程序的一部分，负责实例化 SparkSession。Driver 程序与集群管理器通信，请求 Executor（JVM）运行需要的资源（CPU、内存等）；将所有 Spark 操作转换为 DAG（计算、计划），并将任务分发到 Executor。分配资源后，Driver 将直接与 Executor 通信。

在 Spark 2.0 及其后版本中，**SparkSession** 成为所有数据访问 Spark 操作的统一入口，不仅包含了 Spark 以前的入口点，如 SparkContext、SQLContext、HiveContext、SparkConf 和 StreamingContext 等，还使 Spark 更简单、易用。通过这个入口，可以创建 JVM 运行时参数、定义数据帧和数据集、从数据源读取、访问目录元数据，以及执行 Spark SQL 查询等。

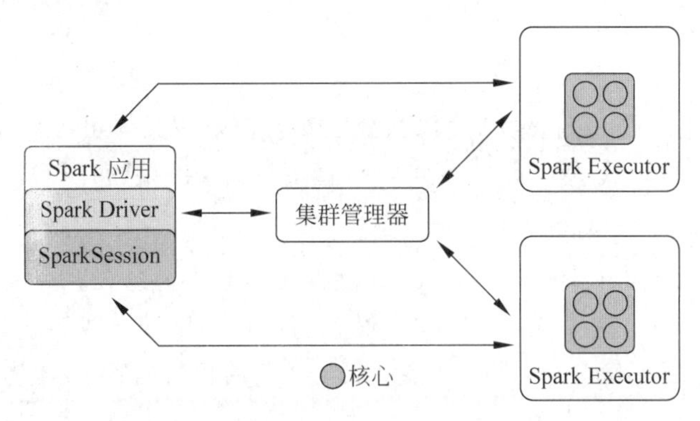

图 3-2 Spark组件与运行架构

集群管理器负责为运行 Spark 应用程序的集群节点管理和分配资源。目前，Spark 支持4类分布式集群管理器，分别是内置的独立集群管理器 Standalone、Apache Hadoop YARN、Apache Mesos 和 Kubernetes。

程序执行器 Executor 运行在集群中的工作节点上。Executor 与 Driver 程序通信，并负责在工作节点上执行任务。在大多数部署模式下，每个节点仅运行一个 Executor。

3.2 Spark 安装及部署

3.2.1 安装 Spark

1. 下载 Spark

Spark 可在官方网站（或镜像网站）下载，选择合适的稳定版本，下载页面如图 3-3 所示。

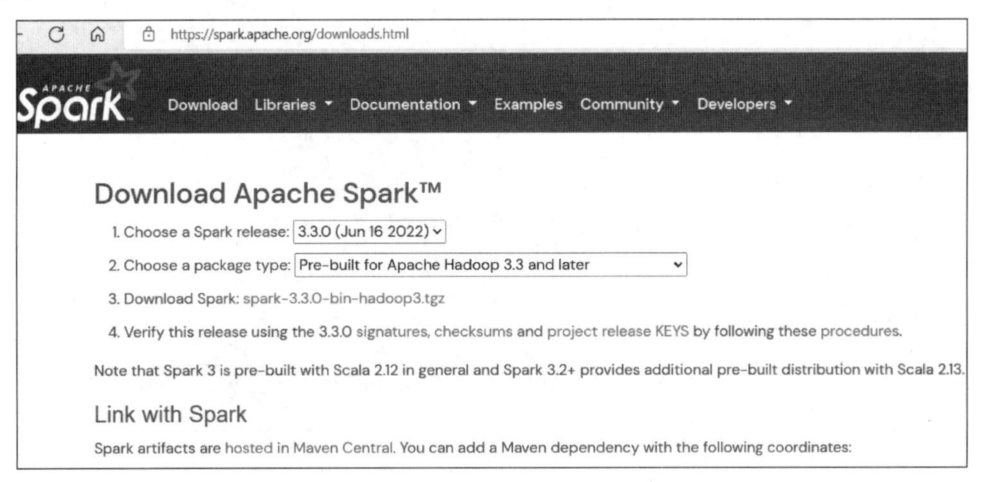

图 3-3 Spark 下载页面

进入下载页面后，即可选择合适的 Spark 版本。本书使用了 Scala 2.13.x 版本，因此，这里选择下载 Pre-built for Apache Hadoop 3.3 and later。也可以从镜像站点下载：

```
$ wget -c https://mirrors.tuna.tsinghua.edu.cn/apache/spark/spark-3.3.0/spark-3.3.0-bin-hadoop3-scala2.13.tgz
```

2. 安装

1）安装 JDK

Spark 运行需要设置 Java 环境，确保系统已安装 Java。具体可参考 2.1.2 节的相关内容。确保已设置 JAVA_HOME 环境变量，如，直接在当前终端窗口设置：

```
$ export JAVA_HOME = ~/jdk - 17
```

注意：请以本地实际安装的路径为准(即替换上述命令的路径~/jdk-17)。

可以根据实际需要，将 JAVA_HOME 设置为用户环境变量或系统环境变量。设置方法与设置 PATH 环境变量类似，具体可参考 2.1.2 节的相关内容，或参考其他资料。

2）安装 Spark

将下载的 Spark 压缩包解压，并根据需要将解包的路径换成容易识记的路径名称，设置必要的用户权限等(注：解包到用户主目录 Home，通常不需要特别设置权限)：

```
$ tar -zxf ./Downloads/spark-3.3.0-bin-hadoop3-scala2.13.tgz
$ mv ./spark-3.3.0-bin-hadoop3-scala2.13 ./spark-3.3.0
```

3）验证 Spark 安装

如图 3-4 所示，执行以下命令，可以查看 Spark 版本等信息：

```
$ ./spark-3.3.0/bin/spark-shell --version
```

```
o@o-VirtualBox:~$ ./spark-3.3.0/bin/spark-shell --version
22/09/28 21:35:28 WARN Utils: Your hostname, o-VirtualBox resolves to a loopback address:
127.0.1.1; using 10.0.2.15 instead (on interface enp0s3)
22/09/28 21:35:28 WARN Utils: Set SPARK_LOCAL_IP if you need to bind to another address
Welcome to
      ____              __
     / __/__  ___ _____/ /__
    _\ \/ _ \/ _ `/ __/  '_/
   /___/ .__/\_,_/_/ /_/\_\   version 3.3.0
      /_/

Using Scala version 2.13.8, OpenJDK 64-Bit Server VM, 17.0.4.1
Branch HEAD
Compiled by user ubuntu on 2022-06-09T18:15:33Z
Revision f74867bddfbcdd4d08076db36851e88b15e66556
Url https://github.com/apache/spark
Type --help for more information.
o@o-VirtualBox:~$
```

图 3-4 查看 Spark 版本信息

运行 Spark 自带的例子程序，如计算圆周率 π 近似值，结果如图 3-5 所示。

```
$ ./spark-3.3.0/bin/run-example SparkPi 4 2>&1 | grep "Pi "
```

```
o@o-VirtualBox:~$ ./spark-3.3.0/bin/run-example SparkPi 4 2>&1 | grep "Pi "
Pi is roughly 3.1427378568446422
```

图 3-5 运行 Spark 自带的例子程序

说明：执行例子程序时会输出较多的运行信息，因此，这里使用了 grep 命令对输出信息进行过滤(上述命令中的 2>&1 可以将所有的信息都输出到标准控制台中，否则日志信息还是会输出到屏幕)。具体命令、管道等用法，请参考 Linux 相关文档。

提示：Spark 安装包中附带有一些例子程序，如，基于 RDD API 的 Word Count、圆周率 π 估计程序 SparkPi、基于 DataFrame API 的文本搜索 Text search 以及机器学习等例子程序。这些例子程序的源代码位于 examples/src/main 目录下。学习例子程序对 Spark 开发有极大的帮助。

3.2.2 Spark 部署方式

Spark 支持多种部署模式,能够运行在不同的配置和环境中。由于集群管理器与它的运行位置无关(只要可以管理 Spark Executor,并满足资源请求),所以 Spark 可以部署在一些最流行的环境中,如 Apache Hadoop YARN 和 Kubernetes,并且可以在不同的模式下运行。

Local 模式是本地模式,常用于本地开发或测试。Standalone 模式使用 Spark 框架自带的资源调度管理服务,可以独立部署到一个集群中。在 Spark on YARN/Kubernetes/Mesos 模式中,Spark 应用程序所需要的各种资源,由相应的资源管理服务器负责调度。表 3-1 给出了可用的部署方式。

表 3-1 Spark 部署方式

模式	Spark Driver	Spark Executor	Cluster Manager
Local	单个 JVM 中运行,单节点	与 Driver 相同的 JVM	同一台机器
Standalone	集群中的任一节点	每个 Executor 有自己独立的 JVM	集群中的任一主机 Spark Master
YARN (client)	客户机,非集群一部分	Container on YARN's NodeManager	Resource Manager Application Master
YARN (cluster)	Application Master	同上	同上
Kubernetes	运行于 Kubernetes pod	每个节点自己的 pod	Kubernetes Master
Mesos	Framework Scheduler	Mesos Agent	Mesos Master

3.3 配置 Spark 访问 HDFS 数据源

Spark 可以独立使用,也可以与 Hadoop 配合使用。通常情况下,Spark 基于 Hadoop HDFS 的高容错特性来处理大规模数据集。Spark 可以和 Hadoop HDFS 同时安装使用,Spark 可以直接使用 HDFS 存取数据。

Spark 访问 HDFS 数据源,需要部署相应的服务。为保持内容的完整性,本节简要介绍 Hadoop 的安装部署过程,更详细的内容请参考 Hadoop 用户手册或其他相关资料。

3.3.1 Hadoop 部署

1. Hadoop 下载

Hadoop 当前的发行版本是 3.3.4。相比 3.2.x 版本,3.3.x 版本支持 ARM 架构,对 Java 11/17 的支持更全面,且修复了 Guava 包的版本冲突等问题。Hadoop 可以通过官方网站下载,也可以选择镜像下载。如图 3-6 所示,对下载文件进行解压:

```
$ tar -zxf ./Downloads/hadoop-3.3.4.tar.gz
```

```
o@o-VirtualBox:~$ wget -c -nv -P ./Downloads  https://mirrors.nju.edu.cn/apache/hadoop
/common/hadoop-3.3.4/hadoop-3.3.4.tar.gz
2022-09-29 12:00:31 URL:https://mirrors.nju.edu.cn/apache/hadoop/common/hadoop-3.3.4/h
adoop-3.3.4.tar.gz [695457782/695457782] -> "./Downloads/hadoop-3.3.4.tar.gz" [1]
o@o-VirtualBox:~$ tar -zxf ./Downloads/hadoop-3.3.4.tar.gz
o@o-VirtualBox:~$ ls ./hadoop-3.3.4/
bin  include  libexec          licenses-binary  NOTICE-binary  README.txt  share
etc  lib      LICENSE-binary   LICENSE.txt      NOTICE.txt     sbin
o@o-VirtualBox:~$
```

图 3-6 Hadoop 下载过程

2. Hadoop 伪分布式部署

1）依赖环境

（1）Hadoop 集群（单节点）、伪分布部署依赖于 Java、SSH 等。应确保已安装 Java。设置 Java 环境变量，验证 Hadoop 版本信息：

```
$ export JAVA_HOME = ~/jdk-17
$ ./hadoop-3.3.4/bin/hadoop version
```

说明：Hadoop 3.3.4 不完全支持 Java 17。根据官方文档，Hadoop 3.3.x 版本完全支持 Java 8/Java 11，Hadoop 3.0.x ～ 3.2.x 仅支持 Java 8。

（2）安装 SSH：

```
$ sudo apt-get install ssh
$ sudo apt-get install pdsh
```

（3）Hadoop 使用 SSH 登录时，没有提供输入密码的界面，因此需要设置为免密登录（见图 3-7）：

```
$ ssh-keygen -t rsa -P '' -f ~/.ssh/id_rsa
$ cat ~/.ssh/id_rsa.pub >> ~/.ssh/authorized_keys
$ chmod 0600 ~/.ssh/authorized_keys
```

```
o@o-VirtualBox:~$ ssh-keygen -t rsa -P '' -f ~/.ssh/id_rsa
Generating public/private rsa key pair.
Your identification has been saved in /home/o/.ssh/id_rsa
Your public key has been saved in /home/o/.ssh/id_rsa.pub
The key fingerprint is:
SHA256:wbgz/td0hIbyWV5llidiE+YtGyGOaE8RKUtQKaRpDM4 o@o-VirtualBox
The key's randomart image is:
+---[RSA 3072]----+
|.  .oo..oo. +.  .|
|oo o. ++.+ ++o..=|
| E=  o+o= .o++.=.|
| .   ..+... ++o  |
|      + So =.o   |
|     . o  o o .  |
|      .    o .   |
|       .  . .    |
|        ..       |
+----[SHA256]-----+
o@o-VirtualBox:~$ cat ~/.ssh/id_rsa.pub >> ~/.ssh/authorized_keys
o@o-VirtualBox:~$ chmod 0600 ~/.ssh/authorized_keys
```

图 3-7 设置 SSH 免密登录

2）伪分布配置

（1）修改 Hadoop 配置文件中的环境变量设置，首先运行命令：

```
$ gedit ./hadoop-3.3.4/etc/hadoop/hadoop-env.sh
```

打开文件后，可将其中的 JAVA_HOME 设置为正确的路径，具体如图 3-8 所示。

```
52 # The java implementation to use. By default, this environment
53 # variable is REQUIRED on ALL platforms except OS X!
54 export JAVA_HOME=~/jdk-17
```

图 3-8　配置 JAVA_HOME 环境变量

提示：系统中设置 JAVA_HOME 环境变量后，如果未修改配置文件中的 JAVA_HOME 环境变量设置，那么启动 Hadoop 时，仍会报错“ERROR：**JAVA_HOME is not set** and could not be found”。

思考：Hadoop 3.3.x 读取 hadoop-env.sh 中设置的 JAVA_HOME 环境变量，而不是系统中的 JAVA_HOME 环境变量，这样设计的目的是什么？

（2）修改 Hadoop 配置文件 etc/hadoop/core-site.xml，设置默认的文件系统，示例如下：

```
<configuration>
    <property>
        <name>fs.defaultFS</name>
        <--! default HDFS server URL, 请根据实际修改 -->
        <value>hdfs://localhost:9000</value>
    </property>
</configuration>
```

（3）修改配置文件 etc/hadoop/**hdfs-site.xml**，设置默认的文件副本数量等。示例如下：

```
<configuration>
    <property>
        <name>dfs.replication</name>
        <value>1</value>
    </property>
    <property>
        <name>dfs.namenode.name.dir</name>
        <value>file:/home/o/hadoop-3.3.4/tmp/dfs/name</value>
    </property>
    <property>
        <name>dfs.datanode.data.dir</name>
        <value>file:/home/o/hadoop-3.3.4/tmp/dfs/data</value>
    </property>
</configuration>
```

说明：在伪分布模式下，Hadoop 会使用临时目录存储名字服务、数据服务的临时文件，默认的临时文件存放路径是系统/**tmp** 目录。该路径下的文件在 Linux 系统重启时可能会被清理，导致 namenode 启动失败。建议将该临时目录修改为不会被自动清理的路径。

3. 启动

1）文件系统初始化

首次使用 HDFS 服务时，需要格式化文件系统。使用如下命令进行格式化，并等待格式化完成：

```
$ ./hadoop-3.3.4/bin/hdfs namenode -format
```

格式化成功后会有"successfully formatted"提示字样，如图 3-9 所示。

注意：文件系统格式化仅需要在系统初始化时执行一次，以后使用时不再格式化；否则已有数据会丢失。

```
1.1-1664446682328
2022-09-29 18:18:02,394 INFO common.Storage: Storage directory /tmp/hado
 successfully formatted.
2022-09-29 18:18:02,420 INFO namenode.FSImageFormatProtobuf: Saving imag
fs/name/current/fsimage.ckpt_0000000000000000000 using no compression
2022-09-29 18:18:02,483 INFO namenode.FSImageFormatProtobuf: Image file
/current/fsimage.ckpt_0000000000000000000 of size 396 bytes saved in 0 s
2022-09-29 18:18:02,503 INFO namenode.NNStorageRetentionManager: Going t
```

图 3-9　HDFS 格式化成功提示信息

2）启动 HDFS

执行脚本命令，启动 HDFS：

```
$ ./hadoop-3.3.4/sbin/start-dfs.sh
```

注意：脚本命令位于 sbin 目录，而不是 bin 目录下。

正常启动后，可以看到 NameNode、DataNode 等服务进程，也可通过浏览器浏览 NameNode 或 DataNode 的相关信息，如图 3-10 所示。NameNode 的默认 Web 服务地址是：http://localhost:9870/。

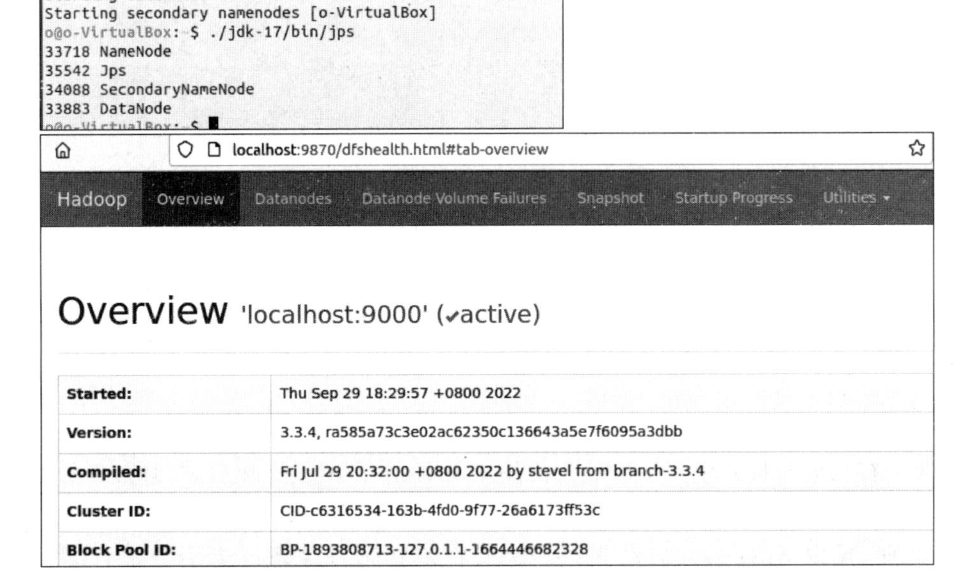

图 3-10　监测 HDFS 服务

4. HDFS 操作

如图 3-11 所示,执行创建目录、上传文件、执行程序、查看结果等命令,实现多种 HDFS 操作。具体可参考 HDFS 用户手册,示例代码如下:

```
$ ./hadoop-3.3.4/bin/hdfs dfs -mkdir -p /user/o/input
$ ./hadoop-3.3.4/bin/hdfs dfs -put ./hadoop-3.3.4/etc/hadoop/*.xml input
$ ./hadoop-3.3.4/bin/hadoop jar ./hadoop-3.3.4/share/hadoop/mapreduce/hadoop-mapreduce
-examples-3.3.4.jar grep input output 'dfs[a-z.]+'
$ ./hadoop-3.3.4/bin/hdfs dfs -cat output/*
```

```
o@o-VirtualBox: $ ./hadoop-3.3.4/bin/hdfs dfs -mkdir -p /user/o/input
o@o-VirtualBox: $ ./hadoop-3.3.4/bin/hdfs dfs -put ./hadoop-3.3.4/etc/hadoop/*.xml input
o@o-VirtualBox: $ ./hadoop-3.3.4/bin/hadoop jar ./hadoop-3.3.4/share/hadoop/mapreduce/hadoop-m
apreduce-examples-3.3.4.jar grep input output 'dfs[a-z.]+'
2022-09-29 21:56:10,697 INFO impl.MetricsConfig: Loaded properties from hadoop-metrics2.proper
ties
2022-09-29 21:56:10,812 INFO impl.MetricsSystemImpl: Scheduled Metric snapshot period at 10 se
cond(s).
```

图 3-11 HDFS 操作命令

5. 停止 HDFS 服务

如果有必要,则可执行脚本命令,停止 HDFS 服务:

```
$ ./hadoop-3.3.4/sbin/stop-dfs.sh
```

3.3.2 配置 Spark 访问 HDFS

由于下载使用的 Spark 安装包中已经包含 Hadoop 相关的依赖包,所以这里无须进行特殊配置,即可直接访问 HDFS 中的数据。如图 3-12 所示,启动 Spark shell 后,在交互环境中加载 HDFS 中的文件(请确保 HDFS 服务已经启动,且文件路径正确):

```
val xml2 = sc.textFile("hdfs://localhost:9000/user/o/input/core-site.xml")
xml2.take(5)
```

说明:Spark 对本地文件与 HDFS 文件的访问方法是一致的。HDFS 路径以"hdfs://"修饰,本地文件则以"file://"修饰。如果未指明访问协议,则默认是本地文件。

3.4 使用 Spark shell

Spark shell 是一个交互方式的数据分析工具,也是 Spark API 学习环境,包括 Scala(在 JVM 上运行)版及 Python 版。

3.4.1 启动 Spark shell

输入如下命令,启动 Spark shell:

```
# Scala 环境
$ ./spark-3.3.0/bin/spark-shell
# Python 环境
$ ./spark-3.3.0/bin/pyspark
```

Scala 版本提供 Scala 交互 shell,可以直接执行 Scala 代码(参见第 2 章的有关内容)。

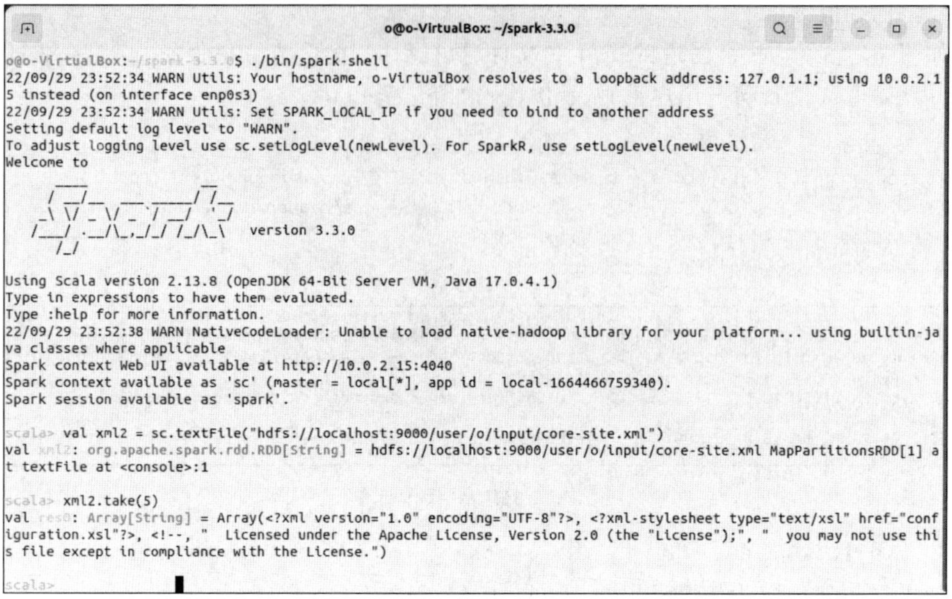

```
o@o-VirtualBox: ~/spark-3.3.0
o@o-VirtualBox:~/spark-3.3.0$ ./bin/spark-shell
22/09/29 23:52:34 WARN Utils: Your hostname, o-VirtualBox resolves to a loopback address: 127.0.1.1; using 10.0.2.1
5 instead (on interface enp0s3)
22/09/29 23:52:34 WARN Utils: Set SPARK_LOCAL_IP if you need to bind to another address
Setting default log level to "WARN".
To adjust logging level use sc.setLogLevel(newLevel). For SparkR, use setLogLevel(newLevel).
Welcome to
      ____              __
     / __/__  ___ _____/ /__
    _\ \/ _ \/ _ `/ __/  '_/
   /___/ .__/\_,_/_/ /_/\_\   version 3.3.0
      /_/

Using Scala version 2.13.8 (OpenJDK 64-Bit Server VM, Java 17.0.4.1)
Type in expressions to have them evaluated.
Type :help for more information.
22/09/29 23:52:38 WARN NativeCodeLoader: Unable to load native-hadoop library for your platform... using builtin-ja
va classes where applicable
Spark context Web UI available at http://10.0.2.15:4040
Spark context available as 'sc' (master = local[*], app id = local-1664466759340).
Spark session available as 'spark'.

scala> val xml2 = sc.textFile("hdfs://localhost:9000/user/o/input/core-site.xml")
val xml2: org.apache.spark.rdd.RDD[String] = hdfs://localhost:9000/user/o/input/core-site.xml MapPartitionsRDD[1] a
t textFile at <console>:1

scala> xml2.take(5)
val res0: Array[String] = Array(<?xml version="1.0" encoding="UTF-8"?>, <?xml-stylesheet type="text/xsl" href="conf
iguration.xsl"?>, <!--, "  Licensed under the Apache License, Version 2.0 (the "License");", "  you may not use thi
s file except in compliance with the License.")

scala>
```

图 3-12　Spark shell 中访问 HDFS 文件

以下以 Scala 环境（版本）的 Spark shell 为例介绍。

3.4.2　使用 Spark shell

Spark 的主要抽象是称为数据集（Dataset）的分布式数据项的集合。数据集可以从本地文件、Hadoop Input Formats（如 HDFS 文件）创建，也可通过转换其他数据集来创建。

Spark shell 启动时，会创建 Spark 环境（context）以及会话（Session）对象，可直接用于后续的数据分析或交互。

在 Spark shell 中加载文本数据，并查看文件首行内容，可使用类似下面的命令（输入命令以**加粗**形式表示。由于是交互式环境，每行命令输入后会获得相应的反馈）：

```
scala> val textFile = spark.read.textFile("README.md")
val textFile: org.apache.spark.sql.Dataset[String] = [value: string]
scala> textFile.first()
val res0: String = # Apache Spark
```

注意："scala >"是 Scala Spark shell 的提示符，不是输入内容。

注意：Spark 采用**惰性机制**。对 RDD 而言，直到执行 RDD 动作（Action）命令时，才真正触发对数据集的加载、转换等一系列操作。因此，即使加载一个不存在的文件，在加载时也不会报错（加载时不报错，查看内容时报错），如图 3-13 所示。

数据集的转换（Transformation）和动作可用于更复杂的计算，执行命令及结果如图 3-14 所示，示例代码如下：

```
// 统计文件中包含"Spark"的行数：
scala> textFile.filter(line => line.contains("Spark")).count()
// 最长行所包含的单词数
```

```
scala> val textFile2 = sc.textFile("README.md2")
val textFile2: org.apache.spark.rdd.RDD[String] = README.md2 MapPartitionsRDD[4] at textFi
le at <console>:1

scala> textFile2.take(5)
org.apache.hadoop.mapred.InvalidInputException: Input path does not exist: file:/home/o/sp
ark-3.3.0/README.md2
  at org.apache.hadoop.mapred.FileInputFormat.singleThreadedListStatus(FileInputFormat.jav
```

图 3-13 Spark 中动作操作触发实际计算

```
scala> textFile.map(line => line.split(" ").size)
         .reduce((a, b) => if (a > b) a else b)
// 大数据经典例子 Word Count
scala> val wordCounts = textFile.flatMap(
      line => line.split("[ ,.]+")).groupByKey(identity).count().collect()
```

```
scala> textFile.filter(line => line.contains("Spark")).count()
val res1: Long = 20

scala> textFile.map(line => line.split(" ").size).reduce((a, b) => if (a > b) a else b)
val res2: Int = 16

scala> val wordCounts = textFile.flatMap(line => line.split("[ ,.]+")).groupByKey(identity
).count().collect()
val wordCounts: Array[(String, Long)] = Array(([![PySpark,1), (online,1), (graphs,1), (dis
tributions,1), (API,1), (com/apache/spark/actions/workflows/build_and_test,2), (["Building
,1), (documentation,4), (thread,1), (count(),2), (abbreviated,1), (```bash,6), (overview,1
), (rich,1), (set,2), (-DskipTests,1), (name,1), (workloads,1), (["Specifying,1), (org/con
tributing,1), (stream,1), (run:,1), (not,1), (programs,3), (tests,2), (instructions,1), (w
ill,1), ([run,1), (particular,2), (must,1), (using,3), (you,4), (MLlib,1), (variable,1), (
Note,1), (core,1), (protocols,1), (shields,1), (guidance,2), (shell:,2), (can,6), (html#sp
ecifying-the-hadoop-version-and-enabling-yarn),1), (*,4), ([building,1), (configure,1), (f
or,13), (README,1), (Interactive,2), (```python,1),...
```

图 3-14 执行数据转换和动作

3.4.3 退出 Scala Spark shell

在 Spark shell 中执行":quit"命令(简写为":q"),或按组合键 Ctrl+D 退出:

```
scala> :quit
```

3.4.4 Spark shell 常用选项

启动 Spark shell 时,使用"--help"(或"-h")选项,可列出 shell 命令选项(参数),如图 3-15 所示。常用选项如下:

(1) "--master"用于指定连接的服务器地址(默认为本地模式,"local[*]")。

(2) "--deploy-mode"用于指定客户应用启动模式(默认为 client)。

(3) "--conf"用于设置相关配置项(如内存负载、Shuffle 分区数等)。

(4) "--jars"用于导入依赖的 jar 包等。

各选项的具体用法,请参考 Spark 用户手册。

```
o@o-VirtualBox:~/spark-3.3.0$ ./bin/spark-shell --help
Usage: ./bin/spark-shell [options]

Scala REPL options:
  -I <file>                   preload <file>, enforcing line-by-line interpretation

Options:
  --master MASTER_URL         spark://host:port, mesos://host:port, yarn,
                              k8s://https://host:port, or local (Default: local[*]).
  --deploy-mode DEPLOY_MODE   Whether to launch the driver program locally ("client") or
                              on one of the worker machines inside the cluster ("cluster")
                              (Default: client).
  --class CLASS_NAME          Your application's main class (for Java / Scala apps).
  --name NAME                 A name of your application.
  --jars JARS                 Comma-separated list of jars to include on the driver
                              and executor classpaths.
  --packages                  Comma-separated list of maven coordinates of jars to include
                              on the driver and executor classpaths. Will search the local
                              maven repo, then maven central and any additional remote
                              repositories given by --repositories. The format for the
                              coordinates should be groupId:artifactId:version.
  --exclude-packages          Comma-separated list of groupId:artifactId, to exclude while
                              resolving the dependencies provided in --packages to avoid
                              dependency conflicts.
  --repositories              Comma-separated list of additional remote repositories to
                              search for the maven coordinates given with --packages.
  --py-files PY_FILES         Comma-separated list of .zip, .egg, or .py files to place
                              on the PYTHONPATH for Python apps.
  --files FILES               Comma-separated list of files to be placed in the working
                              directory of each executor. File paths of these files
                              in executors can be accessed via SparkFiles.get(fileName).
  --archives ARCHIVES         Comma-separated list of archives to be extracted into the
                              working directory of each executor.

  --conf, -c PROP=VALUE       Arbitrary Spark configuration property.
  --properties-file FILE      Path to a file from which to load extra properties. If not
                              specified, this will look for conf/spark-defaults.conf.
```

图 3-15　Spark shell 命令选项

3.5 Spark 开发环境

本书基于 Scala 编程语言进行 Spark 应用开发。因此，所介绍的开发环境主要考虑 Spark 的 Scala 开发环境，包括命令行工具、IDE 环境等。

3.5.1 SBT

SBT 全称是 Simple Build Tool，是 Scala、Java 构建工具，与 Maven 或 Gradle 类似。SBT 依赖于 Java 8(1.8)或以上版本。

官方推荐的安装方式是使用 cs setup(参考 2.1.2 节的有关内容)。本节仅介绍 Linux 环境下的 SBT 的手动安装、部署过程。

1. 安装 SBT

(1) 可到官方网站(或镜像网站)选择合适的稳定版本的 SBT 进行下载，当前版本是 SBT 1.7.2，镜像下载命令如图 3-16 所示。

说明：考虑网络等原因，建议使用断点续传(wget)“**-c**”选项；为便于管理可下载到指定路径(使用“**-P**”选项)。

Ubuntu 用户也可以下载安装包安装，或直接在线安装。具体请参考相关资料。

(2) SBT 依赖于 Java 环境，所以需要确保系统已安装 Java。支持 SBT 1.7.2 的 Java

```
o@o-VirtualBox:~$ wget -c -nv -P ./Downloads/ https://github.com/sbt/sbt/releases/download/v1.7.2/sbt-1.7.2.tgz
o@o-VirtualBox:~$ tar -zxf ./Downloads/sbt-1.7.2.tgz -C ./scala-2.13.8
o@o-VirtualBox:~$
```

图 3-16 SBT 的镜像下载

版本包括 8、11、17 等。下载完成后，对压缩包进行解压：

```
$ tar -zxf ./Downloads/sbt-1.7.2.tgz -C ./scala-2.13.8
```

可以根据实际需要，将 SBT 添加到搜索路径（设置为 PATH 环境变量），具体可参考 2.1.2 节的相关内容。

（3）如图 3-17 所示，运行 sbt shell 命令（请确保 Java 安装正确），查看 SBT 版本信息：

```
$ ./scala-2.13.8/sbt/bin/sbt --version
```

```
o@o-VirtualBox:~$ export PATH=~/jdk-17/bin/:$PATH
o@o-VirtualBox:~$ ./scala-2.13.8/sbt/bin/sbt --version
sbt version in this project: 1.7.2
sbt script version: 1.7.2
o@o-VirtualBox:~$
```

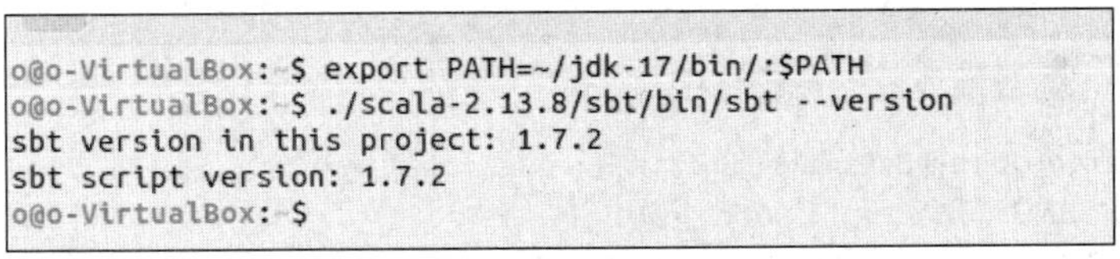

图 3-17 查看 SBT 版本信息

注意：在 SBT 交互环境中，可以使用 help 命令查看 SBT shell 的相关命令，使用 exit 命令退出 SBT shell。

2. SBT 使用示例

1）最小 SBT 构建

最小 SBT 构建使用默认设置，仅需要一个空的 SBT 文件，创建的 build.sbt 文件如下：

```
$ mkdir ./scala-examples
$ cd ./scala-examples
$ touch build.sbt                         # 创建空的 SBT 文件
```

2）启动 SBT shell

如图 3-18 所示，运行命令启动 SBT shell。

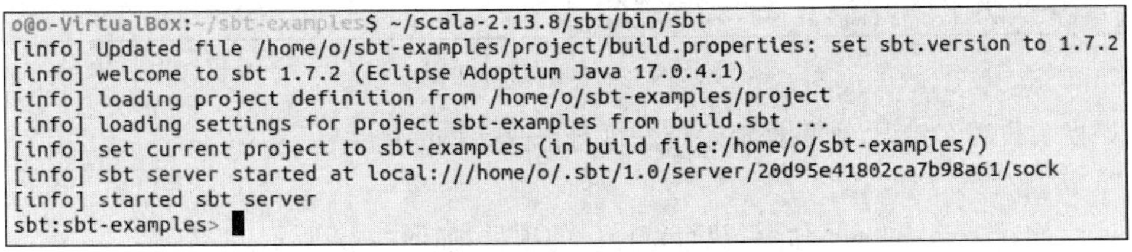

```
o@o-VirtualBox:~/sbt-examples$ ~/scala-2.13.8/sbt/bin/sbt
[info] Updated file /home/o/sbt-examples/project/build.properties: set sbt.version to 1.7.2
[info] welcome to sbt 1.7.2 (Eclipse Adoptium Java 17.0.4.1)
[info] loading project definition from /home/o/sbt-examples/project
[info] loading settings for project sbt-examples from build.sbt ...
[info] set current project to sbt-examples (in build file:/home/o/sbt-examples/)
[info] sbt server started at local:///home/o/.sbt/1.0/server/20d95e41802ca7b98a61/sock
[info] started sbt server
sbt:sbt-examples>
```

图 3-18 启动 SBT shell

3）编译

启动 SBT 编译命令，运行结果如图 3-19 所示，可以看到编译成功的提示信息。

SBT shell 支持即时编译模式，即在修改代码的同时进行编译，运行结果如图 3-20 所示。

```
sbt:sbt-examples> compile
[success] Total time: 0 s, completed Oct 7, 2022, 5:07:24 PM
```

图 3-19　SBT 编译

```
sbt:sbt-examples> ~compile
[success] Total time: 0 s, completed Oct 7, 2022, 5:07:35 PM
[info] 1. Monitoring source files for sbt-examples/compile...
[info]    Press <enter> to interrupt or '?' for more options.
```

图 3-20　即时编译模式

3. 使用 SBT shell 进行构建

1）编写项目 Scala 代码

创建 SBT 构建所需的目录结构，并编写源代码(Hello. scala)：

```
$ mkdir -p ./src/main/scala/example
$ gedit ./src/main/scala/example/Hello.scala
```

在源文件(Hello. scala)中输入如下示例代码：

```
package example
object Hello {
  def main(args: Array[String]): Unit = {
    println("Hello")
    println("Welcome to Wenzhou University!")
    println("Welcome to AI School,Wenzhou University!")
  }
}
```

2）编译项目

运行 SBT shell 的 compile 命令，对项目进行编译(或即时编译)，如图 3-21 所示。

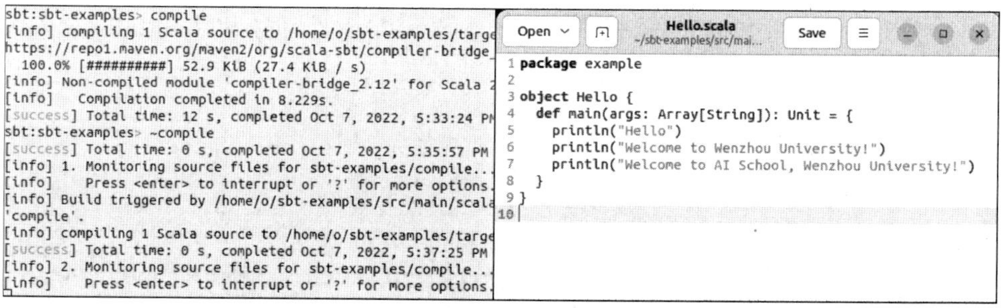

```
sbt:sbt-examples> compile
[info] compiling 1 Scala source to /home/o/sbt-examples/targe
https://repo1.maven.org/maven2/org/scala-sbt/compiler-bridge_
  100.0% [##########] 52.9 KiB (27.4 KiB / s)
[info] Non-compiled module 'compiler-bridge_2.12' for Scala 2
[info]   Compilation completed in 8.229s.
[success] Total time: 12 s, completed Oct 7, 2022, 5:33:24 PM
sbt:sbt-examples> ~compile
[success] Total time: 0 s, completed Oct 7, 2022, 5:35:57 PM
[info] 1. Monitoring source files for sbt-examples/compile...
[info]    Press <enter> to interrupt or '?' for more options.
[info] Build triggered by /home/o/sbt-examples/src/main/scala
'compile'.
[info] compiling 1 Scala source to /home/o/sbt-examples/targe
[success] Total time: 0 s, completed Oct 7, 2022, 5:37:25 PM
[info] 2. Monitoring source files for sbt-examples/compile...
[info]    Press <enter> to interrupt or '?' for more options.
```

```
Open   Hello.scala ~/sbt-examples/src/mai...   Save
1 package example
2
3 object Hello {
4   def main(args: Array[String]): Unit = {
5     println("Hello")
6     println("Welcome to Wenzhou University!")
7     println("Welcome to AI School, Wenzhou University!")
8   }
9 }
10
```

图 3-21　编译项目

如果源代码有错误，则根据提示信息进行修改后再编译。

3）运行代码

运行 SBT shell 的 run 命令，执行编译后的项目，如图 3-22 所示。

```
sbt:sbt-examples> run
[info] running example.Hello
Hello
Welcome to Wenzhou University!
Welcome to AI School, Wenzhou University!
[success] Total time: 0 s, completed Oct 7, 2022, 5:43:53 PM
```

图 3-22　代码运行

4）项目属性设置

（1）运行 SBT shell 的 set 命令，设置构建版本信息，运行结果如图 3-23 所示，代码如下：

```
sbt:sbt-examples> set ThisBuild / scalaVersion := "2.13.8"
sbt:sbt-examples> scalaVersion                    # 验证设置
```

```
sbt:sbt-examples> set ThisBuild / scalaVersion := "2.13.8"
[info] Defining ThisBuild / scalaVersion
[info] The new value will be used by Compile / bspBuildTarget, Compile / dependencyTreeCrossProjectId and 50 others.
[info]  Run `last` for details.
[info] Reapplying settings...
[info] set current project to sbt-examples (in build file:/home/o/sbt-examples/)
sbt:sbt-examples> scalaVersion
[info] 2.13.8
```

图 3-23 构建版本信息

（2）运行 SBT shell 的 session save 命令，将交互环境中的会话设置信息保存到 build.sbt 文件中：

```
sbt:sbt-examples> session save
```

（3）编辑 build.sbt 文件，对项目进行命名，设置版本，添加依赖或设置其他属性，如：

```
$ gedit ./build.sbt
```

文件内容参考如下：

```
// project version
ThisBuild / version := "0.1.0"
ThisBuild / scalaVersion := "2.13.8"
ThisBuild / organization := "cn.edu.wzu.example"
lazy val hello = (project in file("."))
  .settings(
    // project name
    name := "Hello",
    // project dependency
    libraryDependencies += "org.scalatest" %% "scalatest" % "3.2.7" % Test,
    )
```

（4）运行 SBT shell 的 reload 命令，重新加载属性更新后的项目，如图 3-24 所示。

```
sbt:sbt-examples> reload
[info] welcome to sbt 1.7.2 (Eclipse Adoptium Java 17.0.4.1)
[info] loading project definition from /home/o/sbt-examples/project
[info] loading settings for project hello from build.sbt ...
[info] set current project to Hello (in build file:/home/o/sbt-examples/)
sbt:Hello>
```

图 3-24 重新加载项目

注意：重新加载项目后，SBT shell 的提示符发生了变化（更新后的项目名）。

（5）在 SBT shell 中执行 exit 命令，或按 Ctrl+D 组合键退出：

```
sbt:sbt-examples> exit
```

4. 使用 SBT 构建 Spark 应用程序

用 Spark API 编写的独立应用程序，可以使用 SBT 构建。

首先，按照 SBT 构建目录结构要求创建相应的目录，并编写源代码文件。例如，创建一个 Simple Spark App 项目，其目录结构如下：

```
$ find .
    .
    ./build.sbt
    ./src
    ./src/main
    ./src/main/scala
    ./src/main/scala/SimpleSparkApp.scala
```

代码 SimpleSparkApp.scala 的内容示例如下：

```
/**
 * SimpleSparkApp.scala
 *
 * @author Rujun Cao
 * @date 2022/10/00
 */
package cn.edu.wzu.SparkExample

import org.apache.spark.sql.SparkSession
// This example illustrates Spark session / Dataset
// Counting the number of lines with 's' or 't'
object SimpleSparkApp {
  def main(args: Array[String]): Unit = {
    // A file from command-line, or default = "README.md"
    val logFile = if (args.length > 0) args(0) else "README.md"
    val spark = SparkSession.builder
            .appName("Simple Spark Application").getOrCreate()
    val logData = spark.read.textFile(logFile).cache()
    val numSs = logData.filter(line => line.contains("s")).count()
    val numTs = logData.filter(line => line.contains("t")).count()
    println(s"Lines with s: $numSs, Lines with t: $numTs")
    spark.stop()
  }
}
```

构建文件 build.sbt 的内容示例如下：

```
name := "Simple Spark Project"
version := "0.1.0"
scalaVersion := "2.13.8"
libraryDependencies += "org.apache.spark" %% "spark-sql" % "3.3.0"
```

创建好项目结构及内容后，使用 SBT 程序进行打包：

```
$ ~/scala-2.13.8/sbt/bin/sbt package
```

打包过程中 SBT 会自动下载相关依赖包。初次打包时需要下载的内容较多，下载时间稍长，后续打包速度相对较快。打包完成后，会有 success 的提示字样。如果源代码有错误，则根据提示信息进行修改后，再次编译、打包。

说明：SBT 程序打包的输出路径为**./target/scala-2.xx**。

打包完成后即可将应用程序提交给 Spark 执行，如图 3-25 所示。

```
$ ../bin/spark-submit ./target/scala-2.13/simple-spark-project_2.13-0.1.0.jar ../
README.md
```

```
o@o-VirtualBox:~/spark-3.3.0/SimpleApp$ ../bin/spark-submit ./target/scala-2.13/
simple-spark-project_2.13-0.1.0.jar ../README.md 2>&1 | grep "Lines "
Lines with s: 63, Lines with t: 60
o@o-VirtualBox:~/spark-3.3.0/SimpleApp$
```

图 3-25 执行打包程序

程序执行后，可以查看运行结果(例子程序的结果类似于图 3-25 的“Lines with ...”)。

说明：对简单的应用程序，也可以直接使用 scalac 进行编译、打包。如对于上述例子可以使用下面的命令：

```
$ ~/scala-2.13.8/bin/scalac -classpath ../jars/spark-core_2.13-3.3.0.jar:../jars/
scala-library-2.13.8.jar:../jars/spark-sql_2.13-3.3.0.jar ./src/main/scala/
SimpleSparkApp.scala -d SimpleSparkProj.jar
```

5. 使用 SBT 镜像服务器

使用 SBT 会自动下载依赖包，默认会使用官方服务器地址。由于网络等原因，默认的官方服务器下载速度较慢。这时，可以使用国内镜像站点或镜像仓库。

使用镜像仓库，需要编辑 SBT 的仓库配置文件 repositories，该文件位于~/.sbt 目录(隐藏目录，如果目录不存在则需要创建)

```
$ gedit ~/.sbt/repositories
```

其内容参考如下：

```
[repositories]
local
# 设置华为云镜像仓库
huaweicloud-maven: https://repo.huaweicloud.com/repository/maven/
```

具体镜像仓库地址等可以查找相关资料。

3.5.2 IntelliJ IDEA

IntelliJ IDEA 是由 JetBrains 创建的集成开发环境(Integrated Development Environment, IDE)，其社区版(Community)是基于 Apache v2 许可协议的开源版本。IntelliJ 集成了许多构建工具(包括 SBT)，可以用来导入项目。

1. 安装 IntelliJ IDEA

可在 JetBrains 官方网站下载 IntelliJ IDEA 社区版。下载后进行解包、安装。Ubuntu 用户也可以通过软件中心(Software Center)直接搜索、安装，安装界面如图 3-26 所示。

说明：IntelliJ IDEA 教育版(Educational)是针对学生或教师提供的免费旗舰版(Ultimate)，学生或教师用户可根据需要选用。

2. 安装 Scala 插件

启动 IDEA 后，选择插件页面(Plugins Tab)，在可用插件列表中选择 Scala 后(如果未列出 Scala，那么可以用搜索框搜索)，单击 Install 按钮，如图 3-27 所示。

插件安装完成后，根据提示重启 IDE。

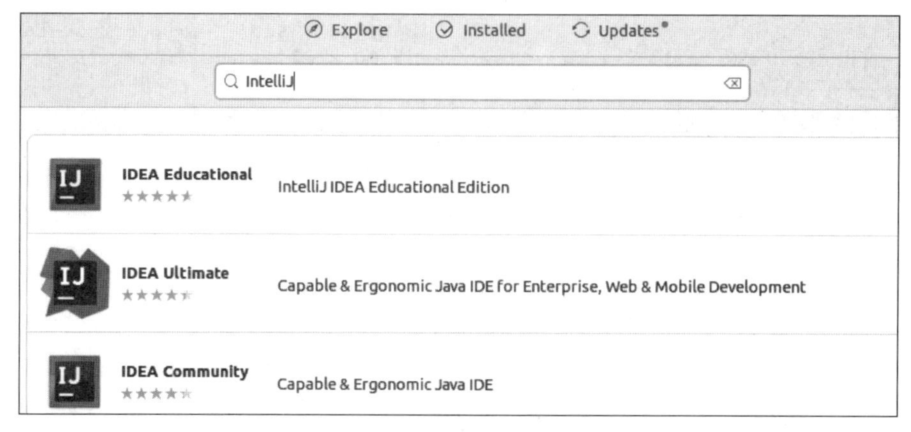

图 3-26 安装 IDEA

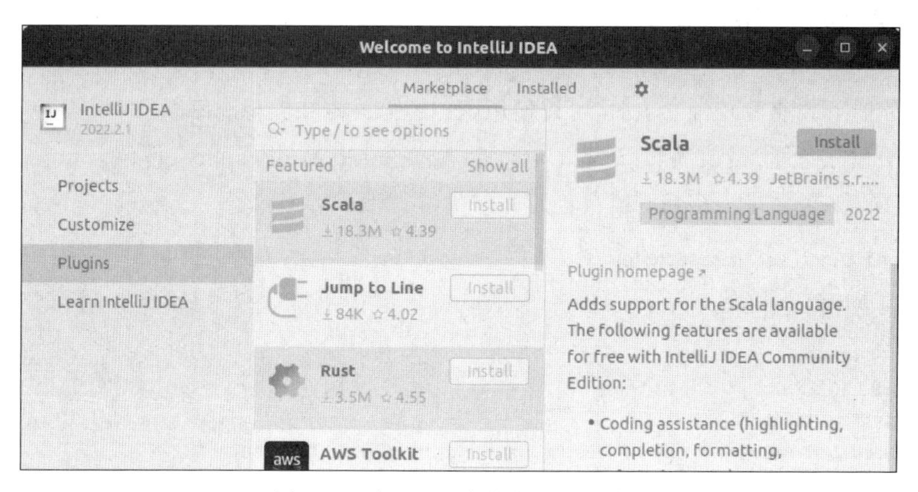

图 3-27 在 IDEA 中安装 Scala 插件

3. 导入 Spark 项目

启动 IDEA 后，依次选择 Projects→Open，在弹出的窗口中选择已创建的 Spark/Scala 项目(目录中包含 build. sbt)后，单击 OK 按钮，如图 3-28 所示。

提示：也可以通过选择“从已有代码创建项目”的方式导入项目，具体操作步骤是：依次选择 File→New→Project from Existing Sources 菜单项，再选择项目目录中的 build. sbt 文件。

说明：IntelliJ Scala 插件使用自己的轻量级编译引擎来检测错误，速度快但可能有错误。可以将 IntelliJ 配置为使用 Scala 编译器，以突出错误显示。

4. 代码交互调试

使用 IDEA 便于交互式调试程序。在 IDEA 中打开需要调试的代码，在适当位置设置断点(Break point)后，即可启动程序调试模式，进入交互调试过程，如图 3-29 所示。

当测试达到断点时，可以检查变量的值等信息。

提示：IDEA 中设置/取消断点的组合键是 Ctrl+F8，也可以在编辑窗口左侧的代码行提示位置处，用鼠标单击设置/取消断点。进入调试模式的组合键是 Shift+F9。

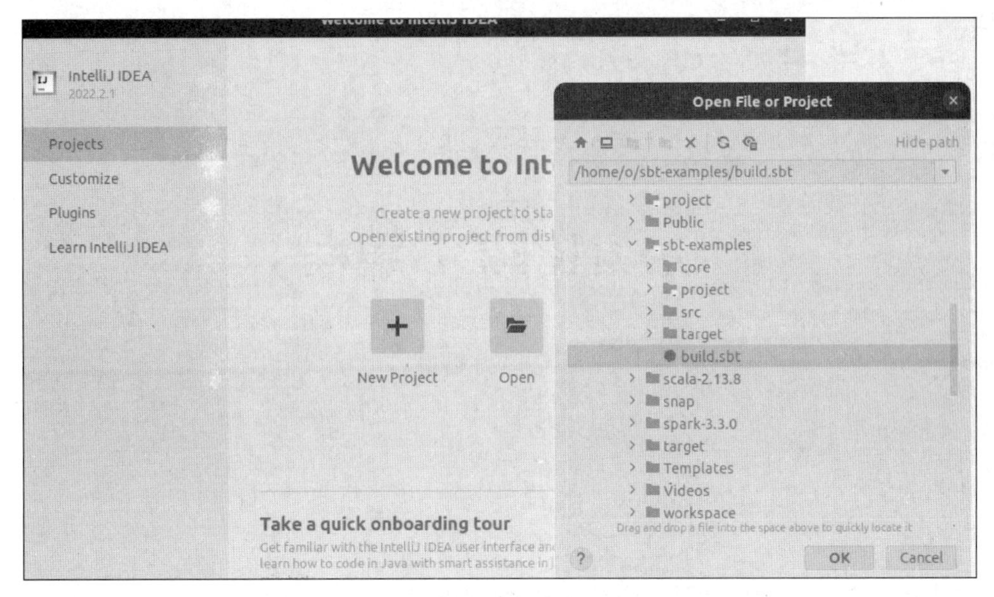

图 3-28　导入 Spark 项目

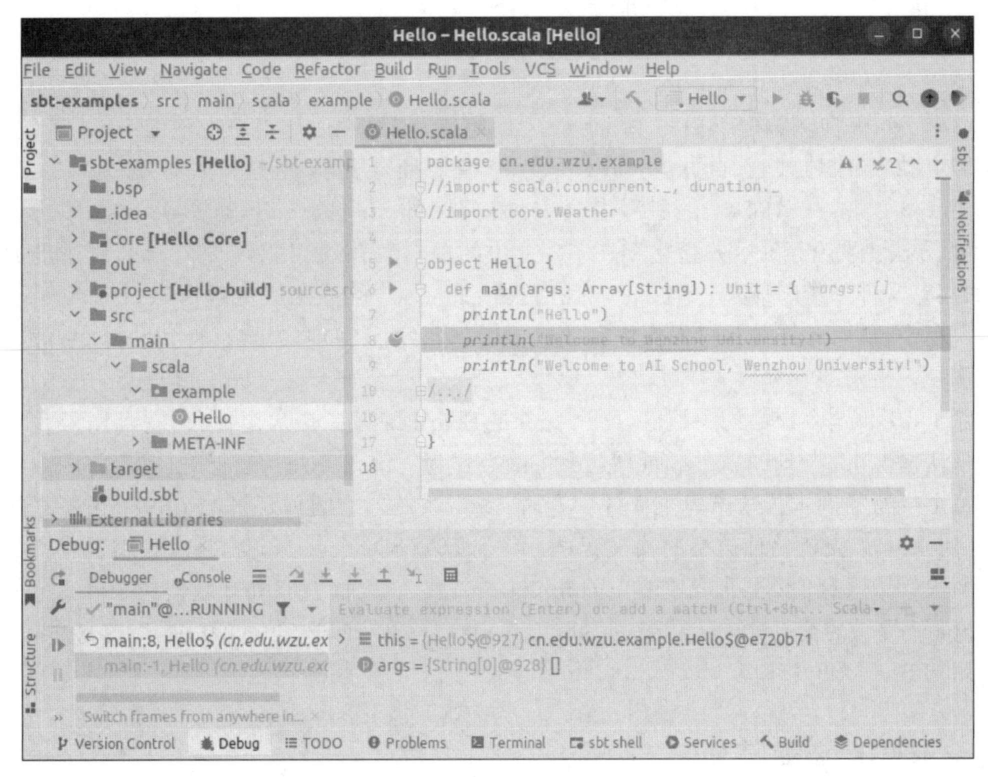

图 3-29　在 IDEA 中调试代码

第4章

Spark RDD编程

本章介绍的 Spark RDD 开发基于 Scala 编程语言。

4.1 RDD 概述

每个 Spark 应用程序都由一个 driver 程序组成，该程序运行用户指定的 main 函数，并在集群上执行各种并行操作。Spark 提供的主要抽象是弹性分布式数据集（Resilient Distributed Dataset，RDD），它是跨集群节点、分区的元素的集合，可以并行操作。创建 RDD 的方法主要有两种：并行化 driver 程序中的现有集合，或引用外部存储系统中的数据集，如共享文件系统、HDFS、HBase 或任何提供 Hadoop 输入格式的数据源。RDD 可以保留在内存中，从而允许在并行操作中有效地重用。此外，RDD 具有容错性，会自动从故障节点中恢复。

除了 RDD 这个核心抽象概念，共享变量是 Spark 的另一个常用抽象，它可用于并行操作。默认情况下，当 Spark 在不同节点上将函数作为一组任务并行运行时，它会将函数中使用的每个变量的副本传送给每个任务。有时，需要在任务之间或任务与 driver 程序之间共享变量。Spark 支持两种类型的共享变量：广播变量（broadcast variable），可用于在所有节点上的内存中缓存值；累加器变量（accumulator），仅有增加功能（如计数器或求和）。

Spark 提供的交互式 shell、Spark shell（Scala）、pyspark（Python）等，是最容易学习、易于使用的 Spark 开发环境。

4.2 RDD 编程基础

4.2.1 环境初始化

环境初始化过程创建 Spark 运行环境（context），需要导入相应的 Spark 类：

```
import org.apache.spark.SparkContext
import org.apache.spark.SparkConf
```

Spark 程序必须做的第一件事是创建一个 SparkContext 对象，该对象告诉 Spark 如何访问集群。要创建 SparkContext，首先需要生成一个包含有关应用程序信息的 SparkConf 对象。导入相应的 Spark 类后，即可以创建 Spark 环境对象：

```
val conf = new SparkConf().setAppName(appName).setMaster(master)
val sctx = new SparkContext(conf)
```

参数 appName 是要在集群 UI 上显示的应用程序名称，master 是(Spark/YARN/Mesos/Kubernetes)集群 URL 地址，或是在本地模式下运行的字符串 **local**。

建议：在实践中，不要将集群 URL 硬编码在代码中，而是作为一个参数，由 spark-submit 启动应用程序执行。对于本地测试或单元测试，可以通过 local 模式运行程序。

说明：在一个 Java 虚拟机(JVM)中，只能有一个 SparkContext 处于活动状态。在创建新 SparkContext 之前，必须停止活动的 SparkContext(调用. **stop**()方法)。

4.2.2 交互式编程

可以利用 Scala Spark shell，创建、转换 RDD，执行 RDD 动作，查看程序运行结果等。启动 Spark shell 的命令如下(本地模式，4 核)：

```
$ ./bin/spark-shell --master local[4]
```

在 Spark shell 中，已经创建了一个特殊的解释器感知的 SparkContext，即变量 sc，此时自定义的 SparkContext 对象将不起作用。

1. 创建 RDD

可以从已有的 Scala 集合创建 RDD，即通过集合并行化(Parallelized Collection)创建 RDD：

```
scala> val data = Array(6, 7, 8, 9, 10)
scala> val distData = sc.parallelize(data)
```

集合并行化的一个重要参数是数据集的分区数。Spark 将为集群的每个分区运行一个任务。一般情况下，集群中的每个 CPU 都有 2～4 个分区。Spark 会尝试根据集群的实际情况自动设置分区数，但也可以手动设置分区数，如，sc.parallelize(data, 10)。

还可以从外部数据集创建 RDD：

```
scala> val local_file = sc.textFile("README.md")
scala> val hdfs_file = sc.textFile("hdfs://.../core-site.xml")
```

2. 打印 RDD 内容

为显示 RDD 内容，可以执行 collect 或 foreach 动作(action)。示例代码如下：

```
scala> for (i <- distData.collect()) println(s"i = $i")
// 或者
scala> distData.foreach(f => println(s"i = $f"))
// 或者
scala> distData.map(println)
```

RDD 的 collect()方法返回包含该数据集所有元素的数组，使用 for 循环可以遍历输出 RDD 内容。RDD 的 foreach()对数据集的每个元素执行函数调用。

提示：foreach()方法的参数是 Unit 类型的函数。

注意：上述示例代码中的 foreach()/map()方法会打印输出到工作线程(executor)所在的机器，而不是应用程序(driver)所在的机器；collect 会将整个 RDD 提取到一台机器，可能导致内存不足。

4.2.3 一个简单的应用程序

利用 RDD 机制，将一个文本文件的前 50 行内容打印输出，示例代码如下：

```
import org.apache.spark.SparkContext
import org.apache.spark.SparkConf

// This example illustrates the usage of Spark RDD API
// Create a RDD from a file and print the first part of the content
object printFileContent {
  def main(args: Array[String]): Unit = {
    // A file from command-line, or default = "README.md"
    val txtFile = if (args.length > 0) args(0) else "README.md"

    // Spark conf: local, 2 cores, 1G executor memory
    val conf = new SparkConf()
                .setAppName("Print file content")
                .setMaster("local[2]")
                .set("spark.executor.memory","1g")

    // Spark context
    val sc = new SparkContext(conf)

    // Create a RDD from a file
    val txtData = sc.textFile(txtFile)

    // Print the first 50 lines to stdout
    txtData.take(50).foreach(println)
  }
}
```

对上述代码编译后，即可提交 Spark 执行。使用 SBT 或 scalac 构建(编译、打包)的过程请参考 3.5.1 节的有关内容。命令参考如下：

```
# 使用 scalac 编译打包
$ ~/scala-2.13.8/bin/scalac -classpath ./jars/spark-core_2.13-3.3.0.jar ./printFile.scala -d ./printFileContent.jar
# 将编译后的包提交 Spark 运行
$ ./bin/spark-submit ./printFileContent.jar
```

4.3 RDD 常用操作

RDD 操作包含转换与动作操作。转换是基于已有数据集创建新数据集。RDD 的每一次转换操作都会产生新的 RDD，转换过程是惰性(lazy)的，也就是说，整个转换过程只记录转换轨迹，只有执行动作操作时，才会发生真正的计算，进行物理的转换操作。

Spark 中的所有转换都是惰性的，仅当操作需要将结果返回到 driver 程序时，才会进行转换。这种设计使 Spark 能够高效地运行。例如，如果通过 map 创建的数据集将用于 reduce 操作，则可以仅将 reduce 的结果返回给 driver 程序，而不是返回更大的 map 数据集。

默认情况下，每次对转换后的 RDD 执行动作操作时，都需要重新计算。有时可以使用 persist(持久)或 cache(缓存)方法将 RDD 保留在内存中，这样，Spark 会将 RDD 元素保留在集群上，以便在下次查询时更快地访问。同时，Spark 还支持将 RDD 持久化保存在磁盘上，或跨多个节点复制。

例如，如下代码：

```
val lines = sc.textFile("README.md")
val lineLengths = lines.map(s => s.length)
val totalLength = lineLengths.reduce((a, b) => a + b)
```

第一行定义 RDD(外部文件)，lines 仅是指向文件的指针(未加载数据)；第二行定义由 map 转换而来的数据集 lineLengths，也没有立即计算；第三行的 reduce 是动作操作，此时，Spark 将计算分解为多个任务并在集群的计算机上运行，每台计算机都执行分配给它的 map 和 reduce 任务，且仅将其结果返回给 driver 程序。

如果以后的计算过程需要继续使用 lineLengths，则可以将其持久化保存在内存中，即在第三行 reduce 语句之前添加：

```
lineLengths.persist()
```

4.3.1 转换

下面给出一些常用的转换操作，其中大多数转换操作的接口参数是函数，用户可使用自定义的函数执行具体的转换过程。更详细的内容请参考 Spark 用户手册。

(1) map 方法是一种高阶方法，它将函数作为输入，并将其应用于源 RDD 中的每个元素以创建新的 RDD。要映射的输入函数必须采用单个输入参数并返回一个值。示例代码如下：

```
val lines = sc.textFile("...")
val lengths = lines.map(ln => ln.length)
```

(2) filter 方法是一种高阶方法，它将布尔函数作为输入，并将其应用于源 RDD 中的每个元素以创建新的 RDD。布尔函数接受输入并返回 true 或 false。filter 返回一个仅包含布尔函数返回 true 的那些元素所形成的新的 RDD(原 RDD 中元素的子集)。示例代码如下：

```
val longLines = lines.filter(ln => ln.length > 80)
```

(3) flatMap 是高阶方法，输入函数将传递给它的每个输入元素转换为一个序列。flatMap 返回由此平展序列集合形成的新 RDD。示例代码如下：

```
val words = lines.flatMap(ln => ln.split(" "))
```

(4) mapPartitions 是高阶方法，用于在分区级别处理数据。mapPartitions 不是一次传递一个元素到其输入函数，而是以迭代器的形式传递分区。mapPartitions 方法的输入函数将一个迭代器作为输入，并返回另一个迭代器作为输出。该方法返回通过将用户指定的函数应用于源 RDD 的每个分区而形成的新 RDD。示例代码如下：

```
val words = lines.mapPartitions(it => it.map(ln => ln.length))
```

（5）union 方法返回两个 RDD 的并集。示例代码如下：

```
val lines1 = sc.textFile("...")
val lines2 = sc.textFile("...")
val linesFromBothFiles = lines1.union(lines2)
```

（6）intersection 方法返回两个 RDD 的交集。示例代码如下：

```
val linesInBothFiles = lines1.intersection(lines2)
```

（7）subtract 方法返回两个 RDD 的差集。示例代码如下：

```
val linesInFile1Only = lines1.subtract(lines2)
```

（8）distinct 返回源 RDD 去重复元素后的子集。示例代码如下：

```
val numbers = sc.parallelize(List(1, 3, 3, 4, 3, 2, 1))
val numbersuniqueNumbers = numbers.distinct()
```

（9）groupBy 根据用户指定条件对 RDD 的元素进行分组。它将一个函数作为输入，该函数为源 RDD 中的每个元素生成一个键，返回键/值对（第二项是通过 groupBy 方法的输入函数映射到该键的元素的集合）。groupBy 涉及数据 shuffle 过程，比较耗时。示例代码如下：

```
// csv 文件中包含 name, gender, age, zip code
// groups person by their ages
case class Person(name: String, gender: String, age: Int, zip: String)
val lines = sc.textFile("...")
val person = lines map( l => {
        val a = l.split(",")
        Person(a(0), a(1), a(2).toInt, a(3))
    }
)
val groupByAge = person.groupBy(c => c.age)
```

（10）keyBy 是与 groupBy 类似的高阶方法，将输入参数（函数）应用于源 RDD 中的所有元素，并返回键/值对 RDD（Paired RDD）。在每个返回的键/值对 RDD 中，第一项是由输入函数映射的键，第二项是对应于该键的 RDD 元素。返回的 RDD 具有与源 RDD 相同的元素个数。示例代码如下：

```
// 代码同上面 groupBy 的例子，此处省略
val keyedByZip = person.keyBy(c => c.zip)
```

不同于 groupBy 返回元素的集合，keyBy 返回单个元素。

（11）sortBy 对 RDD 进行排序，第一个参数是函数，它为源 RDD 中的每个元素生成一个用于排序的 key，第二个参数指定升序（true，默认）或降序（false）。示例代码如下：

```
// 代码同上面 groupBy 的例子，此处省略
val sortedByAge = person.sortBy(p => p.age, true)
```

4.3.2 动作

动作操作触发真正的计算过程。下面列出一些常见的动作操作：

（1）collect 将源 RDD 中元素作为数组返回。应谨慎使用此方法，因为它会将数据从所

有工作节点移动到driver程序。如果RDD非常大,那么它可能会使driver崩溃。示例代码如下:

```
val rdd = sc.parallelize((1 to 10000).toList)
val filterResult = rdd.filter(x => (x % 1000) == 0).collect()
```

(2) countByValue统计源RDD中每个唯一值的计数,返回Map类的一个实例。示例代码如下:

```
val rdd = sc.parallelize(List(1, 2, 3, 4, 1, 2, 3, 1, 2, 1))
val counts = rdd.countByValue()
```

(3) takeOrdered返回源RDD中最小的 *N* 个元素。示例代码如下:

```
val rdd = sc.parallelize(List(1, 6, 9, 4, 100, 2, 30))
val smallest3 = rdd.takeOrdered(3)
```

(4) top返回源RDD中最大的 *N* 个元素。示例代码如下:

```
val rdd = sc.parallelize(List(1, 6, 9, 4, 100, 2, 30))
val biggest3 = rdd.top(3)
```

(5) fold用指定的中性零值(neutral zero)和二元关联运算符聚合源RDD中的元素,先聚合每个RDD分区中的元素,再聚合每个分区的聚合结果。中性零值取决于RDD类型和聚合操作。例如,如果要对整数RDD中的所有元素求和,则中性零值应为0;如果计算整数RDD中所有元素的乘积,则中性零值应为1。示例代码如下:

```
val rdd = sc.parallelize(List(1, 6, 9, 4, 100, 2, 30))
val sum = rdd.fold(0) ((partialSum, x) => partialSum + x)
val product = rdd.fold(1)((partialSum, x) => partialSum * x)
```

更详细的RDD操作,请参考Spark RDD Scala API文档。

4.3.3 函数参数传递

Spark API在很大程度上依赖于在driver程序中传递的函数。有两种推荐的方法可用于传递函数参数:

(1) 匿名函数(Anonymous function)语法,用于短代码片段;

(2) 全局单例对象(Global singleton object)中的静态方法。

匿名函数定义请参考Scala相关文档。静态方法示例如下:

```
object MyFunctions {
  def func1(s: String): String = { ... }
}
myRdd.map(MyFunctions.func1)
```

虽然也可以在类实例(而不是单例对象)中传递对方法的引用,但这需要将包含该类的对象与方法一起发送。例如,对如下的类:

```
class MyClass {
  def func1(s: String): String = { ... }
  def doFunc(rdd: RDD[String]): RDD[String] = { rdd.map(func1) }
}
```

如果创建一个MyClass实例,那么调用其doFunc方法,其中的map引用了该实例的func1

方法，因此需要将整个对象发送到集群(类似于 rdd.map(x=> this.func1(x)))。

4.4 键/值对 RDD

虽然大多数 Spark 操作可用于包含任何类型对象的 RDD 上，但某些特殊操作仅工作于键/值对 RDD。键/值对 RDD 中存储的数据类型是键/值对(key-value pair)。键/值对 RDD 最常见的操作是分布式 shuffle 操作、按 key 对元素进行分组或聚合等。

在 Scala 中，这些操作在包含 Tuple2 对象类型的 RDD 上自动可用(语言的内置元组(a, b))。键/值对操作定义在 PairRDDFunctions 类中，该类自动封装元组 RDD。例如，下面的代码对键/值对 RDD 使用 reduceByKey 来计算每行文本在文件中出现的次数：

```
val lines = sc.textFile("data.txt")
val pairs = lines.map(s => (s, 1))
val counts = pairs.reduceByKey((a, b) => a + b)
```

以下列出键/值对 RDD 的一些常见操作；

(1) keys 仅返回源 RDD 的 key 集合。示例代码如下：

```
val kvRdd = sc.parallelize(List(("a", 1), ("b", 2), ("c", 3)))
val keysRdd = kvRdd.keys
```

(2) values 仅返回源 RDD 的 value 集合。示例代码如下：

```
val valuesRdd = kvRdd.values
```

(3) reduceByKey 采用二元关联运算符作为参数，并使用指定的二元运算符将具有相同键的值减少到单个值。无论操作数如何分组，关联运算符都会返回相同的结果。方法可用于按键聚合值，如计算映射到同一键的所有值的总和、乘积、最小值或最大值等。示例代码如下：

```
val pairRdd = sc.parallelize(List(("a", 1), ("b",2), ("c",3), ("a", 11), ("b",22), ("a",111)))
val sumByKey = pairRdd.reduceByKey((x, y) => x + y)
val minByKey = pairRdd.reduceByKey((x, y) => if (x<y) x else y)
```

与 groupByKey 相比，reduceByKey 对基于键的聚合或合并更高效。

(4) countByKey 对源 RDD 中每个唯一键的出现次数进行计数，返回键计数对 map。示例代码如下：

```
val countOfEachKey = pairRdd.countByKey
```

(5) lookup 返回源 RDD 中 key 所对应的序列(KVP)。示例代码如下：

```
val countOfEachKey = pairRdd.lookup("a")
```

关于键/值对 RDD 更详细的内容，请参考 Spark API 文档等相关资料。

此外，对数值类型的 RDD，还可以执行 mean、stddev、variance 等操作。

4.5 共享变量

通常，当传递给 Spark 操作(如 map 或 reduce)的函数在远程集群节点上执行时，它将处理函数中使用的所有变量的单独副本。这些变量将被复制到每台计算机，并且不会将远程计算机上变量的更新回传给 driver 程序。

当跨集群执行 Spark 程序代码时，了解变量和方法的作用范围及生命周期非常重要。修改超出其范围的变量的 RDD 操作可能无法得到预期结果。在下面的示例中，将分析使用 foreach()来递增计数器的代码执行结果(其他操作也可能出现类似问题)：

```
val counter = 0
var rdd = sc.parallelize(data)
// Wrong: Don't do this!
rdd.foreach(x => counter += x)
println("Counter value: " + counter)
```

考虑上面的代码中的 RDD 元素求和，其结果取决于执行环境(是否在同一 JVM 中执行)，如，在本地模式(--master=local[n])下运行 Spark，或在集群模式(如，YARN)下运行。

为了执行作业，Spark 将 RDD 操作的处理分解为多个任务，每个任务都由 executor 执行。在执行之前，Spark 会计算任务的闭包(closure)。闭包是 executor 在执行 RDD 计算时必须可见的变量和方法(在本例中为 foreach())，被序列化后发送给每个 executor。

在集群模式下，发送到每个 executor 的闭包中的变量是副本，因此，当在 foreach()函数中引用 **counter** 时，它不再是 driver 程序节点上的 counter。driver 程序节点的内存中仍有一个 counter，但对 executor 不可见。executor 只能看到序列化闭包中的副本。因此，counter 的最终值仍为零，因为 counter 上的所有操作都引用了序列化闭包中的值。

在本地模式下，在某些情况下，foreach()函数实际上将在与 driver 程序相同的 JVM 中执行，并引用相同的原始 **counter**，并可能实际更新它(可能得到预期结果)。

为解决与上面类似的问题，可以使用累加器(accumulator)等类型的共享变量。

支持跨任务、通用的读写共享变量效率低下。但是，Spark 为两种常见的使用模式提供了两种有限类型的共享变量：广播变量和累加器。

4.5.1 广播变量

广播变量(broadcast variable)允许程序员在每台计算机上缓存只读变量，而不是随任务一起传送该变量的副本。例如，它们可用于以有效的方式为每个节点提供大型输入数据集的副本。Spark 尝试使用有效的广播算法来分配广播变量，以降低通信成本。

Spark 分阶段(stage)执行操作，这些阶段由分布式 shuffle 操作分隔。Spark 会自动广播每个阶段中的任务所需的共同数据。以这种方式广播的数据以序列化形式缓存，并在运行每个任务之前反序列化。这意味着，仅当跨多个阶段的任务需要相同的数据或以反序列化形式缓存数据很重要时，才有必要显式创建广播变量。

广播变量通过调用 SparkContext.broadcast 创建，可以通过调用 value 方法访问其值：

```
val broadcastVar = sc.broadcast(Array(3, 2, 1))
val broadcastVar.value
```

广播变量使 Spark 应用程序能够优化 driver 程序和执行作业的任务之间的数据共享。Spark 仅将广播变量发送到工作节点一次，并以反序列化的形式将其作为只读变量缓存在 executor 内存中。

4.5.2 累加器

累加器(accumulator)是仅通过关联和交换进行"增加"的变量,可以有效地支持并行计算。它们可以用来实现计数(如 MapReduce)或求和操作。Spark 直接支持数值类型的累加器,用户可以添加自定义类型的累加器。

用户可以创建命名或未命名的累加器。如图 4-1 所示,可在 Spark Web UI 中查看命名的累加器(在本例中为计数器),并显示其累加的结果,同时在 Tasks 表中显示由各任务所修改的每个累加器的值。

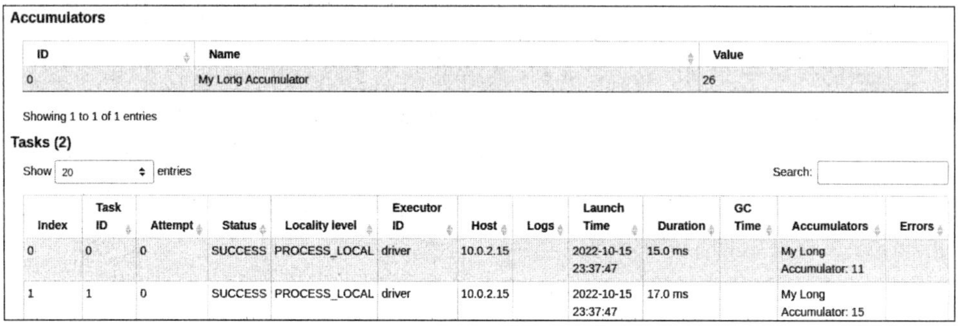

Accumulators

ID	Name	Value
0	My Long Accumulator	26

Showing 1 to 1 of 1 entries

Tasks (2)

Show 20 entries　　Search:

Index	Task ID	Attempt	Status	Locality level	Executor ID	Host	Logs	Launch Time	Duration	GC Time	Accumulators	Errors
0	0	0	SUCCESS	PROCESS_LOCAL	driver	10.0.2.15		2022-10-15 23:37:47	15.0 ms		My Long Accumulator: 11	
1	1	0	SUCCESS	PROCESS_LOCAL	driver	10.0.2.15		2022-10-15 23:37:47	17.0 ms		My Long Accumulator: 15	

图 4-1　在 Spark Web UI 中查看累加器变量

可以通过调用 SparkContext. longAccumulator 或 doubleAccumulator 创建累加器。集群上运行的任务使用 add 方法更新累加器(无法读取其值),只有 driver 程序可以使用 value 方法读取累加器的值。例如,下面的代码展示了一个用于将数组元素相加的累加器,图 4-2 显示了计算结果:

```
val accum = sc.longAccumulator("My Long Accumulator")
val broadcastVar.value
sc.parallelize(List(5, 6, 7, 8)).foreach(x => accum.add(x))
```

```
scala> val accum = sc.longAccumulator("My Long Accumulator")
val accum: org.apache.spark.util.LongAccumulator = LongAccumulator(id: 0, name
: Some(My Long Accumulator), value: 0)

scala> sc.parallelize(List(5, 6, 7, 8)).foreach(x => accum.add(x))

scala> accum.value
val res1: Long = 26
```

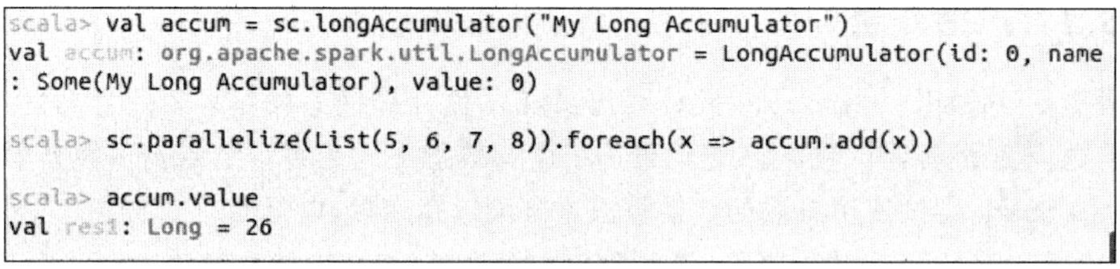

图 4-2　使用累加器变量

4.6 文件数据读写

4.6.1 从文件创建 RDD

1. 文本文件 RDD

创建文本文件 RDD 使用 SparkContext 的 textFile 方法,参数为文件 URI(本地路径、hdfs://、s3a://等),返回文本行(String 类型)的集合。

路径可以是单个文件,以逗号分隔的文件列表,或是压缩文件、目录或通配符等。示例代码如下：

```
val rdd0 = sc.textFile("hdfs://namenode/path/to/directory")
val rdd1 = sc.textFile("./file1.txt,./file2.txt")
val rdd2 = sc.textFile("hdfs://namenode/path/*.gz")
```

注意：如果是本地文件系统，则文件必须是所有工作节点可以访问的路径（或将文件复制到所有的工作节点，或是所有节点都可以访问的网络共享文件）。

当读取多个文件时，分区的顺序取决于从文件系统返回文件的顺序（可能不是词典排序）。在分区中，元素根据其在基础文件中的顺序进行排序。

textFile方法的一个可选参数是分区数，默认是一个文件块一个分区。可以指定比文件块多的分区数，以增加并行度，但不能少于文件块数。

2. 键/值对文本文件RDD

可以使用SparkContext的wholeTextFiles方法创建文本文件集合RDD。该方法返回键/值对集合，其每个键/值对对应一个文件，key是文件路径，value是文件内容。方法的参数与textFile方法类似，可以是本地路径、HDFS、Amazon S3或其他支持Hadoop的存储系统路径等。示例代码如下：

```
val rdd3 = sc.wholeTextFiles("path/to/data/*.txt")
```

当wholeTextFiles读取包含多个小文本文件的目录时，分区数由数据的局部特性确定。在某些情况下，可能会导致分区太少。可以通过wholeTextFiles提供的第二个可选参数minPartitions来控制最小分区数。

3. 序列文件

sequenceFile方法从存储在本地文件系统、HDFS，或任何其他支持Hadoop的存储系统上的序列文件（Sequence File）中读取键/值对，返回键/值对RDD。除提供输入文件的名称外，还必须指定键和值的数据类型：

```
val rdd4 = sc.sequenceFile[String, String]("sequence-file")
```

序列文件的[Key, Value]类型，通常是Hadoop Writable接口的子类，如，IntWritable或Text。Spark允许指定一些常见的本地Writable类型，如，sequenceFile[Int, String]将自动读取IntWritable和Text。

4.6.2 保存RDD

Spark应用程序可以将RDD保存到任何支持Hadoop的存储系统中。保存到磁盘上的RDD可由其他Spark或MapReduce应用程序使用。

（1）文本文件。saveAsTextFile方法将RDD的元素保存在任何支持Hadoop的文件系统的指定目录中。RDD中的每个元素都被转换为其字符串，存储为一行文本。示例代码如下：

```
rdd4.saveAsTextFile("sequence-to-text-file")
```

说明：saveAsTextFile方法中的参数是目录，而不是具体的文件名。如果目录已经存在，则抛出FileAlreadyExistsException异常。

（2）序列文件。saveAsSequenceFile方法将键/值对RDD保存为序列格式文件。示例代码如下：

```
rdd4.saveAsSequenceFile("save-to-sequence-file")
```

(3) Java 对象文件。saveAsObjectFile 方法将源 RDD 中的元素以序列化的 Java 对象的形式保存在指定目录。示例代码如下：

```
val numbersRdd = sc.parallelize((1 to 10000).toList)
val filteredRdd = numbersRdd filter(x => x % 100 == 0)
filteredRdd.saveAsObjectFile("numbers-as-object")
```

上述所有方法都采用目录名称作为输入参数，并在指定目录中为每个 RDD 分区创建一个文件。这种设计既高效又容错。由于每个分区都存储在单独的文件中，所以 Spark 会启动多个任务，并行运行这些任务以将 RDD 写入文件系统。这种机制还有助于文件写入过程的容错，如果将分区写入文件的任务失败，那么 Spark 将创建另一个任务，该任务将重写由失败任务创建的文件。

4.7 RDD 程序例子

4.7.1 词频统计 WordCount

词频统计 WordCount 相当于大数据领域的"Hello World"程序，这里使用 Spark 来实现 WordCount。程序对输入的文本进行单词切分后，统计单词出现的频次。代码示例如下：

```
// 导入类,用于后续的 SparkContext 对象创建
import org.apache.spark.SparkContext
// 导入 SparkContext 对象的所有定义,包括隐式函数、隐式转换等
import org.apache.spark.SparkContext._
// 单例对象定义
object WordCount {
  // Spark 应用程序入口点.命令行参数作为 String 数组传递,不包括命令本身
  def main(args: Array[String]): Unit = {
    // 第一个命令行参数作为输入 URI,如果未指定则使用 "README.md"
    // 使用 "README.md" 时注意替换为实际的路径
    val inputPath = if (args.length > 0) args(0) else "README.md"

     // SparkContext 实例,是 Spark 的主入口点,用于创建其他 Spark 对象
     // Spark 应用程序必须创建 SparkContext 类的实例才能访问 Spark 提供的功能
     val sc = new SparkContext()

     // 从指定的 URI 创建 RDD
     val lines = sc.textFile(inputPath)

    // 应用程序核心处理过程:通过 RDD 转换来统计输入数据集中单词的频次
     // flatMap 中的函数将输入文本行拆分成单词
     val wordCounts = lines.flatMap(line => line.split("[ ,.]") )
                      // map 将单词 RDD 转换为键/值对
                      .map(word => (word, 1))
                      // reduceByKey 按单词(key)累加该单词出现的次数
                      .reduceByKey(_ + _)

    // 如果指定了输出 URI 参数,则将结果保存到指定路径
```

```
    if (args.length > 1) wordCounts.saveAsTextFile(args(1))
      // 未指定输出 URI,则在控制台输出前 20 条结果
      else wordCounts.take(20).foreach(println)
    }
  }
```

代码的编译、运行,请参考 4.2.3 节。

4.7.2 文件合并

文件合并是指对某一路径下的多个文本文件进行合并,合并时去除其中的重复记录。

过程分析:对多个文本文件进行合并,可以将多个文件装载到同一个 RDD,也可以对多个(单文件)RDD 执行合并(union)操作。去重复记录,可以直接执行 distinct 操作。这里直接将多个文件装载到一个 RDD。代码参考如下:

```
// 将某 URI 下的文本文件加载到 RDD
// 请替换测试、或运行环境的实际路径
val file_lines = sc.textFile("URI - contain - text - files")
// 直接调用 distinct 实现 RDD 内容去重复
val merged_files = file_lines.distinct()
```

如果需要将合并结果输出到一个文件,则需要调用 savaAsTextFile 方法保存 RDD。但需要注意的是,由于文件保存是按分区进行的,因此需要对分区进行合并。代码参考如下:

```
val file_to_save = merged_files.coalesce(1)
file_to_save.saveAsTextFile("URI - to - save - file")
```

4.7.3 求 Top 值

获取客户信息记录表中年龄最大的 10 条记录。客户信息数据以 csv 文件形式存储,其数据格式参考如下(Customer.csv):

```
// name, gender, age, zip code
// Marry,female,20,330000
// ...
```

过程分析:因需要获取客户信息记录中年龄最大的 10 条记录,故可以考虑对所有记录按年龄进行排序,排序后输出满足条件的记录集。排序可以使用 sortBy 操作。另外,求 Top 值,也可以直接使用 top 操作。在此,我们使用后一种方式。

参考 Spark API 文档,top 操作的对象元素需要支持排序。如果直接对客户记录集 RDD 执行对年龄字段(或其他字段)的 top 求值,由于没有定义客户记录的排序方法,所以程序将无法执行(提示"No Implicit Ordering defined for ...")。因此,需要定义排序方法,以提供给 top 操作(排序过程)使用。示例代码如下:

```
// 如果作为独立应用程序,请初始化 SparkContext 等环境.此处省略
case class customer(name: String, gender: String, age: Int,
        zip: String) extends Ordered[customer] {
  // compare 方法实现年龄比较,将在 top 排序中自动调用
```

```
    def compare(that: customer): Int = {this.age - that.age}
  }

// 加载客户数据. 请以实际路径替换代码中的路径
val lines = sc.textFile("../tmp/Customer.csv")
// RDD 转换: 将文本行映射为客户记录
val customers = lines.map(ln => {
      val a = ln.split(",")
      customer(a(0), a(1), a(2).toInt, a(3))
    })

// 执行 top 排序
customers.top(10)
```

Spark SQL编程

Spark SQL 是用于结构化数据处理的 Spark 模块。不同于 RDD API,Spark SQL 提供了更多有关数据和计算的结构信息,并根据这些信息对计算过程进行优化。Spark SQL 接口包括 SQL 和 Dataset API。但无论哪种接口或开发语言(Scala、Java、Python 或 R 等),都使用相同的执行引擎,开发人员可以在不同的 API 之间进行切换。

Spark SQL 是 Spark 中最重要的概念之一,Spark SQL 允许用户对组织到数据库中的视图或表执行 SQL 查询。用户还可以使用系统函数或自定义函数分析查询计划,优化工作负载。本章将介绍 Spark SQL 中的核心概念,较少涉及 ANSI-SQL 规范或具体的 SQL 表达式。SQL 规范等请参考相关文档。

Spark SQL 用于执行 SQL 查询,可以从 JDBC/ODBC 数据源或 Hive 等数据仓库中读取数据,可以将查询结果以 Dataset/DataFrame 的形式返回给其他编程语言接口。

数据集 Dataset 是分布式数据集合,是 Spark 1.6 版本中添加的接口,集成了 RDD 的优点(强类型、使用 lambda 函数)和 Spark SQL 引擎优化执行的优点。Dataset 可以从 JVM 对象构造,使用转换函数进行操作。Dataset API 提供 Scala 和 Java 接口。

数据帧 DataFrame 是元素类型为 Row 的 Dataset,概念上等效于关系数据库中的表,但增加了更多的优化。DataFrame 可以从多种数据源构建,如,结构化的数据文件、Hive 中的表、外部数据库或已有 RDD 等。在 Scala API 中,DataFrame 只是 Dataset[Row]的一个别名。

5.1 Spark SQL 基础

5.1.1 概述

易用性是 Spark 流行的原因之一。Spark 提供了一个比 Hadoop MapReduce 更简单的编程模型来处理大数据。与 SQL 开发相比,精通 Spark 核心 API 的开发人员要少很多。

SQL 是用于处理数据的一种 ANSI/ISO 标准语言,不仅可以存储、修改和检索数据,还可以分析数据。相比 Scala、Java 或 Python 等通用编程语言,SQL 更容易学习和使用。SQL 同时具有强大的数据处理能力,是数据分析的主要工具之一。

HiveQL 是一种与 SQL 类似的语言，在 Hadoop 中广泛使用，是 Hadoop MapReduce 的首选接口之一。在 Spark 崛起之前，Hive 是事实上的大数据 SQL 访问层。Hive 最初由 Facebook 开发，后来成为大数据业界非常受欢迎的工具。Spark 最初是 RDD 通用处理引擎，因 sqlContext 接口支持 SQL 子集而快速发展，Spark 1. x 中的 HiveContext 接口支持 Hive 的绝大多数功能。Spark 2. 0 版本是 Hive 的超集，其中内置 SQL 解析器，同时支持 ANSI-SQL 和 HiveQL 查询。

Spark SQL 的强大功能表现在多个方面：SQL 分析师可以通过接入 Thrift 服务器或 Spark 的 SQL 接口来利用 Spark 的计算能力；而数据工程师和科学家可以通过任一 Spark 支持的编程语言，使用 Spark SQL 编程接口（如 SparkSession 对象的各方法）进行应用开发；此外，DataFrame 还可以传递给 Spark MLlib（机器学习库）中的各个机器学习算法，进行机器学习应用开发。

Spark SQL 旨在作为 OLAP（联机分析处理）数据库运行，而不是作为 OLTP（联机事务处理）数据库运行，不适合非常低延迟的查询。

5. 1. 2 Spark SQL 架构

Spark SQL 是基于 Spark 核心执行引擎的库，其架构如图 5-1 所示。

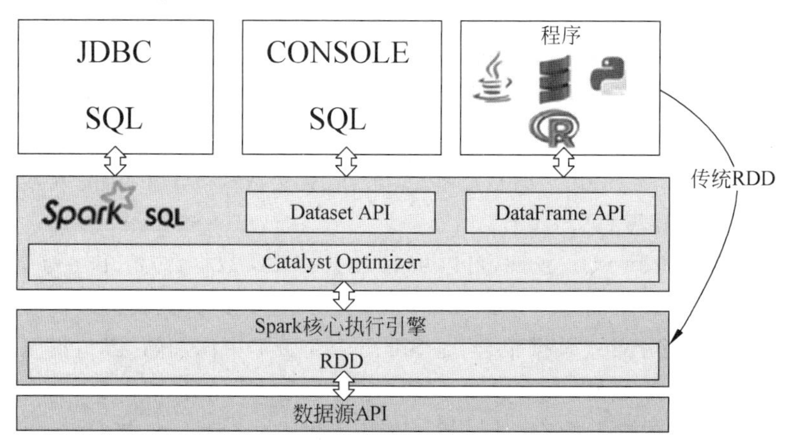

图 5-1 Spark SQL 架构

Spark SQL 是在 Spark Core 执行引擎之上运行的库，提供了比 Spark 核心 API 更高层的抽象来处理结构化数据。结构化数据包括存储在关系数据库、NoSQL 数据库、Parquet、ORC、Avro、JSON、CSV 或任何其他结构化形式的数据。Spark SQL 不仅为 Spark 提供 SQL 接口，使 Spark 更易于使用，还可在提升 Spark 应用程序运行速度的同时，提高开发人员的工作效率。

Spark SQL 可用作 Scala、Java、Python 或 R 应用程序的数据处理开发库，支持多种查询语言，包括 SQL、HiveQL 和语言集成查询。此外，还可以仅通过 SQL/HiveQL 进行交互式分析。

Spark SQL 使用 JDBC/ODBC 为数据仓库应用程序提供 SQL 接口，或通过命令行控制台提供 SQL 交互查询接口。任何商业智能（Business Intelligence，BI）工具都可以连接到 Spark SQL，在内存中执行分析。可基于 API 进行 Java、Scala、Python 或 R 应用程序开发，用户使用数据源（Data Source）API 读写多种数据，创建 Dataset/DataFrame。图 5-1 中也显示了传统的基于 Spark core 和 RDD 进行开发的操作方式。

5.1.3　一个简单的 Spark SQL 开发例子

以下代码展示从 JSON 文件创建 DataFrame，并显示其内容：

```
/**
 * SimpleSparkSqlApp.scala
 *
 * This example illustrates SparkSession / DataFrame
 *
 * @author Rujun Cao
 * @date 2022/10/00
 */
package cn.edu.wzu.SparkExample
// SparkSession 类是所有 Dataset/DataFrame 函数的入口点
import org.apache.spark.sql.SparkSession

object SimpleSparkSqlApp {
  def main(args: Array[String]): Unit = {
// SparkSession.builder()创建 SparkSession
// 在 Spark shell (REPL)中已经创建(无须再次创建),名称为 spark
       val spark = SparkSession.builder()
                .appName("Simple Spark SQL example")
                // 设置特定的配置信息. 此处仅为示例
                .config("spark.some.config.option", "some-value")
                // 代码调用 getOrCreate 方法获取已有或新建的 session 对象
                .getOrCreate()

// 从 JSON 文件创建 DataFrame
    val df = spark.read.json("../tmp/person.json")
// 将 DataFrame 的内容输出(到 stdout)
     df.show()
     spark.stop()
   }
}
```

JSON 文件 person.json 内容示例如下：

```
{"name":"Michael"}
{"name":"Andy", "age":30}
{"name":"Justin", "age":19}
{"name":"Zhaoliu", "age":19, "gender":"male"}
```

在交互式 shell 中加载 JSON 文件并显示内容的执行效果，如图 5-2 所示。

```
val df = spark.read.json("../tmp/person.json")
val df: org.apache.spark.sql.DataFrame = [age: bigint, gender: string ... 1 more
 field]

scala> df.show()
+----+------+-------+
| age|gender|   name|
+----+------+-------+
|null|  null|Michael|
|  30|  null|   Andy|
|  19|  null| Justin|
|  19|  male|Zhaoliu|
+----+------+-------+
```

图 5-2　在 Spark shell 中运行程序

5.2　数据帧 DataFrame

DataFrame 在 Spark 应用程序中非常重要，它通过模式(schema)来包含类型化的数据，并提供功能强大的 API。

作为一个分布式分析引擎，Spark 在某种程度上类似于一个操作系统，提供了构建应用程序和管理资源所需的所有服务(维基百科定义**操作系统**为"管理计算机硬件和软件资源，并为计算机程序提供公共服务的系统软件")。若要以编程方式使用 Spark，则需要了解其中一些关键的 API。要执行分析和数据操作，Spark 需要逻辑(在应用程序层)存储和物理(在硬件层)存储。在逻辑层，Spark 流行的存储容器是类似于关系表的 DataFrame。

DataFrame 既是数据结构，也是 API，可用于 Spark SQL、Spark Streaming、MLlib(用于机器学习)，并可用于操作基于图结构数据的 GraphX。

5.2.1　DataFrame 结构

1. DataFrame 数据组织

DataFrame 是对各列命名的记录集，等效于关系数据库中的表或 Java 中的 ResultSet。数据以分区的形式存储，如图 5-3 所示。

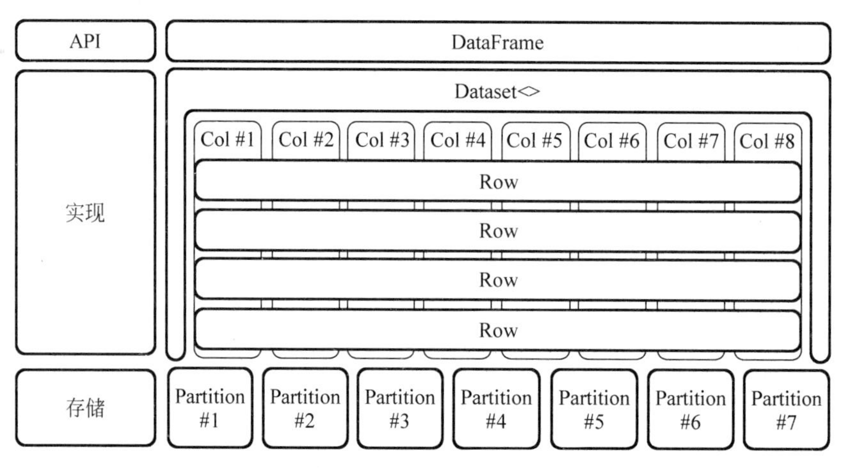

图 5-3　DataFrame 结构

图 5-4 给出了一个 DataFrame 的具体示例：一个带有模式及数据的 DataFrame，命名列描述数据的属性(包含数据类型)，数据是行(Row)的集合，存储于分区中。

2. Row

Row(行)是用于表示一行数据的 Spark SQL 抽象。从概念上讲，等效于表中的关系元组或行。Row 对象是将数据传入和传出 Spark 的基本方法，在各种 Spark 开发语言环境中都可以使用。DataFrame 中的每条记录都必须是 Row 类型。Row 构造示例代码如下：

```
spark.range(2).toDF().collect()
```

Spark SQL 提供了用于创建 Row 对象的工厂方法。示例代码如下：

```
import org.apache.spark.sql.Row
val row1 = Row("Joe Biden", "President", "US")
```

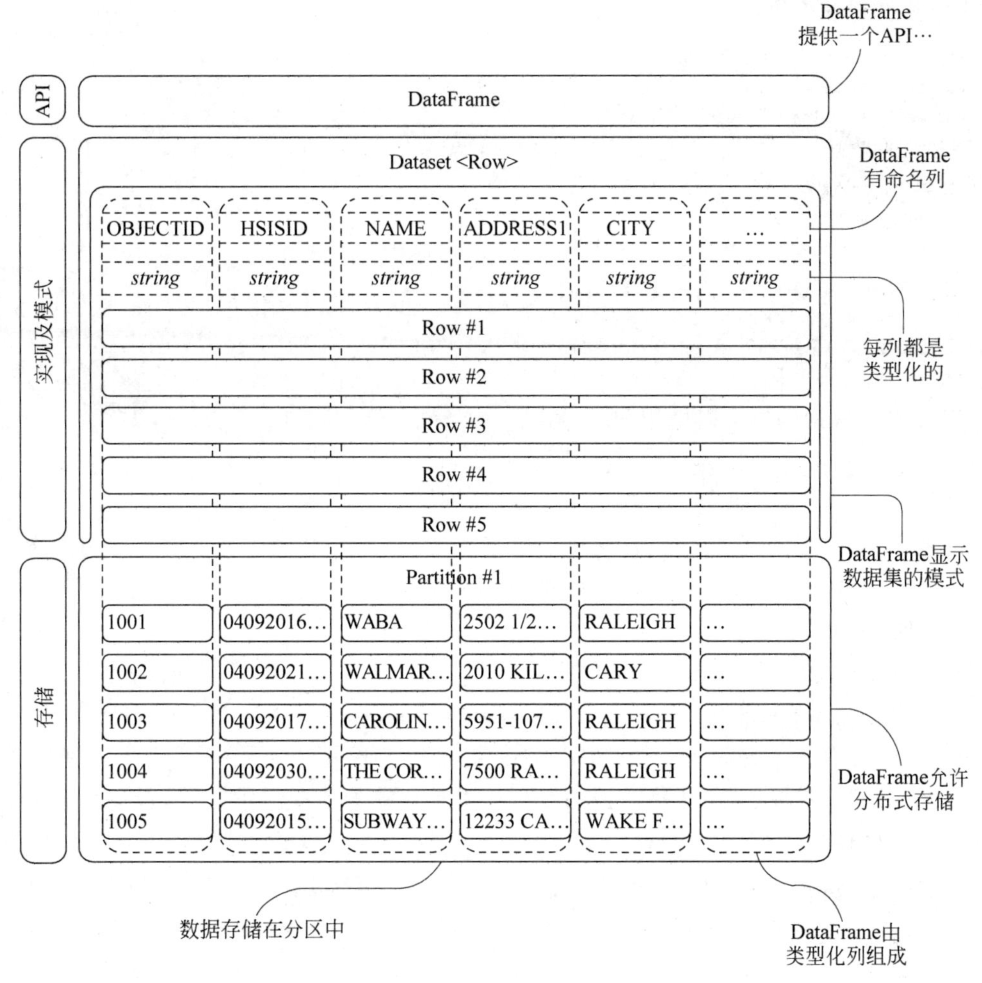

图 5-4 DataFrame 的行与列结构

```
val row2 = Row("Rishi Sunak", "Prime Minister", "UK")
```

当访问行对象的数据时，仅需要指定待访问的位置。由于 Spark 维护自己的内部类型信息，因此在使用时必须手动将其转换为正确的可使用的类型。

```
row1(1)                  // type any
row1.getString(1)        // type String
```

3. Column

Column(列)既可以表示简单数据类型(如整数或字符串)，也可以表示复合类型(如数组或映射)或者空(null)值。Spark 会记录所有这些类型信息，并提供多种列转换方法。

在大多数情况下，可以将 Spark Column 类型视为表中的列。列的计算基于数据帧中的数据，可以从中进行选择、操作和删除列等(这些操作均为表达式)。对列进行操作需要有 Row 对象，而 Row 的存在则以 DataFrame 为基础，也就是说，不能在 DataFrame 之外操作实际的列，只能操作逻辑列的表达式，然后在 DataFrame 上执行该表达式。

Column 构造示例：

```
import org.apache.spark.sql.functions.{col, column}
val col1 = col("column1")
val col2 = column("column2")
$"columnName"                          // Scala 中命名列的简写法
```

可以基于表达式构造列：

```
val col3 = $"a" + 1
```

基于已有 DataFrame 构造或引用列：

```
val df = spark.range(1, 50, 2).toDF()
val id = df("id")
```

Row 对象中列的值可以使用列序号进行访问，如：

```
val presidentName = row1.getString(0)
val country = row2.getString(2)
```

注意：*Column 仅仅是表达式，可能存在于数据帧中，也可能不存在。在对列名称与目录中维护的列名称进行比较之前，Spark 不会解析列。*

4. Schema

Schema(模式)定义 DataFrame 的列名称和类型。可以直接使用数据源的 Schema，也可以显式自定义 Schema。

Schema 是由多个 StructField(结构字段)组成的 StructType(结构类型)，这些字段具有名称、类型和布尔标志(用于指定该列是否可以包含缺失值或空值)。运行以下命令后结果如图 5-5 所示。

```
spark.read.format("json").load("../tmp/person.json").schema
```

```
scala> spark.read.format("json").load("../tmp/person.json").schema
val res17: org.apache.spark.sql.types.StructType = StructType(StructField(
age,LongType,true),StructField(gender,StringType,true),StructField(name,St
ringType,true))
```

图 5-5　DataFrame 的 Schema 示例

5.2.2　创建 DataFrame

使用 SparkSession，应用程序可以从已有的 RDD、Hive 表或 Spark 数据源创建 DataFrame。

从已有 RDD 创建 DataFrame 主要涉及 SparkSession 类的 createDataFrame 方法；从 Spark 数据源创建则主要是基于 DataFrameReader 类提供的方法，或 DataStreamReader 类的方法，或是 SQL 查询的结果。此外，SparkSession 还提供了创建空数据帧的方法 emptyDataFrame。

1. 从 Dataset 创建 DataFrame

可以直接将 Dataset 转换为 DataFrame，例如，运行以下命令后结果如图 5-6 所示：

```
// spark.range 构造 Dataset, toDF 方法转换为 DataFrame
val df = spark.range(1, 50, 2).toDF()
```

```
scala> val ds = spark.range(1, 50, 2)
     | val df = ds.toDF()
val ds: org.apache.spark.sql.Dataset[Long] = [id: bigint]
val df: org.apache.spark.sql.DataFrame = [id: bigint]
```

图 5-6 将 Dataset 转换为 DataFrame

2. 从数据源创建 DataFrame

可以从各结构化的数据源直接创建 DataFrame，例如，基于 JSON 文件内容创建：

```
val df = spark.read.json("../tmp/person.json")
// 或者
val df = spark.read.format("json").load("../tmp/person.json")
// 创建视图以支持 SQL 查询
df.createOrReplaceTempView("dfTable")
```

从更多数据源创建 DataFrame 等内容，请参考本章后续内容。

3. 从 RDD 创建 DataFrame

为了将已有的 RDD 转换为 DataFrame，Spark SQL 提供了两类不同方法。第一类方法使用反射(reflection)来推断包含特定类型对象的 RDD 模式。如果在编写 Spark 应用程序时模式已知，则基于反射的方法代码更简洁。第二类方法使用编程接口构造模式，再将模式应用于 RDD。这种方法比较烦琐，但在模式(列及其类型)未知时仍可以构造数据集。

这两类方法所使用的具体方法名称分别是 toDF 和 createDataFrame。

(1) 基于反射推断 RDD 模式。Spark SQL 的 Scala 接口支持将包含样例类(case class)的 RDD 自动转换为 DataFrame。样例类定义其模式，类参数名称映射为列名称。样例类也可以嵌套或包含复合类型，如 Seq 或 Array。RDD 可以隐式转换为 DataFrame，然后注册为表(table)。表可以在后续的 SQL 语句中使用。例如，运行以下代码后结果如图 5-7 所示。

```
// RDD 到 DataFrame 隐式转换依赖包
import spark.implicits._
// 样例类
case class Person(name: String, age: Long)
// 从文本文件创建 RDD(Person 对象集合)，转换为 DataFrame
val peopleDF = spark.sparkContext
    .textFile("../tmp/people.txt")
    .map(ln => {val p = ln.split(","); Person(p(0), p(1).trim.toInt)})
    .toDF()
// 将 DataFrame 注册为临时视图，以支持 SQL 操作
peopleDF.createOrReplaceTempView("people")
```

(2) 编程定义 RDD 模式。当无法预先定义样例类时(如，记录的结构被编码为字符串，将解析文本数据集，或者不同用户以不同的方式对字段进行投影等)，可以用编程方式创建 DataFrame。主要包括 3 个步骤：

① 从原始 RDD 创建 Row(行)RDD；

② 创建由结构类型 StructType 表示的 Schema，与 Row 结构相匹配；

③ 通过 SparkSession 提供的 createDataFrame 方法将 Schema 应用于 Row RDD。运

```
scala> // RDD到DataFrame隐式转换依赖包
     | import spark.implicits._
     |
     | case class Person(name: String, age: Long)
     |
     | // 从文本文件创建RDD (Person 对象集合) , 转换为Dataframe
     | val peopleDF = spark.sparkContext
     |   .textFile("../tmp/people.txt")
     |   .map(ln=> {val p = ln.split(","); Person(p(0), p(1).trim.toInt)})
     |   .toDF()
     | // 将DataFrame注册为临时视图, 以支持SQL操作
     | peopleDF.createOrReplaceTempView("people")
     | peopleDF.show(5)
+-------+---+
|   name|age|
+-------+---+
|Michael| 29|
|   Andy| 30|
| Justin| 19|
+-------+---+

import spark.implicits._
class Person
val peopleDF: org.apache.spark.sql.DataFrame = [name: string, age: bigint]
```

图 5-7　反射推理 RDD 模式示例

行以下示例代码结果如图 5-8 所示。

```
import org.apache.spark.sql.Row
import org.apache.spark.sql.types._

// 创建一个 RDD, 将其元素转换为 Row
val rowRDD = spark.sparkContext.textFile("../tmp/people.txt")
  .map(ln => {val p = ln.split(","); Row(p(0), p(1).trim)})

// schema 是编码字符串
val schemaString = "name age"
// 基于字符串生成 schema
val fields = schemaString.split(" ")
  .map(field => StructField(field, StringType, nullable = true))
val schema = StructType(fields)
// 将模式应用于 RDD
val peopleDF = spark.createDataFrame(rowRDD, schema)
// 将 DataFrame 注册为临时视图,以支持 SQL 操作
peopleDF.createOrReplaceTempView("people")
// SQL 测试:姓名、年龄查询
val results = spark.sql("SELECT name, age FROM people")
results.show(5)
```

提示：是否需要使用自定义 Schema 读取数据，取决于应用场景。将 Spark 用于 ETL 时，最好手动定义 Schema，尤其是在使用 CSV、JSON 等非类型化数据源时，因为 Schema 推断可能因所读取的数据类型而变化。

5.2.3　DataFrame 常用操作

与 RDD 类似，DataFrame 支持许多操作，以下给出部分常用操作。

```
import import org.apache.spark.sql.Row
     | import org.apache.spark.sql.types._
     |
     | // 创建一个RDD
     | // 将其元素转换为Row
     | val rowRDD = spark.sparkContext.textFile("../tmp/people.txt")
     |   .map(ln=> {val p = ln.split(","); Row(p(0), p(1).trim)})
     |
     | // schema是编码字符串
     | val schemaString = "name age"
     | // 基于字符串生成schema
     | val fields = schemaString.split(" ")
     |   .map(field=> StructField(field, StringType, nullable=true))
     | val schema = StructType(fields)
     |
     | // Apply the schema to the RDD
     | val peopleDF = spark.createDataFrame(rowRDD, schema)
     |
     | // 将DataFrame注册为临时视图，以支持SQL操作
     | peopleDF.createOrReplaceTempView("people")
     |
     | // SQL测试：姓名、年龄查询
     | val results = spark.sql("SELECT name,age FROM people")
     | results.show(5)
+-------+---+
|   name|age|
+-------+---+
|Michael| 29|
|   Andy| 30|
| Justin| 19|
|Zhaoliu| 19|
+-------+---+
```

图 5-8 自定义 RDD 模式示例

1. select/selectExpr

select/selectExpr 对 DataFrame 执行相当于 SQL 的数据查询，允许操作数据帧中的列。最简单的方法是将列名字符串作为 select 方法的参数。运行以下示例代码结果如图 5-9 所示。

```
val df = spark.read.format("json").load("../tmp/person.json")
df.select("name", "age").show(5)
```

```
scala> val df = spark.read.format("json").load("../tmp/person.json")
     | df.select("name", "age").show(5)
+-------+----+
|   name| age|
+-------+----+
|Michael|null|
|   Andy|  30|
| Justin|  19|
|Zhaoliu|  19|
+-------+----+
```

图 5-9 select 操作

可以使用不同的方式引用列，给列表达式应用别名等，如：

```
df.select(df.col("name"), col("gender"), expr("age") + 2).show(5)
```

select 后跟 expr 的用法，简写为 **selectExpr**。以下两条语句等价，运行以下示例代码结果如图 5-10 所示。

```
df.select( $ "name", expr("age + 2 AS age_after_two_years")).show(5)
df.selectExpr("name", "age + 2 AS age_after_two_years").show(5)
```

```
scala> df.select($"name", expr("age+2 AS age_after_two_years")).show(5)
+-------+-------------------+
|   name|age_after_two_years|
+-------+-------------------+
|Michael|               null|
|   Andy|                 32|
| Justin|                 21|
|Zhaoliu|                 21|
+-------+-------------------+
```

图 5-10 selectExpr 操作

可以在列表达式中应用聚合函数，运行以下示例代码结果如图 5-11 所示。

```
df.selectExpr("avg(age + 2)", "count(distinct(gender))").show()
```

```
scala> df.selectExpr("avg(age+2)","count(distinct(gender))").show()
+------------------+---------------------+
|    avg((age + 2))|count(DISTINCT gender)|
+------------------+---------------------+
|24.666666666666668|                    1|
+------------------+---------------------+
```

图 5-11 selectExpr 操作中的聚合函数

注意：不要在 select 中混合列对象与列名字符串。

2. withColumn

withColumn 方法添加新列或替换源数据帧中的列，返回新的 DataFrame。该方法需要两个参数：第一个参数是新列的名称，第二个参数是用于生成新列值的表达式。如果列名称参数与已有列名称相同，则替换原有列。运行以下示例代码结果如图 5-12 所示。

```
val df2 = df.select(expr(" * "), lit(1).alias("One"))
df2.withColumn("age_1", $ "age" + $ "One").show(5)
```

```
scala> val df2 = df.select(expr("*"), lit(1).alias("One"))
     | df2.withColumn("age_1", $"age"+$"One").show(5)
+----+------+-------+---+-----+
| age|gender|   name|One|age_1|
+----+------+-------+---+-----+
|null|  null|Michael|  1| null|
|  30|  null|   Andy|  1|   31|
|  19|  null| Justin|  1|   20|
|  19|  male|Zhaoliu|  1|   20|
```

图 5-12 withColumn 操作

3. withColumnRenamed

withColumnRenamed 方法重命名列。如，

```
df2.withColumnRenamed("age_plus_1", "age_1")
```

提示：使用 withColumn 方法也可以重命名列。

4. drop

drop 方法删除列。如果同时删除多个列，用逗号分隔待删除的列名称。删除单个列时，可以使用列名称，也可以使用列对象。代码示例如下：

```
df2.drop( $ "One")
df2.drop("age_plus_1", "One")
```

5. printSchema

printSchema 方法在控制台上以树状形式打印 DataFrame 的模式 schema。如果要控制输出树的深度,可传递树层次参数。不指定层数时,输出整个树结构。运行以下示例代码结果如图 5-13 所示。

```
df.printSchema(2)
```

```
scala> df2.printSchema(2)
root
 |-- age: long (nullable = true)
 |-- gender: string (nullable = true)
 |-- name: string (nullable = true)
 |-- One: integer (nullable = false)
```

图 5-13 printSchema 操作

6. createTempView/createOrReplaceTempView

对 DataFrame 使用 spark. sql 函数执行 SQL 查询前,需要将其转换为数据表或视图。

createTempView 使用给定名称创建本地临时视图。此临时视图的生存期与用于创建此数据集的 SparkSession 相关联。本地临时视图是会话范围的,其生存期是创建它的会话的生存期,会话终止时将自动删除。本地临时视图不绑定到任何数据库,不能使用 db1. view1 来引用本地临时视图。

当临时视图已存在时,createOrReplaceTempView 更新本地临时视图。运行以下示例代码结果如图 5-14 所示。

```
df2.createOrReplaceTempView("person")
spark.sql("select * from person order by age desc").show(5)
```

```
scala> df2.createOrReplaceTempView("person")
     | spark.sql("select * from person order by age desc").show(5)
+----+------+-------+---+
| age|gender|   name|One|
+----+------+-------+---+
|  30|  null|   Andy|  1|
|  19|  null| Justin|  1|
|  19|  male|Zhaoliu|  1|
|null|  null|Michael|  1|
```

图 5-14 createOrReplaceTempView 操作

7. createGlobalTempView/createOrReplaceGlobalTempView

createGlobalTempView 使用给定名称创建全局临时视图。全局临时视图的生存期与 Spark 应用程序相关联。全局临时视图是跨会话的,其生存期是 Spark 应用程序的生存期,应用程序终止时自动删除。全局临时视图与系统保留数据库 global_temp 相关联,必须使用限定名称来引用全局临时视图(如,SELECT * FROM global_temp. view1)。

createOrReplaceGlobalTempView 当全局临时视图已存在时更新之,否则创建。运行以下示例代码结果如图 5-15 所示。

```
df2.createOrReplaceGlobalTempView("people")
spark.sql("SELECT * FROM global_temp.people").show(5)
```

```
scala> df2.createOrReplaceGlobalTempView("people")
     | spark.sql("SELECT * FROM global_temp.people").show(5)
+----+------+-------+---+
| age|gender|   name|One|
+----+------+-------+---+
|null|  null|Michael|  1|
|  30|  null|   Andy|  1|
|  19|  null| Justin|  1|
|  19|  male|Zhaoliu|  1|
```

图 5-15 createOrReplaceGlobalTempView 操作

8. filter/where

对 DataFrame 的行进行过滤时，可以使用布尔表达式，或直接指定条件字符串。如，

```
// 以下 3 行语句等价
df2.filter("age < 20")
df2.filter(col("age") < 20)
df2.where( $ "age" < 20)
```

提示：当使用 AND 连接多个过滤条件时，除了在同一表达式中指定多个条件外，也可以使用 Spark 的链式操作(Spark 引擎可以更有效地对查询进行优化)，即，类似以下的查询，优先选择后一种方式：

```
df2.filter( $ "age" < 20 && $ "name" <=> "Zhaoliu")
df2.filter( $ "age" < 20).filter( $ "name" <=> "Zhaoliu")
```

9. union

union 返回两个 DataFrame 的并集。执行 union 操作的两个 DataFrame 结构必须相同：

df2. union(df. withColumn("Two", lit(2))). show(5)

10. distinct

distinct 去掉 DataFrame 中的重复行。运行以下示例代码结果如图 5-16 所示。

```
df2.union(df.withColumn("One", lit(1))).distinct().show(5)
```

```
scala> df2.union(df.withColumn("Two", lit(2))).show(5)
     | df2.union(df.withColumn("One", lit(1))).distinct().show(5)
+----+------+-------+---+
| age|gender|   name|One|
+----+------+-------+---+
|null|  null|Michael|  1|
|  30|  null|   Andy|  1|
|  19|  null| Justin|  1|
|  19|  male|Zhaoliu|  1|
|null|  null|Michael|  2|
```

图 5-16 distinct 操作

11. sort/orderBy

对 DataFrame 的行进行排序，可以使用 sort/orderBy 等方法。运行以下示例代码结果如图 5-17 所示。

```
df2.sort("age", "name")                    // 与 orderBy 等效
```

可以使用 asc 和 desc 函数指定排序方向：

```
val df3 = df2.union(df.withColumn("Two", lit(2)))
```

```
df3.orderBy(desc("age"), asc("One")).show(9)
```

```
scala> val df3 = df2.union(df.withColumn("Two", lit(2)))
     | df3.orderBy(desc("age"), asc("One")).show(9)
+----+------+-------+---+
| age|gender|   name|One|
+----+------+-------+---+
|  30|  null|   Andy|  1|
|  30|  null|   Andy|  2|
|  19|  null| Justin|  1|
|  19|  male|Zhaoliu|  1|
|  19|  null| Justin|  2|
|  19|  male|Zhaoliu|  2|
```

图 5-17 orderBy 操作

12. groupBy

groupBy 方法使用指定的列参数对 DataFrame 的行进行分组，返回的结果可用于数据聚合。运行以下示例代码结果如图 5-18 所示。

```
val genderGroup = df.groupBy("gender")
genderGroup.count().show()
```

```
scala> val genderGroup = df.groupBy("gender")
     | genderGroup.count().show()
+------+-----+
|gender|count|
+------+-----+
|  null|    3|
|  male|    1|
```

图 5-18 groupBy 操作

注意：groupBy 方法返回的结果是 RelationalGroupedDataset，而不是 DataFrame。类似地，cube/rollup/pivot 方法也返回 RelationalGroupedDataset。该类主要用于数据聚合(agg 函数)、统计(avg/mean/sum)等。

13. agg

agg 方法对源中 DataFrame 的一列或多列执行指定的聚合，返回结果 DataFrame。运行以下示例代码结果如图 5-19 所示。

```
df2.agg(max("age"), count("gender")).show(1)
```

```
scala> df2.agg(max("age"), count("gender")).show(1)
+--------+-------------+
|max(age)|count(gender)|
+--------+-------------+
|      30|            1|
```

图 5-19 agg 操作

14. describe/summary

describe 方法可用于探索性数据分析。它返回源 DataFrame 中列的统计摘要信息，包括计数、最小值、最大值、平均值和标准差。方法的输入参数为列名称，它采用一列或多列的名称作为参数。如果未指定参数，则计算所有列。运行以下示例代码结果如图 5-20 所示。

```
df2.describe().show()
```

类似地，summary 方法计算数值列和字符串列的统计信息。可用统计量包括 count、

```
scala> df2.describe().show()
+-------+-----------------+------+-------+---+
|summary|              age|gender|   name|One|
+-------+-----------------+------+-------+---+
|  count|                3|     1|      4|  4|
|   mean|22.666666666666668|  null|   null|1.0|
| stddev|6.3508529610858835|  null|   null|0.0|
|    min|               19|  male|   Andy|  1|
|    max|               30|  male|Zhaoliu|  1|
+-------+-----------------+------+-------+---+
```

图 5-20 describe 操作

mean、stddev、min、max、分位数、count_distinct、approx_count_distinct 等。如果未指定参数，则计算 count/mean/stddev/min/quartiles（percentiles at 25%，50%，and 75%）/max。运行以下示例代码结果如图 5-21 所示。

```
df3.summary().show()
```

```
scala> df3.summary().show()
+-------+-----------------+------+-------+------------------+
|summary|              age|gender|   name|               One|
+-------+-----------------+------+-------+------------------+
|  count|                6|     2|      8|                 8|
|   mean|22.666666666666668|  null|   null|               1.5|
| stddev| 5.680375574437544|  null|   null|0.5345224838248488|
|    min|               19|  male|   Andy|                 1|
|    25%|               19|  null|   null|                 1|
|    50%|               19|  null|   null|                 1|
|    75%|               30|  null|   null|                 2|
|    max|               30|  male|Zhaoliu|                 2|
+-------+-----------------+------+-------+------------------+
```

图 5-21 summary 操作

注意：describe/summary 函数仅用于探索性数据分析，不保证所生成的结果数据集 schema 的向后兼容性。如果要以编程方式计算汇总统计信息，则使用 agg 函数。

15. na/空值数据处理

na 方法返回的 DataFrameNaFunctions 可用于 DataFrame 中的空值数据处理，如，填充、删除等。运行以下示例代码结果如图 5-22 所示。

```
df2.na.fill("female", Array("gender")).show()
df2.na.drop(Array("age")).show()
```

```
scala> df2.na.fill("female", Array("gender")).show()
     | df2.na.drop(Array("age")).show()
+----+------+-------+---+
| age|gender|   name|One|
+----+------+-------+---+
|null|female|Michael|  1|
|  30|female|   Andy|  1|
|  19|female| Justin|  1|
|  19|  male|Zhaoliu|  1|
```

图 5-22 na 操作

分别填充多个字段的示例代码如下：

```
val valuesToFill = Map("age" -> 22, "gender" -> "X")
df2.na.fill(valuesToFill).show()
```

5.2.4 保存 DataFrame

Spark SQL 使用统一接口，将 DataFrame 写入关系数据库、NoSQL 数据库或各种格式的文件。可以使用 DataFrame 的 write 方法将 DataFrame 保存到各种存储系统。

write 方法返回 DataFrameWriter 实例，该类提供多种将 DataFrame 内容保存到数据源的方法。DataFrameWriter 类的 builder 方法用于指定数据保存的不同选项，如格式、分区及数据处理方式等。write 方法的一般用法类似如下：

```
df.write.format("output - data - source - format").save()
```

- 如果输出为 JSON 文件，则 write 方法用法如下：

```
df.write.format("json").save("../tmp/json/path")
//或者 df.write.json("../tmp/json/path")
```

- 如果输出为 CSV 文件，则 write 方法的用法如下：

```
df3.write.format("csv").option("header", true).save("path")
```

5.3 数据集 Dataset

Dataset 是特定域（domain-specific）的强类型集合（strongly typed collection），可以使用函数或关系操作并行转换这些对象。Dataset 有一个无类型视图（untyped view），即 DataFrame，是行（Row）数据集。

在 Spark 2.0 中，DataFrame 只是 Scala 和 Java API 中的行数据集，其定义为：

```
type DataFrame = Dataset[Row]
```

定义在 DataFrame 上的操作也称为“非类型转换”（untyped transformation），作为对比，强类型（Scala/Java）Dataset 上定义的操作称为“类型转换”（typed transformation）。

Dataset 上可用的操作分为转换和动作。转换生成新的数据集，动作触发计算并返回结果。转换包括 map、filter、select 和 aggregate（如 groupBy）等，动作操作包括 count、show 或写入文件系统等。

Dataset 操作是“惰性的”，即仅在调用动作时触发计算。在 Spark 内部，Dataset 表示描述生成数据所需的逻辑计划。执行动作调用时，Spark 的查询优化器会优化该逻辑计划，并生成物理计划，以便以并行和分布式方式高效执行计划。想要了解逻辑计划以及优化后的物理计划，可以使用 explain 函数。

为有效支持特定域的对象，需要编码器（encoder）。编码器将特定域的类型映射到 Spark 的内部类型系统。例如，给定一个具有两个字段 name（string）和 age（int）的类 Person，编码器会告诉 Spark 在运行时生成代码，将 Person 对象序列化为二进制结构。这种二进制结构通常只需占用较少的内存，并且针对数据处理进行过优化（如，列式存取）。可以使用 schema 函数了解数据的内部二进制表示形式。

Dataset 与 RDD 类似，但不使用 Java 序列化（serialization 或 Kryo），而是使用特定的编码器来序列化对象，以便通过网络进行传输或处理。虽然编码和标准序列化都负责将对象转换为字节，但编码器动态生成代码，允许 Spark 执行许多操作，而无须将字节反序列化为对象。

5.3.1 创建 Dataset

创建 Dataset 有两种常用方法。最常见的方法是用 SparkSession 的 read 方法读取存储系统中的文件。运行以下创建 Dataset 的示例代码，结果如图 5-23 所示。

```
case class Person(name: String, age: Int, gender: String)

// 样例类编码器
val caseDS = Seq(Person("Wangwu", 22, "male")).toDS()
// 导入 spark.implicits._,为许多常用类型自动提供编码器
val ds2 = Range(1, 5).toDS()
spark.range(2).toDS()

// 通过名称映射将 DataFrame 转换为 Dataset
val jsonDS = spark.read
   .schema("name String, age Int, gender String")
   .json("../tmp/person.json").as[Person]
jsonDS.show(5,false)
```

```
scala> val jsonDS = spark.read.schema("name String, age Int, gender String")
     | .json("../tmp/person.json").as[Person]
     | jsonDS.show(5, false)
+-------+----+------+
|name   |age |gender|
+-------+----+------+
|Michael|null|null  |
|Andy   |30  |null  |
|Justin |19  |null  |
|Zhaoliu|19  |male  |
```

图 5-23　创建 Dataset

5.3.2 Dataset 常用方法

Dataset 的方法可用于 DataFrame，以下给出了部分常用操作。

1. as

as 方法将 Dataset 的记录映射为指定的类型。列映射方法取决于编码器 U 的类型：

(1) U 是 class，该类的字段将映射到同名的列(spark.sql.caseSensitive 区分字母大小写)；

(2) U 是元组 tuple，列将按序数映射(即将第一列分配给_1)；

(3) U 是基本类型(字符串、整数等)，使用 DataFrame 的第一列。

如果 Dataset 的 schema 与所需的 Encoder 类型不匹配，则可根据需要进行选择，使用别名、重新排列或者重命名。

注意：as 仅更改传递到类型化操作(如 map)中的数据视图，不移除指定类中不存在的任何列。

2. cache/persist

cache/persist 方法持久化 Dataset。cache 及不带参数的 persist 使用默认存储类别(MEMORY_AND_DISK)。

3. checkpoint

checkpoint 方法返回此数据集的检查点版本信息。在计算量可能呈指数增长的迭代算

法中,checkpoint 方法尤其有用。checkpoint 被保存到 SparkContext#setCheckpointDir 设置的目录中。

5.4 数据源

通过 DataFrame 接口,Spark SQL 支持对多种数据源的操作。可以使用关系转换、创建临时视图等对 DataFrame 进行操作。视图支持 SQL 查询。本节介绍 Spark 数据源的加载和保存方法,以及可用于内置数据源的特定选项。

Spark 中的数据读取接口在 DataFrameReader 中定义,通过 SparkSession 对象的 read 属性访问;数据保存接口在 DataFrameWriter 中定义,通过 Dataset 对象的 write 属性访问。

5.4.1 通用 load/save 函数

Spark SQL 中的默认数据源是 parquet 格式(由 spark.sql.sources.default 设置)。示例代码如下:

```
val userDF = spark.read.load("../tmp/users.parquet")
userDF.write.save("../tmp/users-parquet-dir")
```

1. 常用选项

数据源类型由其全名称(如 org.apache.spark.sql.parquet)指定,但对内置数据源,可以使用短名称(如 json、parquet、jdbc、orc、libsvm、csv、text 等)。在加载或保存数据源时,可以指定相应的参数或选项。具体的内置数据源及其相关参数或选项,请参考 API 文档。

加载的数据源可以转换为其他数据源。例如,将 json 文件保存为 csv 格式:

```
val jsonDF = spark.read.format("json").load("people.json")
jsonDF.write.format("csv").save("../tmp/people-csv-dir")
```

2. read mode

以下代码示例使用特定选项加载 csv 文件:

```
val csvDF = spark.read.format("csv")
            .option("header", "true")
            .option("inferSchema", "true")
            .option("sep", ";")
            .load("people.csv")
```

读取数据源时,通常会指定 format(格式)、schema(模式)、read mode(读取模式)、option(选项)以及 path(路径)。至少必须提供格式和路径参数。

读取模式设置 Spark 遇到格式错误的记录时的处理方式,包括:

(1) permissive 在遇到损坏的记录时将所有字段设置为 null(默认值);

(2) dropMalformed 删除错误行;

(3) failFast 遇到格式错误的记录时立即失败(抛出异常)。

3. save mode

以下代码示例使用特定选项将数据集保存为 csv 格式:

```
csvDF.write.format("csv")
          .option("mode", "OVERWRITE")
          .option("dateFormat", "yyyy-MM-dd")
          .save("path/to/file")
```

使用 DataFrameWritier 保存数据时，通常会指定 format(格式)、save mode(写入模式)、option(选项)以及 path(路径)，至少必须提供路径参数。

save mode 指定如果在输出位置已存在数据时的处理方式，包括：

(1) append 追加数据；

(2) overwrite 覆盖现有数据；

(3) errorIfExists 中止操作(默认值，抛出异常，或写作 error)；

(4) ignore 忽略(无操作)。

4. SQL 直连文件

除了使用读取 API 将文件加载到 DataFrame 再执行查询外，还可以直接使用 SQL 查询文件。运行以下示例代码，结果如图 5-24 所示。

```
val sqlDF = spark.sql("SELECT * FROM parquet.`../tmp/users.parquet`")
sqlDF.show()
```

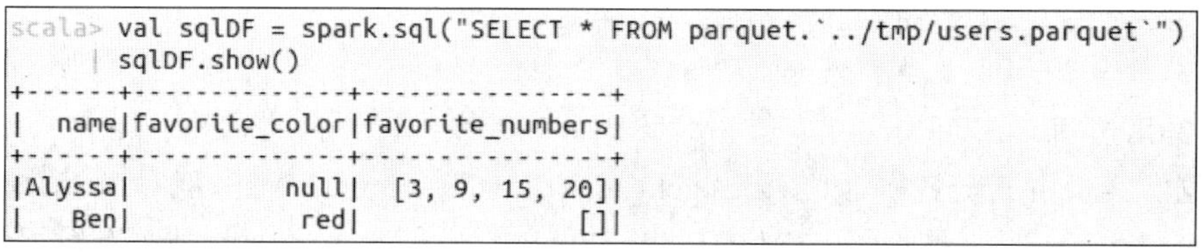

```
scala> val sqlDF = spark.sql("SELECT * FROM parquet.`../tmp/users.parquet`")
     | sqlDF.show()
+------+--------------+----------------+
|  name|favorite_color|favorite_numbers|
+------+--------------+----------------+
|Alyssa|          null|  [3, 9, 15, 20]|
|   Ben|           red|              []|
```

图 5-24　直接使用 SQL 查询文件

5. 将数据保存到表

使用 saveAsTable 方法可以将 DataFrame 持久保存到 Hive metastore 的表中。与 createOrReplaceTempView 命令不同，saveAsTable 存储的是数据帧的内容，并在 Hive metastore 中存储元数据，即使重启 Spark，持久表仍然存在。运行以下示例代码，结果如图 5-25 所示。

```
sqlDF.write.mode("overwrite").saveAsTable("t_user")
sql("select * from t_user").show(5)
```

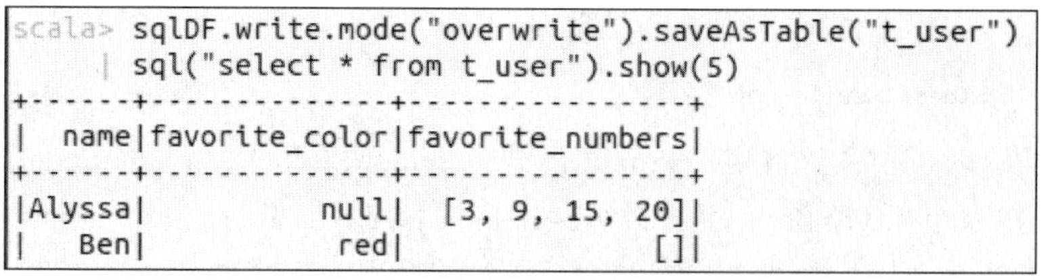

```
scala> sqlDF.write.mode("overwrite").saveAsTable("t_user")
     | sql("select * from t_user").show(5)
+------+--------------+----------------+
|  name|favorite_color|favorite_numbers|
+------+--------------+----------------+
|Alyssa|          null|  [3, 9, 15, 20]|
|   Ben|           red|              []|
```

图 5-25　saveAsTable 方法保存数据到表

当模式为追加时，如存在同名表，则使用已有表的格式和选项。DataFrame 的 schema 中的列的顺序不需要与现有表的列顺序相同，saveAsTable 将使用列名来查找正确的位置。

注意：此功能不需要部署 Hive。Spark 使用 Derby 创建一个默认的本地 Hive metastore。

5.4.2 文件数据源

1. 文件数据源选项

通用的文件数据源选项包括以下几种。

(1) 忽略损坏的文件。当 spark. sql. files. ignoreCorruptFiles 设置为 true 时,Spark 任务在遇到被损坏的文件时继续运行,并且仍会返回已读取的内容,示例代码如下:

```
// enable ignore corrupt files
spark.sql("set spark.sql.files.ignoreCorruptFiles = true")
// 路径中非 parquet 文件被忽略
val testCorruptDF = spark.read.parquet(
        "examples/src/main/resources/dir1/",
        "examples/src/main/resources/dir1/dir2/")
```

(2) 忽略缺失文件。Missing File(缺失的文件)是指在构造数据帧 DataFrame 之后,目录中已删除的文件。当 spark. sql. files. ignoreMissingFiles 设置为 true 时,Spark 从文件中读取数据时忽略缺失的文件,Spark 任务在遇到文件缺失时继续运行,并返回已读取的内容。

(3) 文件过滤器。pathGlobFilter 用于仅包含与模式匹配的文件,用法同 org. apache. hadoop. fs. GlobFilter,不改变发现分区的方式。示例代码如下:

```
// 仅加载 parquet 格式文件,滤出 json 等其他格式文件
spark.read.format("parquet")
        .option("pathGlobFilter", "*.parquet")
        .load("examples/src/main/resources/dir1")
```

(4) 递归文件查找。recursiveFileLookup 用于递归加载文件,并禁用分区推理。默认值为 false,如果数据源在 recursiveFileLookup 为 true 时显式指定了 partitionSpec,则会引发异常。示例代码如下:

```
// 递归加载指定路径(及子目录)下的文件
spark.read.format("parquet")
        .option("recursiveFileLookup", "true")
        .load("examples/src/main/resources/dir1")
```

(5) 路径修改时间过滤器。modifiedBefore 和 modifiedAfter 可以同时使用或单独使用,以实现对所加载数据的更细粒度的控制(Structured Streaming 文件源不支持)。

modifiedBefore/modifiedAfter 为可选时间戳,用于仅包含修改时间早于/晚于指定时间的文件。时间戳格式为: YYYY-MM-DDTHH:mm:ss(如,2022-11-02T11:02:02)。如果未提供时区选项,那么将根据 Spark 会话时区(spark. sql. session. timeZone)解释时间戳。运行以下示例代码,结果如图 5-26 所示。

```
// 加载限定时间范围内的文件
spark.read.format("parquet")
        .option("pathGlobFilter", "*.parquet")
        .option("modifiedBefore", "2022-11-02T11:02:02")
        .option("modifiedAfter", "2000-01-01T00:00:00")
        .load("examples/src/main/resources/dir1")
        .show(5)
```

```
scala> spark.read.format("parquet")
     | .option("pathGlobFilter", "*.parquet")
     | .option("modifiedBefore", "2022-11-02T11:02:02")
     | .option("modifiedAfter",  "2000-01-01T00:00:00")
     | .load("examples/src/main/resources/dir1")
     | .show(5)
+-------------+
|         file|
+-------------+
|file1.parquet|
```

图 5-26　数据加载过滤器示例

2. CSV 文件数据源

CSV(Comma-Separated Value)是一种常见的文本文件格式，其中每行表示由多个列组成的单个记录。

CSV 文件虽然看起来结构良好，但实际处理比较复杂，因为在实际生产中无法对其包含的内容或结构方式做出太多假设。因此，CSV reader 具有较多的选项，用于处理诸如字符转义问题。

Spark SQL 提供 spark.read().csv("file_name")将 CSV 格式的文件或文件目录读取到 DataFrame 中，提供 dataframe.write().csv("path")方法写入 CSV 文件。函数 option()可用于自定义读取或写入的行为，例如标题头、分隔符、字符集等。例如，

```
// Read a csv with delimiter and a header
spark.read.option("delimiter", ";")
        .option("header", "true").csv("path - to - csv")
```

CSV 数据源常用选项如表 5-1 所示。

表 5-1　CSV 文件源常用选项

选　项　名	含　　义	默　认　值	读/写
sep/delimiter	列分隔符	,	RW
encoding	文件编码方式	UTF-8	RW
quote	设置用于转义单个字符的引号。引号内的分隔符作为普通字符	“	RW
escape	转义符(单字符)，用以转义引号内的引号符(作为普通字符)	\	RW
escapeQuotes	是否将包含引号的值括在引号中	true	W
header	对于读，使用第一行作为列的名称 对于写，将列名称写入第一行	false	RW
dateFormat	日期格式	yyyy-MM-dd	RW
nanValue	Not-a-Number 的字符串表示形式	NaN	R
ignoreLeadingWhiteSpace	忽略前导空格符	false	RW
ignoreTrailingWhiteSpace	忽略尾部空格符	false	RW
mode	解析期间处理损坏记录的模式	PERMISSIVE	R
locale	区域语言标记，IETF BCP 47 格式	en-US	R
compression	压缩编解码器，none、bzip2、gzip、lz4、snappy 和 deflate		W

3. JSON 数据源

JSON(JavaScript Object Notation)是 JavaScript 的常用数据格式。在 Spark 中使用的 JSON 文件,是行分隔(line-delimited)的 JSON 文件(每行包含一个单独的、有效 JSON 对象),区别于具有大型 JSON 对象或数组的文件。行分隔的 JSON 是一种更稳定的格式,可以方便地将新记录添加到文件中(而不必读取整个文件然后再写),更容易使用。JSON 对象具有结构,JavaScript(JSON 所基于的)具有类型,因此,Spark 可以对行分隔 JSON 作更多假设(选项比 CSV 少)。普通的多行 JSON 文件需要将 multiLine 选项设置为 true。

Spark SQL 可自动推断 JSON 数据集的模式,将其加载为 DataFrame(即 Dataset[Row])。SparkSession.read.json()方法既可以加载 JSON 文件,也可以转换 Dataset[String]。例如(运行结果见图 5-27):

```
// 读 JSON 文件,参数可以是文件名也可以是目录
spark.read.option("mode", "FAILFAST")
        .json("../tmp/person.json")
        .show(5)
// 从 JSON 数据集(Dataset[String])创建 DataFrame
val personDS = spark.createDataset("""
    {"name":"Cao","addr":{"city":"Wenzhou","state":"Zhejiang"}}""" ::Nil)
val personDF = spark.read.json(personDS)
```

```
scala> val personDS = spark.createDataset(
     |   """{"name":"Cao","addr":{"city":"Wenzhou","state":"Zhejiang"}}""" ::Nil)
     | val personDF = spark.read.json(personDS)
     | personDF.show(false)
     | personDS.show(false)
+-------------------+----+
|addr               |name|
+-------------------+----+
|{Wenzhou, Zhejiang}|Cao |
+-------------------+----+

+-----------------------------------------------------------+
|value                                                      |
+-----------------------------------------------------------+
|{"name":"Cao","addr":{"city":"Wenzhou","state":"Zhejiang"}}|
+-----------------------------------------------------------+

val personDS: org.apache.spark.sql.Dataset[String] = [value: string]
val personDF: org.apache.spark.sql.DataFrame = [addr: struct<city: string, state:
 string>, name: string]
```

图 5-27 JSON 数据源加载为 DataFrame/Dataset 示例

JSON 数据源常用选项见表 5-2。

表 5-2 JSON 数据源常用选项

选 项 名	含 义	默 认 值	读/写
timeZone	时区	spark.sql.session.timeZone	RW
allowComments	忽略 Java/C++样式注释	false	R
allowSingleQuotes	是否允许使用单引号	false	R
mode	解析期间处理损坏记录的模式	PERMISSIVE	R
dateFormat	日期格式	yyyy-MM-dd	RW
timestampFormat	时间戳格式	yyyy-MM-dd'T'HH:mm:ss[.SSS]	RW

续表

选 项 名	含 义	默 认 值	读/写
multiLine	记录可跨多行	false	R
encoding	文件编码方式	读，自动检测；写，UTF-8	RW
lineSep	行分隔符	读，\r，\n，\r\n；写，\n	RW
dropFieldIfAllNull	忽略全 null，或全空数组/结构的列	false	R
ignoreNullFields	忽略空字段	spark. sql. jsonGenerator. ignoreNullFields	W

4. Parquet 数据源

Apache Parquet 是面向列的开源数据存储格式，提供各种存储优化策略，尤其适用于数据分析。Parquet 格式文件可以通过列压缩节省存储空间，并允许读取单个列而非整个文件。Parquet 是 Spark 的默认文件格式，读 Parquet 文件比 JSON 或 CSV 更高效。Parquet 支持复杂类型，其列数据可以是数组(CSV 文件不支持)、map 或 struct 等。示例代码如下：

```
val userDF = spark.read.parquet("../tmp/users.parquet")
userDF.write.save("../tmp/users-parquet-dir")
```

Parquet 的可选项较少。除压缩方式 compression 外，另一个选项是 mergeSchema，其默认设置是由 spark. sql. parquet. mergeSchema 确定的。有多种数据处理系统支持 Parquet 格式。Spark SQL 支持读取和写入 Parquet 文件时自动保留原始数据的 Schema。读取 Parquet 文件时，出于兼容性考虑，所有列都将自动设置为可为空(nullable)。

类似于 Protocol Buffer、Avro 和 Thrift，Parquet 也支持 schema 演进。用户可以从简单的 schema 开始，根据需要逐渐添加更多列，最终可能会得到多个具有不同 schema 但相互兼容的 Parquet 文件。Parquet 数据源能够自动检测并合并所有这些文件的 schema。

由于模式合并比较耗费资源，且在多数情况下不是必需的，因此其默认状态是关闭的。可以将 spark. sql. parquet. mergeSchema 设置为 true，或是在读取文件时将 mergeSchema 设置为 true。

运行以下示例代码，结果如图 5-28 所示。

```
import spark.implicits._
// 由 RDD 创建 DataFrame(value: Int, square: Int)
val squaredDF = spark.sparkContext.makeRDD(1 to 5)
        .map(i => (i, i * i)).toDF("value", "square")
// 另一 DataFrame(value: Int, cube: Int),cube <-- square
val cubedDF = spark.sparkContext.makeRDD(6 to 10)
        .map(i => (i, i * i * i)).toDF("value", "cube")
// 将两个 DataFrame,存储到不同分区
squaredDF.write.parquet("data/test_table/key=1")
cubedDF.write.parquet("data/test_table/key=2")
// 加载分区数据,schema 合并
val mergedDF = spark.read.option("mergeSchema", "true")
        .parquet("data/test_table")
mergedDF.printSchema()
```

注意：不同版本的 Parquet 文件可能不兼容。使用 Spark 不同版本(尤其是旧版本)写 Parquet 文件时要注意文件格式版本。

```
scala> // 加载分区数据，schema合并
     | val mergedDF = spark.read.option("mergeSchema", "true")
     | .parquet("data/test_table")
     | mergedDF.printSchema()
root
 |-- value: integer (nullable = true)
 |-- square: integer (nullable = true)
 |-- cube: integer (nullable = true)
 |-- key: integer (nullable = true)
```

图 5-28 Parquet 数据源合并

5. ORC 数据源

Apache ORC 是一种列式存储格式(Optimized Row Columnar,ORC)文件,具有 zstd 压缩、布隆过滤器(bloom filter)和列式加密等功能。ORC 是借鉴 Hive 的一种高效文件格式。Spark 了解 ORC 文件格式细节,读数据时仅提供 mergeSchema 选项。ORC 与 Parquet 非常相似,但 Spark 针对 Parquet 会有特殊优化。

Spark 支持两种 ORC 实现(内置实现和 Hive 实现),由 spark.sql.orc.impl 控制,两种实现的大多数功能相同(设计目标不同)。内置实现遵循与 Parquet 一致的 Spark 数据源行为;Hive 实现使用 Hive SerDe,遵循 Hive 规范。

在 Spark 一些历史版本的内置实现中,使用内置 String 处理 CHAR/VARCHAR,而 Hive 实现使用 Hive CHAR/VARCHAR(查询结果不同)。从 Spark 3.1.0 开始,Spark 端支持 CHAR/VARCHAR(差异消除)。

ORC 数据读写示例代码如下:

```
val flights = spark.read.format("orc").load("../tmp/flight.orc")
csvDF.write.format("orc").save("../tmp/csv-to-orc")
```

6. Text 文件数据源

Spark SQL 可以直接读写文本文件,文件内容被解析为一组字符串。读文本文件的方法是 spark.read().text(),可以将文本文件或目录读入 DataFrame。读文本文件时,每行都是 Row 对象,默认情况下,其 value 列的内容是文本行内容。写文件使用 dataframe.write().text()方法。option()方法可以修改默认的行分隔符、设置压缩方式等。示例代码如下:

```
val txt = spark.read.option("lineSep", ",").text("test.txt")
txt.write.option("compression","gzip").text("compressed_txt")
```

option 方法可以修改默认的行分隔符(lineSep,读或写,默认值为“\n”),压缩方式(compression,写,默认无压缩)。

5.4.3 Hive 数据源

Spark SQL 支持 Apache Hive 数据源的读写。但 Hive 有大量依赖项,这些依赖项不包含在默认的 Spark 发行版本中。如果在类搜索路径上可以找到 Hive 依赖项,那么 Spark 将自动加载它们(这些 Hive 依赖项还必须存在于所有的 Worker 节点,因为它们需要访问 Hive 序列化和反序列化库 SerDes 才能访问 Hive 中的数据)。

配置 Hive 主要是通过 conf/目录中的 Hive-site.xml、core-site.xml 及 hdfs-site.xml

来完成。具体配置过程请参考 Hive 的相关文档。

使用 Hive 数据源时，必须使用支持 Hive 的 SparkSession 实例，包括 Hive metastore 连接、Hive serdes 的支持，以及 Hive 用户定义函数的支持。未部署 Hive 时依然可以启用 Hive 支持。未配置 hive-site. xml 时，Spark context 会自动在当前目录下创建 metastore_db 目录，并创建由 spark. sql. warehouse. dir 配置的目录，该目录默认为 Spark 应用程序启动时的当前目录下的 spark-warehouse，相应地，启动 Spark 应用程序的用户需要写权限。

Hive 数据源读写示例代码如下：

```
// 创建支持 Hive 的 SparkSession 对象
val spark = SparkSession.builder()
    .appName("Spark Hive Example")
    .config("spark.sql.warehouse.dir", "spark-warehouse")
    .enableHiveSupport()
    .getOrCreate()
// 创建 Hive 数据表,加载数据
spark.sql("create TABLE src(key INT, value STRING) USING hive")
spark.sql("load DATA LOCAL INPATH 'kv1.txt' into TABLE src")
// 读 Hive 数据表,创建 DataFrame
val hiveDF = spark.sql("select * FROM src WHERE key < 100")
// 创建 Hive 表,parquet 存储格式,将 DataFrame 写入表中
sql("create TABLE hive_t(key int, value string) STORED as PARQUET")
hiveDF.write.mode(SaveMode.Overwrite).saveAsTable("hive_t")
```

5.4.4 SQL 数据源

Spark SQL 可以连接到各种 SQL 数据源，如 MySQL、PostgreSQL，或 Oracle、SQLite 等数据库。有别于文件数据源，在如何连接到数据库时需要考虑数据库连接选项，包括身份认证和连接方式(Spark 集群的网络是否连接到数据库网络)等。

Spark SQL 可以使用 JDBC 从其他数据库读取数据，结果以 DataFrame 的形式返回。与 RDD(JdbcRDD)相比，应优先使用此方式，以便 Spark SQL 对数据进行处理，或与其他数据源连接。JDBC 数据源也更易用于 Java 或 Python 环境，因其不需要用户提供 ClassTag (不同于 Spark SQL JDBC 服务器，其他应用程序使用 Spark SQL 运行查询)。

使用 JDBC 连接数据源时，需要在 Spark 类路径中包含特定数据库的 JDBC 驱动程序。例如，要想使用 Spark Shell 连接 PostgreSQL 数据库，需要运行如下命令：

```
./bin/spark-shell --jars ./jars/postgresql-42.5.0.jar
```

1. PostgreSQL 数据源

Spark 支持的 JDBC 选项不区分字母大小写。JDBC 数据源选项通过相应的 option/options 方法设置(DataFrameReader/DataFrameWriter)。

对 JDBC 数据库连接属性，可以在数据源选项中指定，如用户名、密码、数据库服务器链接地址等。读写 PostgreSQL 数据源，需要使用 PostgreSQL JDBC 驱动程序。

运行以下示例代码，结果如图 5-29 所示。

```
// 使用 load 方法加载 PostgreSQL 数据源
// option 方法设置数据源连接属性
```

```
val pgDF = spark.read.format("jdbc")
                 .option("url", "jdbc:postgresql:dbserver")
                 .option("dbtable", "schema.tablename")
                 .option("user", "username")
                 .option("password", "password")
                 .load()

// 将 DataFrame 写到 PostgreSQL 数据表中
pgDF.write.format("jdbc")
                 .option("url", "jdbc:postgresql:dbserver")
                 .option("dbtable", "write_to_table")
                 .option("user", "username")
                 .option("password", "password")
                 .save()
```

```
scala> val pgDF = spark.read
     |   .format("jdbc")
     |   .option("url", "jdbc:postgresql:hive")
     |   .option("dbtable", "person")
     |   .option("user", "hive")
     |   .option("password", "hive")
     |   .load()
val pgDF: org.apache.spark.sql.DataFrame = [id: int, nam

scala> // Saving data to a JDBC source
     | pgDF.write
     |   .format("jdbc")
     |   .option("url", "jdbc:mysql://localhost/hive")
     |   .option("dbtable", "write_to_person")
     |   .option("user", "root")
     |   .option("password", "Password123#@!")
     |   .save()
```

图 5-29 连接 PostgreSQL 数据源示例

2. MySQL 数据源

MySQL 数据源的读写与 PostgreSQL 类似，连接时需要指定 MySQL 数据库服务器。以下示例使用 java.util.Properties 传递 MySQL 连接信息(需要加载 MySQL JDBC 驱动程序)。

运行以下示例代码，结果如图 5-30 所示。

```
// 使用 load 方法加载 MySQL 数据源
// 使用 Properties 传递数据源连接属性
val connProp = new java.util.Properties()
connProp.put("user", "username")
connProp.put("password", "password")
val myDF = spark.read
      .jdbc("jdbc:mysql:dbserver", "tablename", connProp)

// 类似地，可以将 DataFrame 写到 MySQL 数据表
myDF.write.jdbc("jdbc:mysql:dbserver", "to_table", connProp)
```

```
scala> val connProp = new java.util.Properties()
     | connProp.put("user", "root")
     | connProp.put("password", "Password123#@!")
     | val myDF = spark.read
     | .jdbc("jdbc:mysql://localhost/hive", "write_to_person", connProp)
val connProp: java.util.Properties = {password=Password123#@!, user=root}
val myDF: org.apache.spark.sql.DataFrame = [id: int, name: string]
```

图 5-30 访问 MySQL 数据源

3. JDBC 数据源选项

Spark SQL 连接 JDBC 数据源，除用户名、密码（SQLite 数据库不需要）等属性之外，还支持分区等选项。常用选项见表 5-3。

表 5-3 JDBC 数据源选项

选 项 名	含 义	示 例	读/写
url	JDBC URL，形如： jdbc:subprotocol:subname 可以在 URL 中指定特定的连接属性	jdbc:postgresql://localhost/test?user=fry&password=secret	RW
dbtable	数据表名。读数据时可以是子查询。 不能同时指定 dbtable 和 query		RW
query	将数据读入 Spark 的查询。指定的查询被用作 FROM 子句中的子查询。Spark 为子查询子句分配别名	.option("query", "select c1, c2 from t1")	RW
driver	用于连接的 JDBC 驱动程序		RW
partitionColumn	对表进行分区的列名		R
numPartitions	最大分区数(并行读写) 与 JDBC 最大并发连接数有关		RW
queryTimeout	语句执行超时(秒) 0 表示无限制		RW
fetchsize	每次操作读取的行数		R
batchsize	每次写操作要插入的行数		W
truncate	启用 SaveMode.Overwrite 后，此选项会导致 Spark 截断现有表，而不是删除并重新创建它。这可以防止表元数据（例如，索引）被删除。 由于 DBMS 中 TRUNCATE TABLE 的行为不同，使用它并不总是安全的	.option("truncate", false)	W
createTableOptions	此选项允许在创建表时设置特定于数据库的表和分区选项		W
createTableColumnTypes	创建表时要使用的数据库表列数据类型。类型以与 CREATE TABLE 语法相同的格式指定		W
customSchema	读数据时的自定义模式。列名应与 JDBC 表的相应列名相同		R

5.5 安装关系数据库

5.5.1 PostgreSQL

1. 安装 PostgreSQL Server

直接安装,执行如下命令:

```
sudo apt - get update
sudo apt - get  - y install postgresql
```

注意:PostgreSQL 安装后,默认权限认证为 peer,即,使用 Linux 用户登录(认证)。但由于 PostgreSQL 新安装时只创建了 postgres 用户,所以会导致数据库登录失败(与 Linux 系统用户账户不一致)。常用的解决办法有两种:一种是切换 Linux 用户为 postgres(su postgres ...)后登录数据库,创建与 Linux 系统账户同名的数据库角色(用户,create role ...);另一种方法是修改 PostgreSQL 的系统配置。

2. 安装 PostgreSQL Client (pgAdmin 4)

可以手动下载安装包进行安装。首先确认认证 key:

```
# Install the public key for the repository (if not done previously):
wget  - c https://www.pgadmin.org/static/packages_pgadmin_org.pub | sudo gpg -- dearmor  - o /
usr/share/keyrings/packages - pgadmin - org.gpg
```

再下载安装包进行安装:

```
# Create the repository configuration file:
sudo sh  - c 'echo "deb [signed - by = /usr/share/keyrings/packages - pgadmin - org.gpg] https://
ftp.postgresql.org/pub/pgadmin/pgadmin4/apt/ $ (lsb_release  - cs) pgadmin4 main" > /etc/apt/
sources.list.d/pgadmin4.list && apt update'
```

pgAdmin 4 安装包的下载地址是:

https://ftp.postgresql.org/pub/pgadmin/pgadmin4/apt/jammy/dists/pgadmin4/main/binary-amd64/pgadmin4-desktop_6.15_amd64.deb

5.5.2 MySQL Server

直接安装,执行如下命令(安装 MySQL Server 8.x):

```
sudo apt - get install mysql - server
```

服务验证:

```
systemctl is - active mysql
```

安全认证:

```
sudo mysql_secure_installation
```

注意:Server 安装后需要设置安全认证策略,设置 root 等数据库用户的密码(见图 5-31)。

```
o@o-VirtualBox:~$ sudo mysql_secure_installation
[sudo] password for o:

Securing the MySQL server deployment.

Connecting to MySQL using a blank password.

VALIDATE PASSWORD COMPONENT can be used to test passwords
and improve security. It checks the strength of password
and allows the users to set only those passwords which are
secure enough. Would you like to setup VALIDATE PASSWORD component?

Press y|Y for Yes, any other key for No: y

There are three levels of password validation policy:

LOW    Length >= 8
MEDIUM Length >= 8, numeric, mixed case, and special characters
STRONG Length >= 8, numeric, mixed case, special characters and dictionary

Please enter 0 = LOW, 1 = MEDIUM and 2 = STRONG: 1
Please set the password for root here.

New password:

Re-enter new password:

Estimated strength of the password: 25
Do you wish to continue with the password provided?(Press y|Y for Yes, any other key
```

图 5-31　设置 MySQL 安全认证策略

更多安装、使用的详细信息，请参考 MySQL 用户手册及相关资料。

Streaming编程

本章包括 Spark Streaming 与 Structured Streaming 两部分内容。

根据官方文档，Spark Streaming 是 Spark 的上一代流计算引擎，将不再更新。目前推出的是一个更新、更易于使用的流计算引擎，即 Structured Streaming（结构化流处理）。官方文档建议基于 Structured Streaming 开发 Spark 流处理应用程序。

6.1 流计算概述

6.1.1 流计算背景

在传统的数据处理流程中，总是先收集数据，然后将数据放到文件或数据库中。当人们需要的时候，通过数据库对数据做查询，得到答案或进行相关的处理。

对部分企业而言，通常会采用不同的系统来满足其商业应用的需求，例如，企业资源规划系统（ERP）、客户关系管理软件（CRM）以及供应链管理系统（SCM）等。此外，企业为了支持决策分析而构建的数据仓库系统，其中存放有大量历史数据。技术人员可以利用数据挖掘和 OLAP（On-Line Analytical Processing）工具从历史数据中找到对企业有价值的信息。这些系统一般都将数据处理（程序本身）和数据存储（事务型数据库系统）分成独立的层次。典型的联机分析系统的结构大致如图 6-1 所示。

这种把数据先存储，再进行加工、分析的方式，涉及数据处理的时效性问题。如果处理以年、月、天为时间间隔的数据，则对数据的时效性、处理的实时性要求不高；但如果处理的是以分钟、秒或毫秒为单位的数据，则对数据的时效性、处理的实时性要求就比较高。在实时性要求较高的场景中，如果仍采用传统的数据处理方式，统一收集数据、存储数据，再进行分析，可能无法满足时效性的要求。这需要新的数据计算模式，以满足大规模、实时数据在不断变化的过程中，需要实时处理、实时提交分析结果的应用需求。流式计算是适应实时（或准实时）数据处理要求的大数据计算模式。

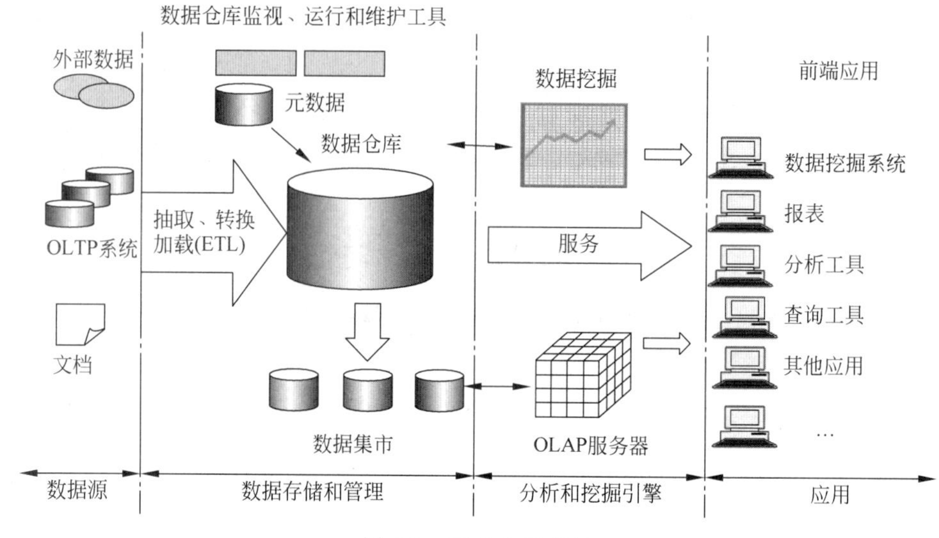

图 6-1 联机分析系统

6.1.2 流计算概念

流数据(或称数据流)是指在时间上无限分布的一系列动态数据集合,相应地,其数据量也被视为无限。数据记录是数据流的最小组成单元。从数据价值的角度看,一般情况下其价值随着时间的流逝而降低。流数据也称动态数据,历史数据通常被认为是静态数据。

流数据通常有较多(数千个)连续生产数据的数据源。这些数据源通常同时发送数据记录,相对而言,数据记录的大小较小(千字节量级)。流数据包括各种各样的数据,例如,移动或 Web 应用程序等生成的日志信息、电子商务购买、游戏内玩家活动、来自社交网络、金融交易大厅或地理空间服务的信息,或者来自传感器网络数据中心所连接的设备或仪器的遥测数据等。

流数据的特点一般包括:

(1) 数据快速持续到达,潜在大小无限。

(2) 数据来源众多,类型繁杂。

(3) 数据量大,但是不十分关注存储,一旦经过处理,或丢弃,或归档存储。

(4) 注重数据的整体价值,不过分关注个别数据价值。

(5) 数据整体有序,局部可能无序。系统无法控制将要处理的新到达的数据元素的顺序。

(6) 数据流中存在异常数据,如信息缺失、噪声等。

流数据通常需要按记录或按滑动时间窗口进行顺序、增量处理,用于相关性、聚合、过滤和采样等分析等。从分析中获得的信息使企业能够了解其业务和客户活动,例如,服务使用情况(用于计量/计费),服务器活动,网站点击以及设备、人员和实物商品的地理位置等,从而能够对新出现的情况迅速做出响应。企业可以通过持续分析社交媒体流来跟踪公众对其品牌和产品的看法,并在必要时及时做出反应。

对流数据进行分析处理,即称为流计算。作为对比,批量计算则是统一收集数据,再对数据进行批量处理，可用于对不同数据集的任意查询，能够对大数据集进行深入分析。批量计算的典型例子是基于MapReduce的系统。两者的对比如表6-1所示。

表6-1 批处理与流计算的特点对比

比较项目	批处理	流计算
数据范围	处理数据集中的所有或大部分数据	处理时间窗口内的数据，或最新的数据记录
数据大小	大批量数据	单条记录或由几条记录组成的小批数据
计算时长	数分钟到数小时	秒或毫秒
分析复杂性	复杂的分析	简单的响应函数，过滤、聚合等
运行方式	通常为一次性完成	任务持续进行
应用场景	实时性要求不高，离线场景	实时，或时效性要求比较高的场景

6.1.3 流计算框架

流数据处理框架通常包括数据存储层和处理层。存储层需要支持记录排序和强一致性，以实现对大型数据流的快速、廉价和可重放的读写。处理层负责使用存储层中的数据，对数据进行计算，并通知存储层删除不再需要的数据。框架一般具有可伸缩性、数据持久性和容错能力。

在流处理系统中，应用程序通常连续导入数据，连续查询、分析和关联数据，生成结果流。应用程序表示为由运算符组成并由流互连的数据流图，各运算符实现数据分析算法，例如解析、过滤、特征提取和分类。通常情况下，实时流数据分析是一种单向分析，分析人员无法在数据流过以后重新分析数据，如图6-2所示。

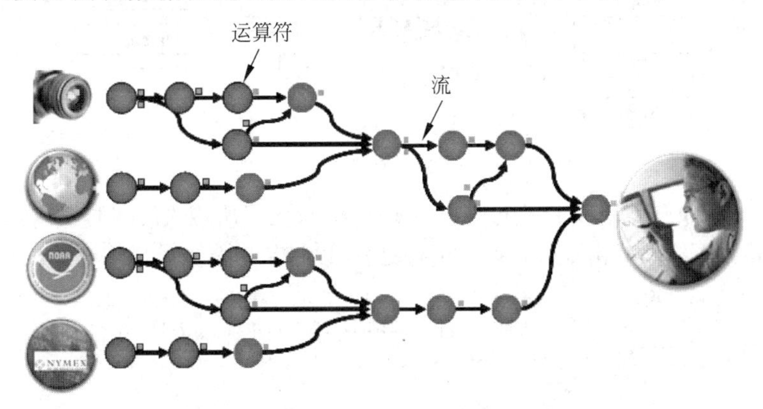

图6-2 流计算框架

目前业内已开发出各类流计算框架或平台，既有商业平台，也包括开源平台。

(1) IBM Streaming Analytics：可以评估多种流数据，包括非结构化的文本、视频、音频、地理位置信息和传感器数据等。

(2) Amazon Kinesis：收集、处理和分析实时流数据的平台，可以为机器学习、分析和其他应用程序提取实时数据，例如，视频、音频、应用程序日志、网站点击流和IoT遥测数据等。

(3) Azure Stream Analytics：可以分析和处理具有亚毫秒级延迟的大量流数据。

可以在源自各种输入源（包括应用程序、设备、传感器、点击流和社交媒体源）的数据中识别模式和关系。

（4）阿里云 StreamCompute：运行在阿里云平台上的流式大数据分析平台，提供给用户在云上进行流式数据实时化分析的工具。

（5）Apache Storm：免费的开源分布式实时计算系统，可用于实时分析、在线机器学习、连续计算、分布式 RPC、ETL 等，具有处理速度快、可扩展、容错、易用等特点。

（6）Apache Flink：分布式处理引擎，用于对无界和有界数据流进行有状态的计算。

（7）Apache Kafka：开源分布式事件流平台，已被数千家公司用于高性能数据管道、流分析、数据集成和任务关键型的应用。

6.2 Spark Streaming

6.2.1 概述

Spark Streaming 是 Spark 核心 API 的扩展，可实现实时数据流的可扩展、高吞吐、容错处理，如图 6-3 所示。支持的数据源包括 Kafka、Kinesis 或 TCP 套接字等，可以使用以高阶函数（如 map、reduce、join 和 window 等）表示的复杂算法进行处理。处理后的数据可以推送到文件系统、数据库和实时仪表盘，也可以将数据流用于 Spark 的机器学习和图处理算法。

图 6-3 Spark Streaming 处理流程

Spark Streaming 的内部工作原理如图 6-4 所示，首先将所接收的实时输入数据流，切分成数据片（小批量数据），然后由 Spark 引擎进行处理，以批量形式生成最终的结果流。

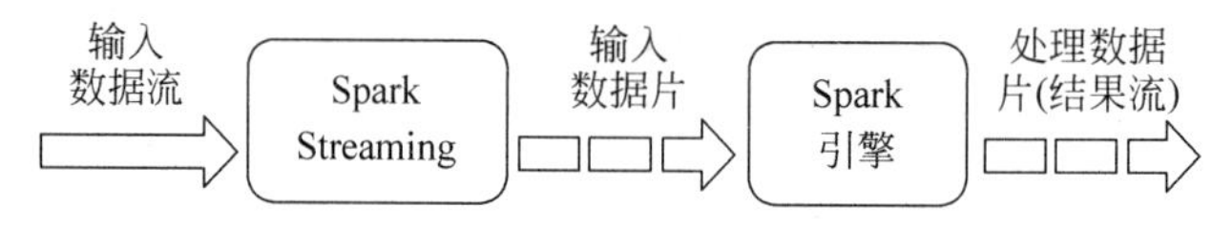

图 6-4 Spark Streaming 工作原理

Spark Streaming 提供了一个称为离散化流（Discretized Stream，DStream）的高层抽象，用来表示连续的流数据。DStream 既可以从来自 Kafka 或 Kinesis 等源数据的输入流创建，也可以通过对其他 DStream 的高层操作来创建。在内部，DStream 表示为 RDD 序列，对 DStream 的操作最终被转换为对相应 RDD 的操作。

6.2.2 Spark Streaming 简单示例

以下通过一个对文本数据流中的单词进行计数的例子，介绍编写 Spark Streaming 程序需要的基本步骤或操作。流式文本数据来源于对 TCP 套接字进行侦听的数据服务器。

流数据源使用 Netcat(nc)进行模拟。Netcat 可以通过 TCP 或 UDP 端口直接在机器之间建立连接,可用于简单的文件发送、聊天、Web 服务、远程运行代码等。例如,在系统中启动终端,使用 Netcat 对 TCP 端口 8888 进行监听的命令参考如下:

```
$ nc -lk 8888
```

Spark Streaming 开发首先需要导入依赖的开发包(主要包括 Spark Streaming 类和 StreamingContext 隐式转换等),以便将一些常用的方法或类(DStream)添加到开发环境中。StreamingContext 是所有流处理函数的入口点。在下面的例子中,将创建一个具有两个执行线程的本地 StreamingContext,批处理时间间隔为 1 秒。

```
import org.apache.spark._
import org.apache.spark.streaming._

// Create a local StreamingContext with two working threads
// and a batch interval of 1 second
val conf = new SparkConf().setMaster("local[2]")
                          .setAppName("NetworkWordCount")
val scc = new StreamingContext(conf, Seconds(1))
```

其次,使用所创建的 context 对象,创建 DStream 数据流对象,接收来自 TCP 套接字(hostname:port,主机、端口号)的数据。这里连接前面创建的本地 Netcat 服务:

```
// a DStream connect to hostname:port
val lines = scc.socketTextStream("localhost", 8888)
```

DStream 类型的变量 lines 表示将从数据服务器接收的数据流,其中的每条记录都是一行文本。接下来对文本进行单词拆分、计数:

```
// Split each line into words, and count each word in each batch
val wordCounts = lines.flatMap(_.split(" "))
                      .map(word => (word, 1))
                      .reduceByKey(_ + _)
// 输出 DStream 中产生的各 RDD 的前 10 个元素 (单词 词频)
wordCounts.print()
```

执行上述代码时,Spark Streaming 仅设置启动时将执行的计算,并未实际处理。在设置完所有转换操作后,调用 start()方法开始实际计算:

```
scc.start()                          // 启动计算
scc.awaitTermination()               // 等待计算完成
```

将上述代码编译打包后,即可提交 Spark 运行(spark-submit)。保持 Netcat 服务的开启状态,并向其持续发送数据,即可以观察到例子程序的词频统计的输出信息。

另外,也可以直接运行 Spark 自带的例子程序 streaming.NetworkWordCount,以理解 Spark Streaming 计算过程:

```
$ ./bin/run-example streaming.NetworkWordCount localhost 8888
```

说明:如果直接在 Scala Spark shell 中运行上述代码,由于已经存在 SparkContext 而导致 StreamingContext 对象创建失败,需要修改为从已有的 SparkContext 创建,即:

```
val scc = new StreamingContext(sc, Seconds(1))
```

6.2.3 Spark Streaming 开发基础

1. 依赖包

Spark Streaming 开发需要相应的依赖包。可以手动添加，或通过 SBT、Maven 等添加项目依赖包。Spark Streaming 程序基础依赖包名称采用"spark-streaming_2.xx-3.xx.jar"的形式，其中的 xx 为相应的版本。Spark 安装完成后，jars 目录下有对应的 jar 包；也可以联机，在 Maven Central 下载。依赖包 SBT(在.sbt 文件中添加)下载，示例代码如下：

```
libraryDependencies += "org.apache.spark" % "spark-streaming_2.13" % "3.3.0" %
"provided"
```

如果引用 Kafka、Kinesis 等数据源，那么必须将相应项目的 spark-streaming-xyz_2.13 添加到依赖项中，例如，Kafka 数据源类似于 spark-streaming-kafka-0-10_2.13。

2. 初始化

正如上面例子所介绍的，StreamingContext 是所有流处理函数的入口点，需要在程序中初始化 StreamingContext(流环境)实例。上面例子的代码中通过 SparkConf 对象实例化流环境对象的方法，同时创建一个 SparkContext 实例(可以通过.sparkContext 访问)。这也是在同一会话中已经存在 SparkContext 对象时(如在 spark-shell 中)，流环境对象创建失败的原因。这时需要从已经存在的 SparkContext 对象来创建流环境实例。

初始化 StreamingContext 时，也可以从已有的检查点文件恢复，如：

```
val scc = new StreamingContext(path-to-checkpoint)
// 使用已有的 SparkContext 从检查点文件重新创建
val scc = new StreamingContext(path-to-checkpoint, SparkContext)
```

批处理时间间隔(Duration)可指定为分钟(Minutes)、秒(Seconds)或毫秒(Milliseconds)。

初始化之后，则创建 DStream 接收数据源，通过转换、输出等操作定义相应的流计算过程，再调用 start()方法开始实际的计算过程。

关于 StreamingContext 对象，需要注意：

(1) StreamingContext 启动后，不能再添加新的流计算。

(2) 流一旦停止，就不能重新启动。

(3) 一个 JVM 中只能有一个 StreamingContext 处于活动状态。

(4) StreamingContext 的 stop()方法会同时停止 SparkContext。可将其 stopSparkContext 参数设置为 false，以仅停止 StreamingContext。

(5) SparkContext 可以重用于创建多个 StreamingContext。

3. 离散化流

离散化流(DStream)表示连续的数据流，可以是从数据源接收的输入流，也可以是通过转换输入流生成的数据流。在内部，DStream 由一系列连续的 RDD 表示，每个 RDD 都包含特定时间间隔的数据，如图 6-5 所示。

应用于 DStream 的任何操作都会转换为 RDD 操作。前面将文本流转换为单词的示例中，flatMap 操作应用于 lines 中的每个 RDD 以生成 words 的 RDD(DStream)，如图 6-6 所示。

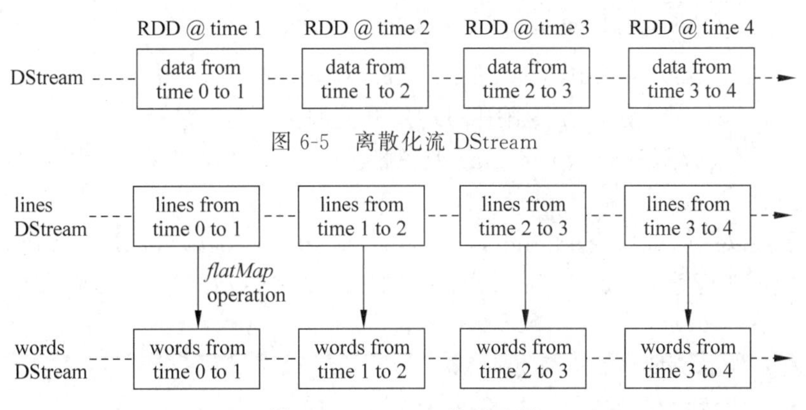

图 6-5　离散化流 DStream

图 6-6　DStream 处理示例

这些底层 RDD 的转换由 Spark 引擎进行计算。DStream 操作隐藏了大部分细节，为开发人员提供了易于使用的高层 API。

4. 输入 DStream 接收器

输入 DStream 从流数据源接收输入数据。每个输入 DStream（除文件流外）都与接收器（Receiver）对象相关联，该对象从源接收数据并将其存储在 Spark 的内存中进行处理。

Spark 流处理提供两类内置流数据源。

（1）基本源：在 StreamingContext API 中直接提供的源，如文件系统和套接字连接。

（2）高级源：如 Kafka、Kinesis 等源可以通过外部工具类提供，需要外部依赖包。

如果需要在流应用程序中并行接收多个数据流，那么可以创建多个输入 DStream。这将创建多个接收器，这些接收器同时接收多个数据流。但由于 Spark worker/executor 是长期运行的任务，会占用分配给 Spark Streaming 应用的一个计算内核，因此需要为流应用程序分配足够的内核（或本地线程）来处理所接收的数据。

（1）本地运行 Spark Streaming 应用时，请勿使用 local 或 local[1]作为 master URL（只有一个本地线程运行任务）。如使用基于 receiver（socket、Kafka 等）的输入 DStream，则单个线程将用于运行 receiver，没有线程处理所接收的数据。

（2）在集群上运行时，分配给 Spark Streaming 应用程序的核心数必须大于接收器数。

5. 基本数据源

RDD 队列：为测试 Spark Streaming 应用程序，可用 streamingContext 的 queueStream()方法创建基于 RDD 队列的 DStream。每个推送到队列中的 RDD 被视为 DStream 中的一批数据，像流一样进行处理。

Socket：从 TCP 套接字接收数据。如前述例子中的 scc. socketTextStream(...)，从连接的 Netcat 端口接收文本数据。

文件流：从与 HDFS API 兼容的文件系统（HDFS、S3、NF 等）中的文件读取数据。文件流不需要接收器 receiver，因此无须分配更多内核（或线程）。

使用 StreamingContext. fileStream()方法创建文件流 DStream：

```
fileStream[KeyClass,ValueClass,InputFormatClass]
```

文件流方法，对指定的路径进行监视，将新到达的文件作为数据源读入到 DStream 对象。对简单的文本文件，最简单的方法是 StreamingContext. textFileStream()，如：

```
val textfile = scc.textFileStream("./tmp")
```

创建输入流，监视“./tmp”目录中的新文件，以[LongWriteable，Text，TextInputFormat]格式读取文本文件。文本文件必须为UTF-8编码，以“.”开头的文件名被忽略。

使用文件的数据源，Spark Streaming监视指定的目录，并处理在该目录中创建的文件。处理原则如下：

(1) 目录可以是简单路径，如“hdfs://namenode:9870/logs/”，将处理此路径下的所有文件；也可指定匹配模式，如“hdfs://namenode:9870/logs/2022/*”，将处理与模式匹配的文件。

(2) 所有文件的数据格式必须相同。

(3) 判断文件数据源的依据是其修改时间(不是创建时间)。

(4) 对当前窗口中的文件的更改不会被重新读取(即忽略处理后的更新)。

(5) 文件越多，扫描更新所需的时间越长(即使没有任何更改)。

(6) 使用通配符标识目录时，重命名目录会将目录添加到受监视目录列表中(如果匹配)，但只有修改时间在当前窗口内的文件才会包含在流中。

(7) 可通过调用FileSystem.setTimes()来修改时间戳，将文件包含在后续窗口中。

6. 高级数据源

这类数据源需要与外部库(非Spark)连接，可能有复杂的依赖关系(如Kafka)。为尽量减少依赖项的版本冲突等问题，从这些源创建DStream时，一般需要显式连接这些库(可以使用SBT、Maven等工具)。在Spark shell中使用这些数据源时，必须下载相应的JAR包(及其依赖项)，并将其添加到类路径中。

以下以Kafka为例，说明开发过程。更多的数据源开发请参考相应文档。

首先，添加依赖项。除了前面介绍的Spark streaming外，还需要添加Kafka依赖。以SBT为例，在SBT文件中添加的内容参考如下(请替换为正确的版本)：

```
libraryDependencies += "org.apache.spark"
    % "spark-streaming-kafka-0-10_2.13" % "3.3.0"
```

说明：为便于调试，Spark 3.3.0 / Scala 2.13版本的Kafka依赖包手动下载参考链接为：

https://repo1.maven.org/maven2/org/apache/spark/spark-streaming-kafka-0-10_2.13/3.3.0/spark-streaming-kafka-0-10_2.13-3.3.0.jar

其次，导入开发依赖包，创建StreamingContext对象：

```
import org.apache.spark.streaming._
import org.apache.spark.streaming.kafka010._
// 创建 Context,批处理间隔 12 秒
val conf = new SparkConf().setAppName("… …")
val scc = new StreamingContext(sparkConf, Seconds(12))
```

接着定义Kafka连接信息。这里连接本地Kafka服务(端口9092)，使用Kafka入门示例quick-start中定义的Topic，反序列化使用StringDeserializer：

```
val kafkaParams = Map[String, Object](
  "bootstrap.servers" -> "localhost:9092",
  "key.deserializer" -> classOf[StringDeserializer],
```

```
  "value.deserializer" -> classOf[StringDeserializer],
  "group.id" -> "use_a_separate_group_id_for_each_stream",
  "auto.offset.reset" -> "earliest",
  "enable.auto.commit" -> (false: java.lang.Boolean))
val topics = Array("quickstart-events", "topicB")
```

再连接 Kafka 数据源创建 DStream：

```
val stream = KafkaUtils.createDirectStream[String, String] (
  scc,
  PreferConsistent,
  Subscribe[String, String](topics, kafkaParams)
)
stream.map(record => (record.key, record.value))
val lines = stream.map(_.value)
```

数据源返回的消息类型是 ConsumerRecord<K,V>,这是要从 Kafka 接收的键/值对。消息记录通常包括 topic 的名称和分区号以及记录在 Kafka 分区中的偏移值等。

连接数据源之后,即可对接收的数据进行分析(分词、计数)：

```
val words = lines.flatMap(_.split(" "))
val wordCounts = words.map(x => (x, 1L)).reduceByKey(_ + _)
wordCounts.print()
```

最后,启动计算过程：

```
scc.start()
```

配置文件 build.sbt 的内容参考如下：

```
name := "Count-Word-from-Kafka-Direct-Connection"
version := "0.1.0"
scalaVersion := "2.13.8"
libraryDependencies += "org.apache.spark" %% "spark-streaming_2.13" % "3.3.0" %
"provided"
libraryDependencies += "org.apache.spark" %% "spark-streaming-kafka-0-10_2.13" %
"3.3.0"
```

代码文件 DirectKafkaWordCount.scala 的内容示例如下：

```
/**
 * DirectKafkaWordCount.scala
 *
 * An example for Spark Streaming processing stream from Kafka
 *
 * @author Rujun Cao
 * @date 2022/11/00
 */
package cn.edu.wzu.SparkExample

import org.apache.spark.SparkConf
import org.apache.spark.streaming._
import org.apache.spark.streaming.kafka010._
import org.apache.kafka.common.serialization.StringDeserializer
import org.apache.spark.streaming.kafka010.ConsumerStrategies.Subscribe

object SparkStreamingDirectKafkaWordCountApp {
```

```
  def main(args: Array[String]): Unit = {
  // 创建 Streaming Context, 批处理间隔 12 秒
    val conf = new SparkConf().setAppName("DirectKafkaWordCountApp")
    val scc = new StreamingContext(conf, Seconds(12))

    // Kafka 连接参数,包括 Broker, Topic, Deserializer 等
    // 请修改 Broker, Topic 等作为参数传入,不要硬编码
    val kafkaParams = Map[String, Object](
              "bootstrap.servers" -> "localhost:9092",
              "key.deserializer" -> classOf[StringDeserializer],
              "value.deserializer" -> classOf[StringDeserializer],
              "group.id" -> "a_separate_group_id_for_each_stream",
              "auto.offset.reset" -> "earliest",
              "enable.auto.commit" -> (false: java.lang.Boolean))
    val topics = Array("quickstart - events", "topicB")

    // 创建 DStream, 接收 Kafka 流数据
    val stream = KafkaUtils.createDirectStream[String, String](
              scc,
              LocationStrategies.PreferConsistent,
              Subscribe[String, String](topics, kafkaParams))
    // 输入流的 value 字段是需要处理的信息
    val lines = stream.map(_.value)
    val wordCounts = lines.flatMap(_.split(" "))
              .map(x => (x, 1L)).reduceByKey(_ + _)
    wordCounts.print()

    // 开始计算过程
    scc.start()
    scc.awaitTermination()
  }
}
```

6.2.4 DStream 常用操作

1. 转换

与 RDD 类似，对来自源 DStream 的数据进行转换。DStream 支持 Spark RDD 上的大部分常用操作。常用的操作见表 6-2。

表 6-2 DStream 常用转换操作

操　作	含　义
map(func)	对源 DStream 的每个元素应用函数 func，返回结果 DStream
flatMap(func)	与 map 类似，但每个输入项可以映射到 0 个或多个输出项
filter(func)	返回的新 DStream 中，仅保留函数 func 返回 true 的记录
repartition	通过改变分区数来更改此 DStream 的并行度
union(otherStream)	返回源 DStream 和 otherDStream 元素的并集
count	统计源 DStream 的每个 RDD 中的元素的数量
reduce(func)	使用函数 func(接收两个参数并返回一个参数)聚合源 DStream 的每个 RDD 中的元素。函数可结合、可交换，以便并行计算
countByValue	将元素类型为 K 的源 DStream 映射为(K，Long)，其中 K 是源 DStream 的 value，Long 是其对应出现的频率

续表

操　作	含　义
reduceBykey(func,[numTasks])	使用给定的 reduce 函数对 key 进行聚合，源 DStream 的元素是键/值对类型。可选的 numTasks 参数用来设置任务数
join(otherStream,[numTasks])	对键/值对 DStream (K,V)和(K,W)进行连接，返回(K,(V,W))类型的 DStream
cogroup(otherStream,[numTasks])	对键/值对 DStream (K,V)和(K,W)进行组合，返回 DStream 的元素是元组类型(K,Seq[V],Seq[W])
transform(func)	可用于在 DStream 上执行任意 RDD 转换操作
updateStateByKey(func)	返回一个带“状态”的 DStream，其中每个键的状态由指定的函数进行更新。可用于维护每个键的任意状态数据

Spark 流式处理还提供窗口计算，对滑动窗口内的数据进行转换，如图 6-7 所示。每次窗口滑过源 DStream 时，落在该窗口内的 RDD 被合并进行相应的操作。图 6-7 中的操作应用于过去 3 个时间单位的数据，按 2 个时间单位间隔滑动。任何窗口操作都需要指定窗口长度和滑动间隔两个参数，且必须是源 DStream 批处理间隔的倍数。

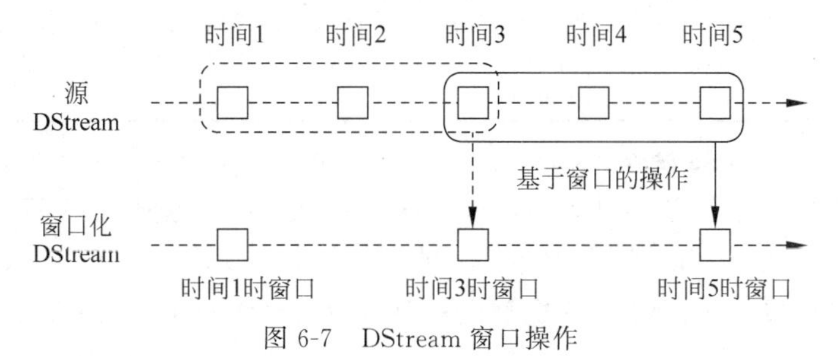

图 6-7　DStream 窗口操作

表 6-3 给出一些常用的窗口操作，所有操作都包括 windowLength 和 slideInterval 参数。

表 6-3　DStream 常用窗口操作

操　作	含　义
window	返回基于源 DStream 的窗口数据进行计算的 DStream
countByWindow	统计流中一个窗口内的元素数
reduceByWindow	由 func 对窗口内的元素进行聚合，返回一个单元素流。函数可结合、可交换，以便以并行方式正确计算
reduceByKeyAndWindow (func,windowLength, slideInterval,[numTasks])	类似于 reduceByKeyAndWindow，但数据处理范围是窗口
reduceByKeyAndWindow (func,invFunc,windowLength, slideInterval,[numTasks])	上述 reduceByKeyAndWindow 更高效版本，其中每个窗口的 reduce 值是由前一窗口的 reduce 值增量计算。这是通过减少进入滑动窗口的新数据并“反向减少”离开窗口的旧数据来实现。仅适用于“可逆归约函数”，即那些具有相应“逆归约”函数(参数 invFunc)的 reduce 函数。必须启用检查点才能使用此操作
countByValueAndWindow	应用于键/值对 DStream 时，返回(K, Long)对的新 DStream 中每个键的值是其在滑动窗口中的频次。类似于 reduceByKeyAndWindow，reduce 的任务数由可选参数设置

2. 输出

输出操作将DStream的数据推送到外部系统，如数据库或文件系统。由于输出操作允许外部系统使用转换后的数据，因此会触发所有DStream转换操作的实际执行（类似于RDD的动作）。常用输出操作见表6-4。

表6-4 DStream常用输出操作

输出操作	含义
print()	在运行流处理应用程序的driver节点上，打印DStream中每批数据的前10个元素
saveAsTextFiles(prefix,[suffix])	将DStream的内容另存为文本文件。每个批处理间隔的文件名基于前缀和后缀生成：prefix-TIME_IN_MS[.suffix]
saveAsObjectFiles(prefix,[suffix])	将DStream的内容另存为序列化Java对象的序列文件。每批次的文件名基于前缀和后缀生成：prefix-TIME_IN_MS[.suffix]
saveAsHadoopFiles(prefix,[suffix])	将DStream的内容另存为Hadoop文件。每批次的文件名基于前缀和后缀生成：prefix-TIME_IN_MS[.suffix]
foreachRDD(func)	对数据源的每个RDD应用func函数。此函数应将每个RDD中的数据推送到外部系统，如将数据保存到文件，或写入数据库。函数在运行流应用程序的driver进程中执行，并且通常有action操作，以强制计算流RDD

3. SQL及DataFrame操作

可以对流数据上定义的表进行SQL查询（查询与数据流运行在不同线程）。StreamingContext需要保持足够数量的流数据，以便查询可以运行，否则，StreamingContext可能在查询完成之前删除旧的流数据（流线程不知道异步SQL查询线程存在）：

```
// 保持5分钟
streamingContext.remember(Minutes(5))
```

可以对流数据使用DataFrame和SQL操作。使用时，需要用StreamingContext所使用的SparkContext创建一个SparkSession对象。以下示例使用DataFrame和SQL进行字数统计。每个RDD都转换为DataFrame，注册为临时表，然后使用SQL进行查询。

```
// 参考前面的例子 ...
val words = lines.flatMap(_.split(" "))
case class Record(word: String)

// 将words的RDD转换为DataFrame,运行SQL查询
words.foreachRDD {(rdd: RDD[String], time: Time) =>
   // SparkSession实例
   val spark = SparkSessionSingleton.getInstance(
         rdd.sparkContext.getConf)
   // 将RDD[String] 转换为 RDD[case class] 再转换为 DataFrame
   val wordsDataFrame = rdd.map(w => Record(w)).toDF()
   // 创建临时视图以进行SQL查询
   wordsDataFrame.createOrReplaceTempView("words")
   // 执行SQL查询并输出结果
   val wordCountsDataFrame = spark.sql
```

```
    ("select word, count( * ) from words group by word")
  wordCountsDataFrame.show()
}
```

6.3 Structured Streaming

6.3.1 概述

Structured Streaming 是基于 Spark SQL 引擎构建的可扩展、容错的流处理引擎。Spark SQL 引擎以增量方式连续运行、处理流数据，并不断更新结果。可以使用 Dataset / DataFrame API 来表达流数据聚合、事件时间窗口、流与批的连接等。系统通过检查点和预写日志确保具有端到端的容错能力。

默认情况下，Structured Streaming 使用微批处理引擎(micro-batch processing engine)进行处理，该引擎将数据流作为一系列小批量作业进行处理。连续处理(Continuous Processing)模式可以实现低至 1ms 的端到端延迟。

简言之，结构化流式处理提供快速、可扩展、容错、端到端的一次性流处理，用户无须考虑处理细节。

6.3.2 Structured Streaming 简单示例

大数据的经典例子：连接 TCP 数据服务器，流式处理词频统计。

```
import org.apache.spark.sql.functions._
import org.apache.spark.sql.SparkSession
import spark.implicits._
val spark = SparkSession.builder
          .appName("StructuredNetworkWordCount")
          .getOrCreate()
// 连接 localhost:8888,输入流读入到 DataFrame
val lines = spark.readStream.format("socket")
            .option("host", "localhost")
            .option("port", 8888)
            .load()
// Split the lines into words
val words = lines.as[String].flatMap(_.split(" "))
// Generate running word count
val wordCounts = words.groupBy("value").count()
// 开始查询,将统计结界输出到控制台 console
val query = wordCounts.writeStream
              .outputMode("complete")
              .format("console")
              .start()
query.awaitTermination()
```

代码功能比较简单，即通过 Spark SQL 的 readStream()方法连接 TCP 文本服务器，创建 DataFrame(流数据)，再执行分词、统计等操作，最后启动执行过程，源源不断地对所接收的数据进行分析。

6.3.3 编程模型

Structured Streaming 的核心思想是将实时数据流视为不断追加的表。这种流处理模型与批处理模型非常相似，可以将流计算表示为静态表上的标准批处理查询，表无限增长，Spark 做增量查询。

1. 概念基础

将输入数据流视为“输入表”，到达流的每个数据项都类似于追加到无界表(unbounded table)的新行，如图 6-8 所示。

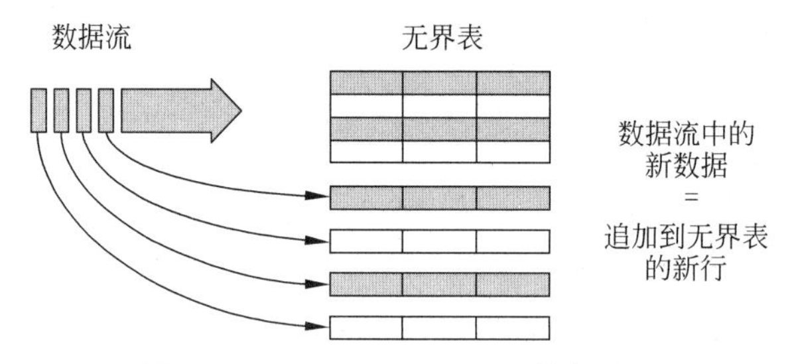

图 6-8 Structured Streaming 数据输入

对输入的查询将生成“结果表”。在每个触发间隔(如 1s)，新数据行都会追加到输入表，并更新结果表。可以将更新结果行写入外部接收器，如图 6-9 所示。

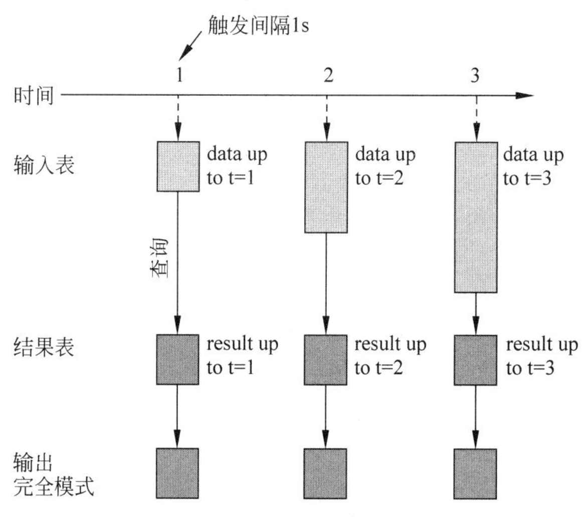

图 6-9 Structured Streaming 编程模型

“输出”定义为写出到外部存储的内容，包括不同的模式(适用于不同类型的查询)。

(1) 完全(complete)模式：整个更新的结果表写入外部存储。

(2) 追加(append)模式：仅将自上次操作之后结果表中新追加的行写入外部存储。仅用于结果表中已有数据行不会更改的查询。

(3) 更新(update)模式：仅将自上次操作之后结果表中更新的行写入外部存储。与完全模式不同，此模式仅输出自上次触发后已更改的行。如果查询不包含聚合，则等效于追加模式。

在上面的词频计数的例子中，数据帧 lines 是输入表，数据帧 wordCounts 是结果表。

在流数据帧 lines 上执行词频统计的查询与静态数据帧完全相同，但查询启动时，Spark 持续检查套接字连接中的新数据。如果有新数据，那么 Spark 将进行“增量”查询，将以前的词频计数与新数据相结合，以计算更新后的计数，如图 6-10 所示。

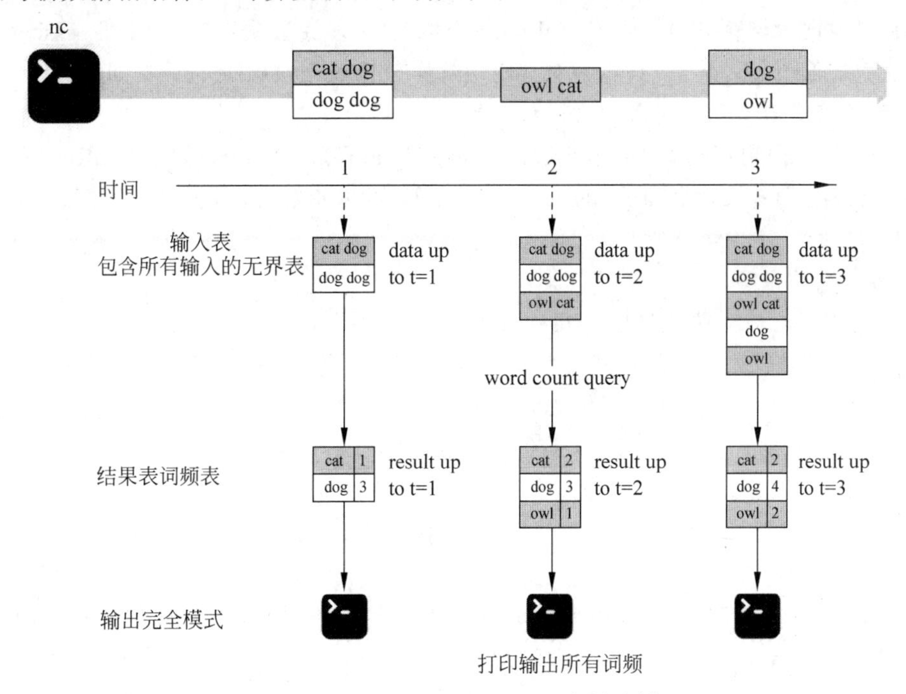

图 6-10　Structured Streaming 应用示例

Structured Streaming 不会具体化(实体化)整个表：从流数据源读取最新的可用数据，以增量方式处理这些数据以更新结果，然后丢弃源数据，仅保留更新结果所需的最小中间状态数据(例如，前面示例中的中间计数)。

2. 事件时间与数据延迟

不同于大多数的其他流处理引擎要求用户自己维护正在运行的聚合、考虑容错和数据一致性等问题，在 Structured Streaming 中，Spark 负责在有新数据时更新结果表，从而减轻用户负担，如对基于事件时间(event-time)和延迟到达的数据的处理等。

事件时间是嵌入在数据中的时间。许多应用程序都可能希望对此事件时间进行操作。例如，如果要获取 IoT 设备每分钟生成的事件数，则需要使用生成数据的时间(即数据中的事件时间)，而不是 Spark 接收的时间。数据通常表示为来自设备的每个事件都是表中的一行，事件时间是行中的列值。这允许基于窗口的聚合(例如，每分钟的事件数)只是针对事件时间列上的一类特殊类型的分组和聚合，每个时间窗口都是一个组，每行可以属于多个窗口/组。在 Spark 中，这种基于事件时间窗口的聚合查询，在静态数据集(例如，从收集的设备事件日志中)和数据流上的接口是一致的，从而更便于用户使用。

基于事件时间，模型可以处理晚于预期时间到达的数据。由于 Spark 正在更新结果表，因此可以完全控制在数据延迟时更新旧的聚合，以及清理旧的聚合以限制中间状态数据的大小。Spark 2.1 及以后版本支持水印，允许用户指定数据延迟的阈值，并允许引擎相应地清理旧状态。

6.3.4 DataFrame 和 Dataset 数据流 API

从 Spark 2.0 开始，DataFrame 和 Dataset 既可以表示静态的有界数据，也可以表示用于流处理的无界数据。与静态 Dataset/DataFrame 类似，可以使用公共入口点 SparkSession 从流数据源创建流式 Dataset/DataFrame，并对其应用与静态 Dataset/DataFrame 相同的操作。

1. 创建流式 DataFrame 和 Dataset

流 DataFrame 可以通过 SparkSession.readStream()返回的 DataStreamReader 接口创建。与用于创建静态 DataFrame 的 read 接口类似，可以指定源数据的格式、模式、选项等详细信息。

1）流数据输入源

常用的内置流数据源包括以下几种。

(1) 文件源：以数据流的形式读取写入目录中的文件。按文件修改时间的顺序进行处理。如果设置了 latestFirst(最新优先)，则顺序将颠倒。支持的文件格式包括文本、CSV、JSON、ORC、Parquet 等。具体请参阅 DataStreamReader 文档。

(2) Kafka：从 Kafka 读取数据，兼容 Kafka broker 0.10.0 及以上版本。

(3) Socket(用于测试)：从连接的套接字读取 UTF8 编码的文本数据。不提供端到端容错，仅用于测试。

(4) Rate(用于测试)：以每秒指定的行数生成数据，每个输出行都包含一个时间戳和值。其中，timestamp 是包含消息分发时间的 Timestamp 类型，值是包含消息计数的 Long 类型，从 0 开始。仅用于测试。

(5) Rate Per Micro-Batch(用于测试)：以指定行数生成小批量数据，每个输出行都包含一个时间戳和值。与 Rate 数据源不同的是，此数据源为每个微批处理提供一组一致的输入行，而不考虑查询执行(触发器的配置、查询滞后等)，例如，批次 0 将产生 0～999，批次 1 将产生 1000～1999，以此类推。

注意：某些源不具有容错能力，不保证在发生故障后可以基于检查点偏置量重播数据。

加载文件流数据源示例：

```
// Read all the csv files written atomically in a directory
val userSchema = new StructType()
                    .add("name", "string")
                    .add("age", "integer")
val csvDF = spark.readStream
                    .option("sep", ";")
                    .schema(userSchema)
                // 等效于 format("csv").load("/path/to/directory")
                    .csv("/path/to/directory")
```

2）模式推理与分区

默认情况下，对来自文件源的结构化流需要指定模式，而不使用 Spark 自动推理的模式，这可以确保将一致的模式用于数据流查询(包括出错误的情景)。对于临时测试用例，可启用模式推理(将 spark.sql.streaming.schemaInference 设置为 true)。

当子目录命名为/key=value/形式，且列表自动递归到这些目录中时，Spark 会发现分区信息。如果这些列出现在用户提供的模式中，那么 Spark 将根据正在读取的文件的路径进行填充。构成分区方案的目录必须在查询开始时存在，且保持不变。例如，当 /data/year=2021/存在时，可以添加/data/year=2022/，但/data/date=2022-11-22 无效。

2. DataFrame/Dataset 流操作

对流式 DataFrame/Dataset 可以应用各种操作，包括非类型化的、类似 SQL 的操作（如 select、where、groupBy）以及类似 RDD 的类型化操作（如 map、filter、flatMap）。

1）选择、投影、聚合

流 DataFrame/Dataset 支持大多数常用操作，示例代码如下：

```
case class DeviceData(device: String, deviceType: String,
                      signal: Double, time: DateTime)

// 流数据帧 IoT device data with schema DeviceData
val df: DataFrame = ...
val ds: Dataset[DeviceData] = df.as[DeviceData]              // 流数据集

// Select the devices which have signal more than 10
df.select("device").where("signal > 10")                     // untyped APIs
ds.filter(_.signal > 10).map(_.device)                       // typed APIs

// 按 device type 分组统计 (无类型 DataFrame API)
df.groupBy("deviceType").count()

// Running average signal for each device type
import org.apache.spark.sql.expressions.scalalang.typed
ds.groupByKey(_.deviceType).agg(typed.avg(_.signal))
```

可以将 DataFrame/Dataset 注册为临时视图，直接执行查询：

```
df.createOrReplaceTempView("updates")
spark.sql("select count(*) from updates")                    // 返回 streaming DF
```

可以通过 df.**isStreaming** 判断 DataFrame/Dataset 是否为流数据。

2）事件时间的窗口操作

使用 Structuied Streaming，滑动事件时间窗口上的聚合比较简单（与分组聚合类似）。在分组聚合中，为用户指定的分组列中的每个唯一值维护聚合值（例如，计数）。对于基于窗口的聚合，将利用事件时间所属的窗口维护聚合值。示例如下：

对前述简单示例进行修改，流中的数据行包含事件生成时间。假设希望在 10 分钟的窗口内统计词频，每 5 分钟更新一次，即，统计在时间窗口 12:00—12:10、12:05—12:15、12:10—12:20 等期间收到的单词数。如果在 12:07 收到一个单词，则对应递增窗口 12:00—12:10 和 12:05—12:15 的计数。因此，计数将按分组键（单词）和窗口（可以从事件时间计算）进行索引。结果表如图 6-11 所示。

窗口化过程类似于分组，在代码中，可使用 groupBy()和 window()操作进行窗口聚合：

```
// streaming DataFrame, schema{timestamp: Timestamp, word: String}
val words = ...
// Group the data by window and word and count each group
val windowedCounts = words.groupBy(
      window($"timestamp", "10 minutes", "5 minutes"), $"word")
    .count()
```

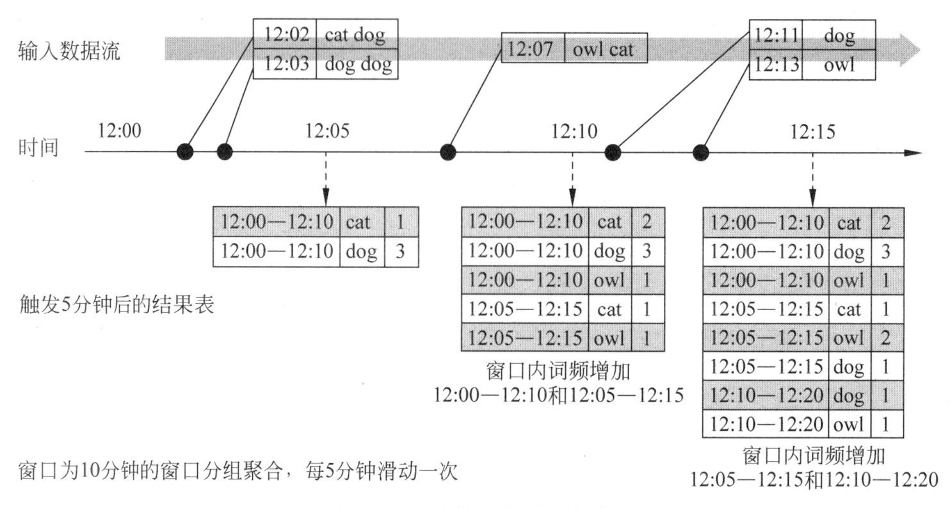

图 6-11 事件时间窗口操作

3）数据延迟与水印

考虑某一事件数据延迟到达时的处理情况。如，应用程序在 12:11 接收到在 12:04（即事件时间）生成的单词。应用程序应使用时间 12:04 而不是 12:11 来更新窗口 12:00—12:10 的旧计数。这种情形在基于窗口的分组过程中比较容易处理，因为结构化流处理可以长时间保持部分聚合的中间状态，以便后期数据可以正确更新旧窗口的聚合，如图 6-12 所示。

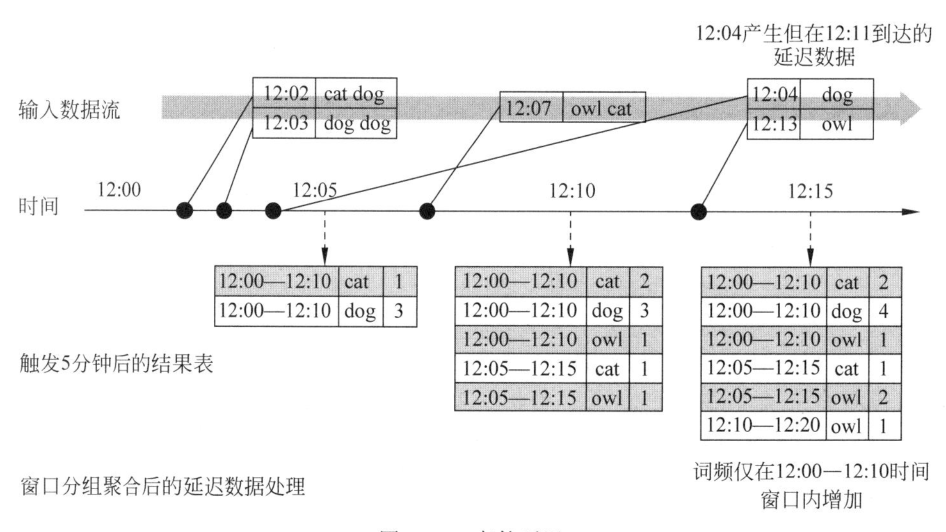

图 6-12 事件延迟

但若长期（如数天）运行此查询，则系统必须绑定它累积的中间状态变量，需要知道何时可以从内存中删除旧聚合状态，因为应用程序不再接收该聚合的延迟数据。Spark 2.1 引入了水印（watermark）来满足类似的应用需求：引擎自动跟踪数据中的当前事件时间，并尝试清理旧状态。可以通过指定事件时间列和数据预期延迟阈值（以事件时间表示）来定义水印。对于在时间 T 结束的窗口，当引擎看到的最大事件时间在延迟阈值以内（$\leqslant T+$ 阈值），引擎将保持状态并允许延迟数据更新状态，即，阈值内的延迟数据将被聚合，但晚于阈值到达的数据将被删除。在前面示例基础上使用 withWatermark()定义水印，输出模式为更新模式(见图 6-13)：

```
// Group the data by window and word and count in each group
val windowedCounts = words
        .withWatermark("timestamp", "10 minutes")
        .groupBy(window($"timestamp", "10 minutes", "5 minutes"),
                $"word")
        .count()
```

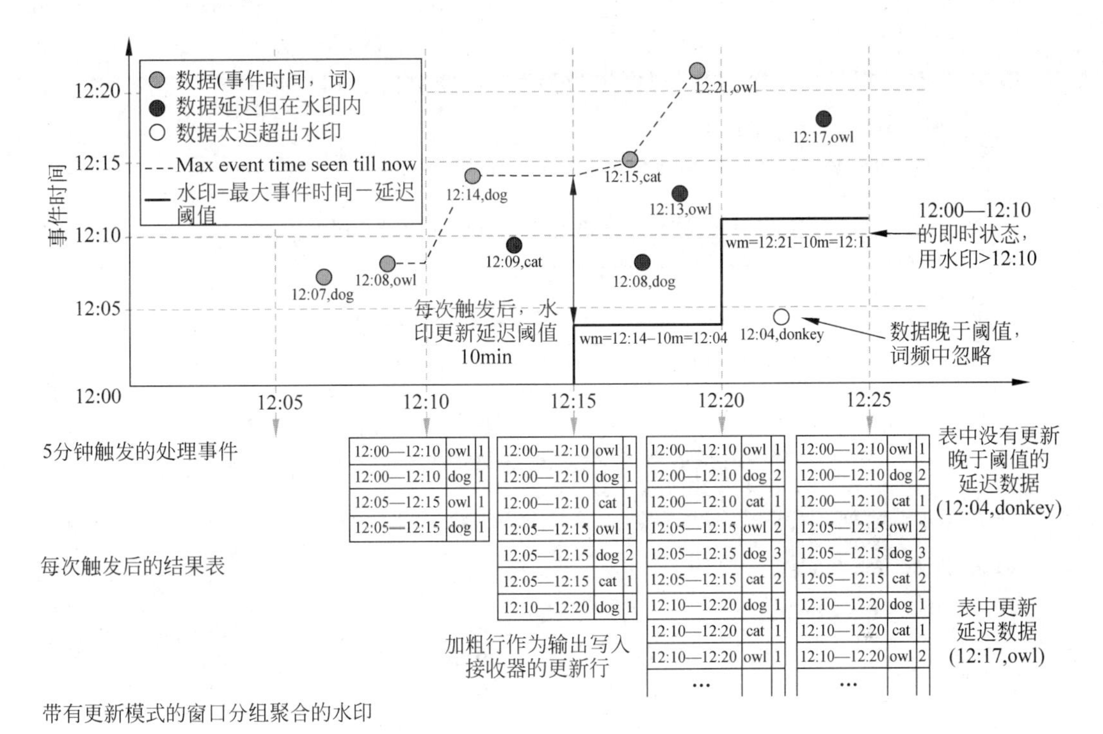

12:00—12:10	owl	1
12:00—12:10	dog	1
12:05—12:15	owl	1
12:05—12:15	dog	1

12:00—12:10	owl	1
12:00—12:10	dog	1
12:00—12:10	cat	1
12:05—12:15	owl	1
12:05—12:15	dog	2
12:05—12:15	cat	1
12:10—12:20	dog	1

12:00—12:10	owl	1
12:00—12:10	dog	2
12:00—12:10	cat	1
12:05—12:15	owl	2
12:05—12:15	dog	3
12:05—12:15	cat	2
12:10—12:20	dog	1
12:10—12:20	cat	1
12:10—12:20	owl	1
…		

12:00—12:10	owl	1
12:00—12:10	dog	2
12:00—12:10	cat	1
12:05—12:15	owl	2
12:05—12:15	dog	3
12:05—12:15	cat	2
12:10—12:20	dog	1
12:10—12:20	cat	1
12:10—12:20	owl	2
…		

图 6-13　事件水印

6.4　Structured Streaming 编程实践

以下以 Structured Streaming 连接 Kafka 数据源进行词频统计为例，介绍编程实践过程。

6.4.1　Kafka 数据源准备

从官网或以镜像方式下载 Kafka，解包、安装并测试验证，具体代码如下：

```
# 从镜像下载 Kafka 3.3.1, Scala 2.13 版本. 注意与 Spark Scala 版本保持一致
wget -c https://mirror.tuna.tsinghua.edu.cn/apache/kafka/3.3.1/kafka_2.13-3.3.1.tgz
# 解包, 并将解包后的路径换个短名称
tar -zxf kafka_2.13-3.3.1 && mv kafka_2.13-3.3.1 kafka_2.13
```

新开启一个终端，切换到 kafka 目录，验证 Kafka 的安装情况：

```
# 启动 zookeeper 服务(简单验证中使用 Kafka 自带的服务,后台进程)
bin/zookeeper-server-start.sh config/zookeeper.properties &
# 启动 Kafka Broker 服务(后台进程)
bin/kafka-server-start.sh config/server.properties &
# 创建 Topic,绑定服务及端口
bin/kafka-topics.sh --create --topic quicktest-events --bootstrap-server
localhost:9092
# 可以查看刚创建的 Topic 的详细信息
bin/kafka-topics.sh --describe --topic quicktest-events --bootstrap-server
localhost:9092
```

创建完成后，再开启一个终端，即可生产和消费消息，如图 6-14 所示。

```
# 启动消息生产者(控制台类型)
bin/kafka-console-producer.sh --topic quickstart-events --bootstrap-server localhost:
9092
# 输入各种信息(回车确认一行结束,停止输入可按 Ctrl + C 键).例如输入:
# hello everybody \n welcome to Wenzhou University \n
# welcome to Wenzhou \n … …
# 新启一个终端.消费消息(可以看到生产者发送的消息,按 Ctrl + C 键退出)
# Kafka 会持久存储消息,多个消费者可以多次读取消息
bin/kafka-console-consumer.sh --topic quickstart-events --from-beginning --bootstrap-
server localhost:9092
```

```
>^Co@o-VBox:~/kafka_2.13$ bin/kafka-console-producer.sh --topic quickstart-event
s --bootstrap-server localhost:9092
>hello everybody
>welcome to Wenzhou University
>welcome to Wenzhou
>
o@o-VBox:~$ cd kafka_2.13/
o@o-VBox:~/kafka_2.13$ bin/kafka-console-consumer.sh --topic quickstart-events -
-from-beginning --bootstrap-server localhost:9092
This is my first event
This is my second event
Third event
The forth
More event
This is my sixth event
```

图 6-14　Kafka 生产者与消费者

6.4.2 Structured Streaming Kafka 依赖包

连接 Kafka 数据源，除基本的 spark-sql_2.xx-3.x.x.jar 外，还需要相关的 Kafka 依赖。根据开发内容，依赖有所不同。本例中使用到的依赖包包括：

```
spark-sql-kafka-0-10_2.13-3.3.1.jar
spark-token-provider-kafka-0-10_2.13-3.3.1.jar
commons-pool2-2.11.1.jar
kafka-clients-3.3.1.jar
```

在项目开发过程中，可通过 SBT、Maven 等工具添加项目依赖，自动下载、管理依赖包。在 Spark shell 开发过程中需要指定这些依赖包(请手动下载或复制相关依赖包)。以下给出本示例中需要单独下载的包的链接：

https://repo1.maven.org/maven2/org/apache/spark/spark-sql-kafka-0-10_2.13/3.3.1/spark-sql-kafka-0-10_2.13-3.3.1.jar
https://repo1.maven.org/maven2/org/apache/spark/spark-token-provider-kafka-0-10_2.13/3.3.1/spark-token-provider-kafka-0-10_2.13-3.3.1.jar
https://repo1.maven.org/maven2/org/apache/commons/commons-pool2/2.11.1/commons-pool2-2.11.1.jar
https://repo1.maven.org/maven2/org/apache/kafka/kafka-clients/3.3.1/kafka-clients-3.3.1.jar

Kafka client 包也可以直接从 Kafka 安装目录下的 libs 目录中复制。

注意：相关包的版本应与 Spark（包含 Scala）、Kafka 版本保持一致，否则可能会遇到"ClassNotFound"等错误。请勿混淆 Spark 版本与 Kafka 版本。

6.4.3 在 Spark shell 中连接 Kafka

启动 Scala Spark shell 时，添加依赖包（可使用--jars 参数，注意包的路径），示例代码如下：

```
$ spark-shell --jars spark-sql-kafka-0-10_2.13-3.3.1.jar, …
```

```
o@o-VBox:~/spark-3.3.1$ ./bin/spark-shell --jars ./jars/spark-sql-kafka-0-10_2.1
3-3.3.1.jar,../kafka_2.13/libs/kafka-clients-3.3.1.jar
22/11/24 00:30:28 WARN Utils: Your hostname, o-VBox resolves to a loopback addre
ss: 127.0.1.1; using 10.0.2.15 instead (on interface enp0s3)
```

以下为连接上述 Kafka 数据源进行词频统计的示例代码：

```
// Kafka broker: localhost:9092, Topic: quicktest-events
val df = spark.readStream.format("kafka")
        .option("kafka.bootstrap.servers", "localhost:9092")
        .option("subscribe", "quicktest-events")
        .load()
// 将 DataFrame 转换为 Dataset,便于后续 flatMap 操作
val lines = df.selectExpr("cast(value as STRING)").as[String]
val wordCounts = lines.flatMap(_.split(" "))
              .groupBy("value").count()
// 查询输出到控制台
val query = wordCounts.writeStream
              .outputMode("complete")
              .format("console")
          // 检查点,请根据实际设置存储路径
              .option("checkpointLocation", "./tmp/chk-point")
              .start()
// query.awaitTermination()
```

在 Kafka 中生产消息，在 Spark shell 控制台窗口中可以看到如下输出（根据消息内容有所不同，图 6-15 仅供参考）：

```
Batch: 7
-------------------------------------------
+---------+-----+
|    value|count|
+---------+-----+
|      not|    1|
|      you|    1|
|everybody|    1|
|    hello|    1|
|       me|    1|
|       on|    2|
|      bye|    1|
```

图 6-15　Structured Streaming 处理 Kafka 消息

对比 Structured Streaming 版本与 Spark Streaming 版本的 WordCount 程序，可以发现前者代码更简洁、更容易学习使用，需要处理的逻辑也更简单、清晰。此外，Structured Streaming 开发中使用的 DataFrame/Dataset 方法与操作，与其他模块是一致的，可直接应用于机器学习、图计算等应用。

Spark MLlib实践

近二十年来，人们对机器学习的兴趣突飞猛进地增长。首先是硬件和算法的性能改进。机器学习是计算密集型的。随着多CPU和多核机器以及高效算法的普及，在合理的时间内进行机器学习计算已成为可能。其次是各类机器学习软件日趋成熟，有许多高质量的开源机器学习软件可供人们下载、免费使用。另外，机器学习的成功应用也让人们看到其巨大的应用潜力。此外，各类在线开放课程(如慕课等)或学校课程，也较好地普及了机器学习的相关知识，更多的人可以学习和应用机器学习技术。

人们日常生活中使用的许多应用程序都离不开机器学习相关技术。苹果、谷歌、亚马逊、微软、阿里、字节跳动、美团等许多公司在其产品中广泛使用机器学习技术。机器学习的应用场景包括无人驾驶汽车、无人机、虚拟现实、增强现实、动感游戏、医疗诊断、垃圾邮件过滤、图像识别、语音识别、欺诈检测、电商购物以及电影、歌曲和书籍推荐等等。

本章先简要介绍机器学习的基本概念，再介绍Spark机器学习库MLlib的基本原理与算法，并通过一个实际的例子，介绍如何使用MLlib构建机器学习模型，学习模型调优方法。

7.1 机器学习

7.1.1 机器学习概述

一般认为机器学习(machine learning)是使用统计、线性代数和数值优化等方法，从数据中提取模式的过程。机器学习可以应用于预测能源消耗，确定视频中是否有某种动物，或聚类具有相似特征的数据等问题。

机器学习是训练系统从数据中学习并采取行动的科学。驱动机器学习系统的行为，不是靠显式编程来实现的，而是从数据中学习的。具体来说，机器学习算法推断数据集中不同变量之间的模式和关系，然后使用这些知识在训练数据集之外进行泛化。

常用的机器学习类型包括监督学习、半监督学习、无监督学习和强化学习等。本章主要介绍基于Spark MLlib的监督机器学习，较少涉及无监督学习。

下面先简要介绍机器学习中一些常用的术语。

7.1.2 机器学习常用术语

1. 模型

模型(Model)是机器学习中的核心概念，是用于捕获数据集中模式的数学构造。它估计数据集中因变量和自变量之间的关系，给定自变量的值，可以计算或预测因变量的值。整个机器学习的过程都围绕模型展开，目的是训练出一个优质的"模型"，使其尽可能精准、准确地实现"预测"。

2. 数据集

数据集(Dataset)是承载数据的集合。没有数据集，模型就没有存在的意义。数据集中的数据分为"训练数据"和"测试数据"，分别用于机器学习的"训练阶段"和"预测输出阶段"。

训练集是历史数据或已知数据。例如，垃圾邮件过滤算法使用一组已知的垃圾邮件和非垃圾邮件。训练数据可分为**标记**(labeled)和**未标记**(unlabeled)数据。

标记数据集中的每个观测值都带有标签(数据集中的某些列)。例如，垃圾邮件过滤程序中使用的电子邮件数据集，其中一些电子邮件被标记为垃圾邮件，而另一些被标记为非垃圾邮件。

未标记的数据集没有可用作标签的列。例如，电商网站的交易数据库中记录了通过网站进行的所有在线交易，其中没有指示正常或欺诈交易的列。出于欺诈检测目的，这是一个未标记的数据集。

测试集用于评估模型的预测性能。模型训练后，需要在已知数据集上测试其预测性能，然后再用于新数据。测试数据一般不用于训练或优化模型，类似地，也不宜使用训练集测试模型。通常在训练模型前，应保留一小部分数据集进行测试。一般的经验法则是使用80%的数据来训练模型，留出20%作为测试数据。

3. 特征

特征(Feature)表示观测值的属性，也称变量。更具体地说，特征表示自变量。在表格数据集中，行表示观测值，列表示特征。例如，考虑一个包含用户信息的表格数据集，其中包括年龄、性别、职业、城市和收入等字段。此数据集中的每个字段都是机器学习中的一个特征，包含用户信息的文件的每一行都是一个观测值。高维数据集具有较多特征。

分类特征(Categorical Feature)或变量是描述性特征，表示一个定性值，即名称或标签。分类特征的值没有顺序。例如，在用户数据集中，性别是一个分类特征，只能取两个值中的一个，每个值都是一个标签。职业也是一个分类变量，但可能是数百个值之一。

数值特征(Numerical Feature)是可以取任意数值的定量变量。数值特征的值具有数学顺序。例如，在用户数据集中，收入是一个数字特征。数值特征可以进一步分为离散特征和连续特征。离散数值特征只能取某些值。

7.1.3 机器学习的应用

机器学习可用于不同领域的各种任务，大致可分为以下几类。

1. 分类

分类(**Classification**)问题的求解目标是预测观测值的类或类别，类由标签表示。训练集中观测值的标签是已知的，目标是训练一个模型来预测新的、未标记观测的标签。许多领域都涉及分类。例如，垃圾邮件过滤就是一项分类任务，肿瘤诊断也可以被视为一个分类问题。

机器学习可用于二元和多元分类。在二元分类中，数据集中的观测值可以分为两个互斥类，每个观测值或样本都是或正或负。在多元分类中，数据集中的观测值可以分为两个以上的类。例如，手写邮政编码识别是一个具有 10 个类的多元分类问题。在这种情况下，目标是检测手写字符是否是 0～9 的一个数字(每个数字代表一个类)。

2. 回归

求解回归(**Regression**)问题的目标是预测未知观测值的数值标签。数值标签对于训练集中的观测值是已知的，用来训练模型以预测新观测的标签。回归任务的示例包括房屋估值、资产交易和预测等。在房屋估值中，房屋价值是模型预测的数值变量。在资产交易中，回归用于预测股票、债券或货币等资产的价值。

3. 聚类

在聚类(**Clustering**)分析中，数据集被分组为若干数量的聚类，同一聚类中的元素彼此之间比其他聚类中的元素更相似。聚类的数量与应用有关。

聚类不同于分类。在分类任务中，机器学习算法使用标记的数据集训练模型。聚类分析用于未标记的数据集。此外，聚类分析不会为任何所聚的类分配标签，用户必须确定每个聚类所代表的含义。在细分客户时，企业通常使用聚类分析来从数据中找到不同的客户群体。

4. 异常检测

异常检测(**Anomaly detection**)的目标是查找数据集中的异常值。异常检测算法通常应用于未标记的数据。在制造领域，异常检测用于自动查找有缺陷的产品。在网络安全领域，常用来检测安全攻击。与安全攻击关联的网络流量与正常网络流量不同，同样，计算机上的黑客活动与正常的用户活动行为也不同。

5. 推荐

推荐(**Recommendation**)系统的目标是向用户推荐产品。系统从用户过去的行为中学习以确定用户偏好。用户对不同的产品进行评分，或是通过购买、点击、查看或分享等操作提供隐式反馈，推荐系统会从中了解该用户的偏好。推荐系统是机器学习的典型应用之一，广泛用于推荐新闻、电影、电视节目、歌曲、书籍和其他产品等。

构建推荐系统的两种常用技术是协同过滤和基于内容的推荐。协同过滤算法假设用户偏好和产品具有潜在特征，可自动从不同用户对不同产品的评级中学习，了解有相似偏好的用户和具有相似属性的产品。推荐给用户的是那些具有类似偏好的其他用户喜好的产品。

基于内容的推荐系统使用显式指定的产品属性来确定产品相似性并提出建议。如电影流派、主演、导演和发行年份等属性，在基于内容的系统中，电影数据库中的每个影片都记录这些属性。对于主要观看喜剧的用户，基于内容的系统会推荐类似的喜剧。

6. 降维

降维(**Dimensionality reduction**)可以降低训练机器学习系统所需的成本和时间。机器学习是计算密集型任务，计算复杂性和成本随着数据集中特征或维度的增加而增加。降维的目的是减少数据集中的特征数量，而不会显著影响模型的预测性能。降维背后的思想是：

数据集可能具有多个预测能力较低或为零的特征。降维算法会自动从数据集中消除这些特征。

7.1.4 机器学习的方法

机器学习算法使用数据来训练模型，训练模型的过程也称为使用数据拟合模型的过程。根据训练数据的类型，机器学习算法大致分为监督机器学习和无监督机器学习。

1. 监督机器学习

在监督(Supervised)机器学习中，数据由一组输入记录组成，每个记录都有关联的标签，目标是在给定新的未标记输入数据的情况下预测输出标签。这些输出标签可以是离散的，也可以是连续的，即，两类监督机器学习：分类和回归(见图 7-1)。

在分类问题中，目标是将输入分成一组离散的类或标签。对二元分类，需要预测两个离散标签，如“狗”或“非狗”；对于多元分类，可以有 3 个或更多离散标签，例如，预测狗的品种(如牧羊犬、金毛猎犬或贵宾犬，见图 7-2)。

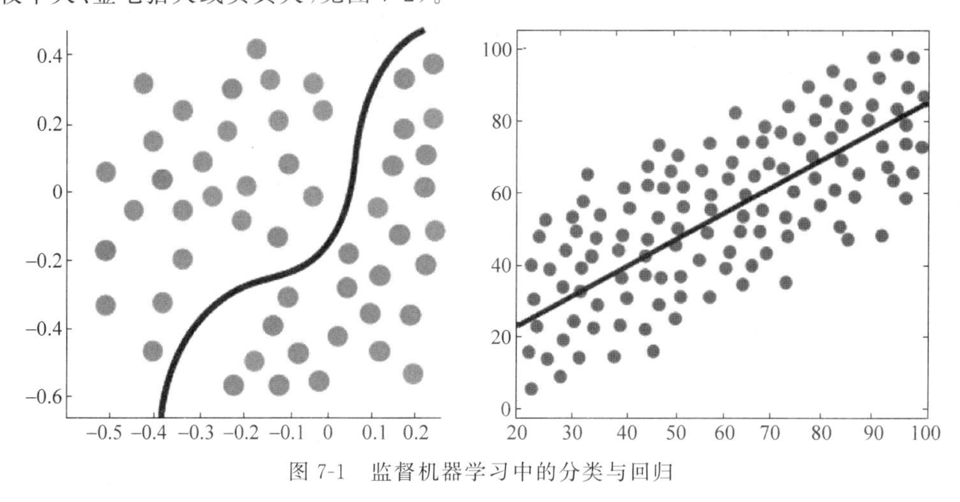

图 7-1 监督机器学习中的分类与回归

图 7-2 机器学习多元分类问题

在回归(regression)中，要预测的值是一个连续值，模型可以预测在训练期间未看到的值。如构建一个模型来预测浙江省温州市 2024 年、2025 年的 GDP。

2. 无监督机器学习

获取监督机器学习所需的标记数据可能非常昂贵和/或不可行，这就需要无监督(Unsupervised)机器学习。无监督学习不是预测标签，而是帮助更好地了解数据的结构。

无监督机器学习算法从未标记的数据集中得出推论。通常的目标是在未标记的数据中找到的隐藏结构。无监督机器学习算法通常用于聚类、异常检测和降维等，具体方法有 k 均值、主成分分析和奇异值分解等。图 7-3 是聚类示例。

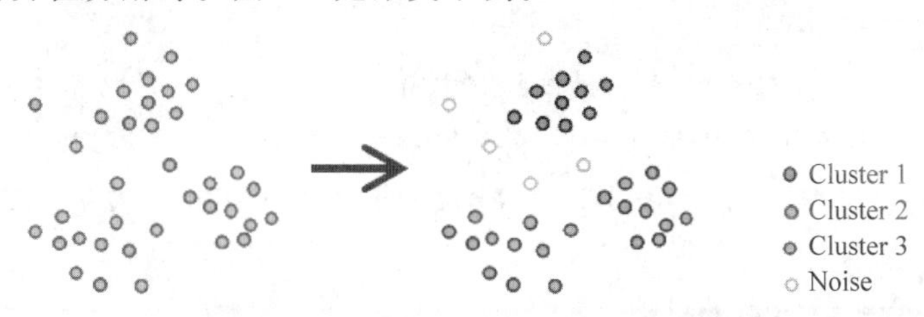

图 7-3 非监督机器学习中的聚类问题

7.1.5 大数据与机器学习

机器学习算法对于数据采集、数据集成、数据分析都非常有帮助，对于拥有或产生大量数据的大型组织来说更是必需的。可以将机器学习算法应用于大数据操作的各阶段，如数据标记与分割、数据分析、场景模拟。

所有这些阶段都集成在一起，用于生成模式、发现知识，然后将这些模式或知识分类打包成易于理解的格式并加以应用。大数据与机器学习的融合是一个永无止境的循环过程。

机器学习使机器能够使用大数据提供的数据并准确响应，能够对大数据中隐藏的信息进行很好的解释，从而提高服务质量、提升业务运营、改善客户关系。大数据分析为机器提供各种数据，用来显示并提供更好的结果。企业可以通过使用机器学习算法获得大数据的优势，将数据转化为知识。

1. 大数据与机器学习的异同

大数据与数据存储、采集和提取工具（如 Apache Hadoop、Spark 等）有关，而机器学习是 AI 的一个子集，它使机器能够在没有人为干预的情况下进行预测。

大数据是通过分析大量数据来发现有用的隐藏模式或从中提取信息，是对大量信息进行分析的过程，而机器学习则教会计算机获取输入数据并根据机器学习模型提供所需的输出。

大数据分析就是收集原始数据并将其转换为信息，然后机器学习算法使用这些信息来预测更好的结果。

机器学习是数据科学的一部分，而大数据与高性能计算有关。

机器学习无须人工干预即可处理数据并生成输出，而大数据分析涉及人工交互。

可以同时进行机器学习和大数据分析，自动查找特定类型的数据、参数以及它们之间的关系，但与机器学习不同，大数据无法看到现有数据与参数之间的关系。

2. 大数据与机器学习的综合应用

机器学习和大数据的融合是许多行业增长背后的原因。常见的应用场景如下：

（1）**市场调查和目标受众划分**。通过使用监督和无监督机器学习算法，企业可以找出目标受众的画像、行为模式和偏好。该技术用于电商、媒体、娱乐、广告以及许多其他领域。

（2）**用户建模**。对目标受众的细分。用户对用户行为进行建模分析，创建特定细分的详细画像。通过使用机器学习算法进行大数据分析，可以预测用户的行为并做出明智的业务决策。

（3）**推荐引擎**。推荐引擎为要组合的产品类型以及用户可能有兴趣阅读或查看的内容提供了最佳建议。基于环境和用户行为预测的结合，系统可以根据用户在网站上表达的偏好和行为来提升用户体验。

（4）**预测分析**。了解客户的需求是市场销售最重要的因素。大数据允许销售商计算不同结果和决策的概率，预测分析可以为电子商务平台上的产品提供市场建议。

（5）**聊天机器人**。通过使用机器学习算法，聊天机器人可以在交互后适应特定客户的偏好。

3. 大数据融合机器学习的挑战

以下是大数据与机器学习结合使用时面临的一些挑战。

（1）**数据的大小**：大数据集可能非常大，这使得它们难以使用。

（2）**数据的复杂性**：大量的数据通常很复杂，这使得机器学习应用程序和算法难以找到模式。

（3）**数据质量**：机器学习系统旨在寻找模式。海量数据集有噪声，可能需要事先处理。

（4）**数据的速度**：大数据集不断变化。这使得数据挖掘和其他算法变慢，因为它们需要不断重新评估现有数据。

（5）**数据标记**：在监督学习中，需要标记数据，以便算法从中学习。机器学习对此类数据的分析不如其他形式的数据有效。

尽管存在挑战，机器学习仍然可以有效地用于大数据分析。通过了解这些挑战并采取措施解决这些问题，可以充分利用机器学习进行预测建模和统计分析。

7.2 Spark MLlib

7.2.1 Spark 机器学习概述

随着 HDFS 等分布式文件系统的出现，存储海量数据已经成为可能，在全量数据上进行机器学习也成为可能。但由于 Hadoop MapReduce 自身的限制，使用 MapReduce 来实现分布式机器学习算法比较耗费资源。这是因为在通常情况下，机器学习算法的学习过程是通过迭代计算完成的，即本次计算的结果要作为下一次迭代的输入。如果使用 MapReduce 将中间结果存储在磁盘，然后在下一次计算的时候再重新读取，会严重影响学习算法的性能。

在大数据上进行机器学习，需要处理全量数据并进行大量的迭代计算，要求机器学习平台具备强大的处理能力。Spark 基于内存进行计算，可以有效解决机器学习过程中的迭代计算等性能瓶颈问题。此外，Spark 提供了一个基于海量数据的机器学习库，提供了常用机器学习算法的分布式实现，开发者只需要有 Spark 基础，了解机器学习算法的原理，了解方法相关参数的含义，就可以通过调用相应的 Spark API 来实现基于海量数据的机器学习过程。另外，基于 Spark shell 等交互式查询、分析工具，算法工程师可以边写代码边运行，同时查看运行结果，使得机器学习过程更加直观便捷。

作为一个统一的分析引擎，Spark 为数据集成、特征工程、模型训练和部署提供生态系统。如果不使用 Spark，开发人员将需要许多不同的工具来完成这些任务，并且可能难以实现可扩展性。

7.2.2 MLlib 概述

Spark 有两个机器学习包：spark. mllib 和 spark. ml。spark. mllib 是基于 RDD API 的机器学习 API，而 spark. ml 是基于 DataFrame 的较新的 API。这里不详细区分两个包，而是使用 MLlib 作为总称来指代 Apache Spark 中的两个机器学习库包。本章的其余部分将重点介绍如何使用 spark. ml 包以及如何在 Spark 中设计机器学习管道。

借助 spark. ml，数据科学家可以仅使用一个生态系统进行数据准备和模型构建，而无须对数据进行下采样。spark. ml 侧重于 $O(n)$ 复杂度的应用的横向扩展，模型随着数据点的数量增长而线性增长，并可以扩展应用于海量数据。

MLlib 的目标是使机器学习更实用、简单且可扩展，它提供了许多高层接口或工具。

(1) 机器学习算法：常用的学习算法，如分类、回归、聚类和协同过滤等。

(2) 特征化：特征提取、变换、降维和选择。

(3) 管道：用于构建、评估和优化机器学习管道的工具。

(4) 持久化：保存和加载算法、模型和管道。

(5) 实用工具：线性代数、统计、数据处理等。

Spark 用于机器学习的 API 主要是 spark. ml 包中基于 DataFrame 的 API。从 Spark 2.0 开始，spark. mllib 包中基于 RDD 的 API 已经进入维护模式。MLlib 仍将支持 spark. mllib 中基于 RDD 的 API，并修复错误，但不会添加新功能。

相比而言，DataFrame 提供比 RDD 更友好的 API 接口，包括 Spark 数据源、SQL/DataFrame 查询、Tungsten/Catalyst 优化以及跨语言的统一 API 接口等。在 MLlib 中，基于 DataFrame 的 API 提供了跨机器学习算法、跨多种编程语言的统一 API。DataFrame 便于利用实用的机器学习管道，尤其是特征转换。

MLlib 使用线性代数包 Breeze、dev. ludovic. netlib、netlib-java 等进行数值优化，这些软件包可以调用本地库 Intel MKL 或 OpenBLAS 等以加速计算过程。具体请参考相关文档。

7.2.3 MLlib 机器学习管道

通常情况下，一个机器学习任务包括：

- 加载数据。
- 数据预处理。
- 特征提取。
- 切分训练集、验证集和测试集。
- 使用训练集训练模型。
- 使用交叉验证技术优化模型。
- 基于测试数据集评估模型。
- 部署模型。

1. 相关概念

每个步骤都表示机器学习管道中的一个阶段。MLlib 对这些阶段进行了概括，提供标准化的机器学习算法 API，以更易用的方式将多种算法组合到单个管道或工作流中。管道 API 中引入的核心概念包括转换器、估计器、管道、参数等。

（1）**转换器**（Transformer）是一种将一个 DataFrame 转换为另一个 DataFrame 的算法。一个模型就是一个转换器，可以将一个不包含预测标签的 DataFrame 打上标签，转化成另一个包含预测标签的 DataFrame。从技术角度来看，转换器实现了 transform()方法，通过给 DataFrame 附加一列或多列数据转换为另一个 DataFrame。

（2）**估计器**（Estimator）是一种算法，可以对 DataFrame 进行拟合以生成转换器。例如，学习算法是在数据帧上训练并生成模型的估计器，是学习算法或在训练数据上的训练方法的概念抽象。从技术上讲，估计器实现了 fit()方法，它接收一个 DataFrame 并产生一个转换器。如逻辑回归算法就是一个估计器，调用 fit()，训练数据得到一个逻辑回归模型（也即一个转换器）。

（3）**管道**（Pipeline）也称为工作流。多个阶段（转换器和估计器）连接起来形成机器学习管道，并获得输出结果。

（4）**参数**（Parameter）被用来设置转换器或估计器的参数。所有转换器和估计器可共享用于指定参数的公共 API。

2. 管道工作过程

管道被指定为一系列阶段，每个阶段或是转换器，或是估计器。这些阶段按顺序运行，输入数据帧在经过每个阶段时进行转换。在转换器阶段，在数据帧上调用 transform()方法。在估计器阶段，调用 fit()方法来生成转换器（成为 PipelineModel 或拟合管道的一部分），并且在数据帧上调用该转换器的 transform()方法。

以下以一个简单的文本文档工作流为例进行说明，图 7-4 是管道的训练情况。

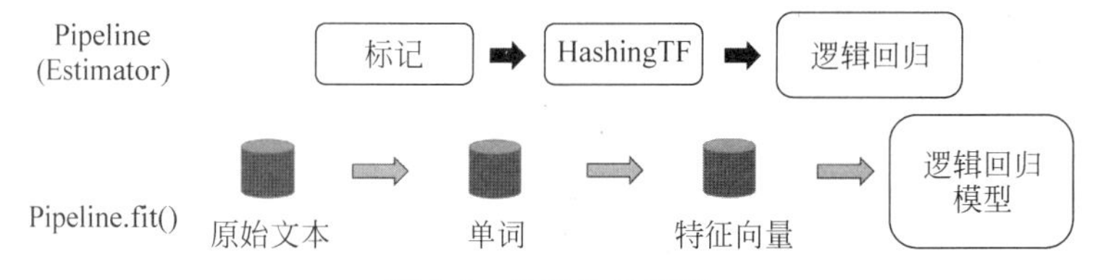

图 7-4 机器学习管道

图 7-4 表示了具有 3 个阶段的管道。标记（Tokenizer）和 HashingTF 是转换器，逻辑回归（LogisticRegression）是估计器。图 7-4 下半部分给出了流经管道的数据，其中圆柱体表示数据帧。在初始数据帧上调用 Pipeline. fit()方法，该帧具有初始文本文档和标签。Tokenizer. transform()方法将初始文本文档拆分为单词（Word），向数据帧添加一个包含单词的新列。HashingTF. transform()方法将单词列转换为特征向量，并将具有这些向量的新列添加到数据帧。由于逻辑回归是一个估计器，管道首先调用 LogisticRegression. fit()方法生成逻辑回归模型。如果管道有更多的估计器，那么在将数据帧传递到下一阶段之前，将在数据帧上调用逻辑回归模型的 transform()方法。

管道本身也是一个估计器。在 Pipeline 的 fit()方法运行后，会生成一个 PipelineModel（转换器），可以在测试时使用，如图 7-5 所示。

在图 7-5 中，管道模型的阶段数与原管道相同（见图 7-4），但原管道中的所有估计器都变为了转换器。当在测试数据集上调用 PipelineModel 的 transform()方法时，数据将按

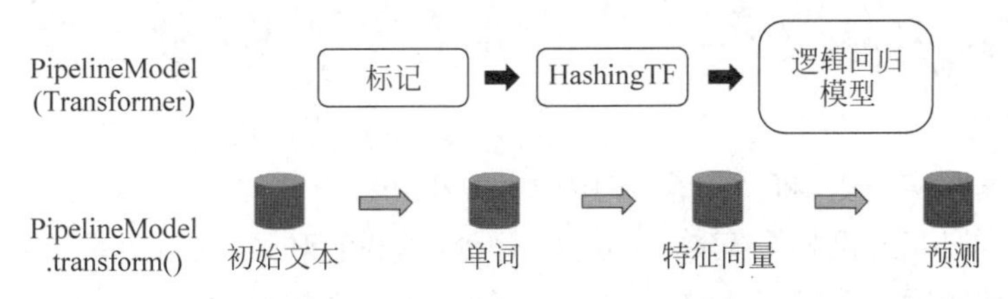

图 7-5 管道模型工作过程示例

顺序通过拟合的管道，每个阶段的 transform()方法都会更新数据集，并将其传递到下一阶段。

通过这种方式，管道和管道模型确保训练数据和测试数据经过相同的特征处理步骤。

3. 管道说明

DAG 管道：管道的阶段被指定为有序数组。前面给出的示例都是线性管道，即每个阶段都使用前一阶段生成的数据。如果数据流图形成有向无环图(DAG)，则可以创建非线性管道。此图根据当前每个阶段的输入和输出列名称隐式指定(通常指定为参数)。如果管道形成 DAG，则必须按拓扑顺序指定阶段。

运行时检查：由于管道可以在具有各种类型的数据帧上运行，因此无法使用编译时类型检查。相反，管道和管道模型在实际运行之前执行运行时检查。此类型检查是使用数据帧的模式完成的，模式是数据帧中列的数据类型的说明。

唯一管道阶段：管道的各阶段应该是唯一的实例，即，同一个实例(如，hashingTF)不能重复插入到管道中，因为管道阶段必须具有唯一的 ID。但具有相同类型的不同实例(如，hashingTF1 和 hashingTF2，都是 HashingTF 类型)可以放入同一个管道中，因为不同的实例使用不同的 ID 创建。

4. 管道参数传递

MLlib 估计器和转换器使用统一的 API 来指定参数。参数是命名参数，包含描述文档。参数映射(ParamMap)是一组(参数，值)对。将参数传递给算法主要有两种方法。

(1) 设置实例参数。例如，若 lr 是逻辑回归的一个实例，则可调用 lr. setMaxIter(10)设置参数，使 lr. fit()方法最多迭代 10 次。此 API 类似于 spark. mllib 包中的 API。

(2) 将 ParamMap 传递给 fit()或 transform()。ParamMap 中的任何参数都将覆盖先前通过 setter 方法指定的参数。

参数同时隶属于估算器和转换器的特定实例。例如，如果有两个 LogisticRegression 实例 lr1 和 lr2，则可以构建一个指定了两个 maxIter 参数的 ParamMap：ParamMap(lr1. maxIter-> 10，lr2. maxIter-> 20)，然后将之传递给管道。如果管道中有两个算法都有 maxIter 参数，则这种参数传递方式非常有效。

7.3 MLlib 初级实践

本节将介绍如何创建和调整机器学习管道。作为组织一系列操作以应用于数据的一种方式，在 MLlib 中，管道 API 提供基于数据帧的高层 API，用于组织机器学习工作流。如前所述，管道 API 包括一系列的估计器与转换器。

7.3.1 数据准备

1. 数据下载

在本节的编程实践中，将使用来自 Inside Airbnb 的旧金山数据集，其中包含有关旧金山 Airbnb 租金的信息，例如卧室数量、位置、评分等。我们的实践目标是建立一个模型来预测该城市房源的每晚租金价格。这是一个回归问题，因为价格是一个连续变量。本节的内容包括处理类似问题的工作流程，如特征工程、构建模型、超参数调优和评估模型性能等。

数据集的下载地址是 http://insideairbnb.com/get-the-data/。进入网站页面后，搜索“San Francisco”，即可下载相应的旧金山数据集，如图 7-6 所示。

Inside Airbnb
Adding data to the debate
Data About Support Organise Donate!

Santiago, Region Metropolitana de Santiago, Chile

Explore the Santiago data.

Date Compiled	Country/City	File Name	Description
22 September, 2022	Santiago	listings.csv.gz	Detailed Listings data
22 September, 2022	Santiago	calendar.csv.gz	Detailed Calendar Data
22 September, 2022	Santiago	reviews.csv.gz	Detailed Review Data
22 September, 2022	Santiago	listings.csv	Summary information and

图 7-6 示例数据集下载

正如现实世界的大多数数据集一样，这个数据集也比较杂乱，可能很难建模。因此在实验过程中，如果早期的模型预测效果不是很好，也属正常。

2. 数据导入

原始数据集通常需要经过适当的预处理(如抽取、转换等)后才能用于下一步的计算。

对示例数据集中的数据，这里进行了适当的预处理，如，删除异常值(例如，0 元/晚的价格)、将所有整数转换为双精度值，并且从一百多个字段中选择了一部分信息相关字段的子集。此外，对于数据列中缺失的数值，估算其中值并添加了一个指示列(列名称后跟“_na”，如“bedrooms_na”)。这样，机器学习模型或分析师可以将该列中的任何值解释为插补值，而不是真实值。此外，还有许多其他方法可以处理缺失值，具体请参考相关文档资料。

处理后的文件为 parquet 格式。这里简要浏览数据集的模式及数据内容(仅选择少部分列输出，见图 7-7)：

```
val filePath = "../tmp/airbnb/airbnb-clean.parquet/"
val airDf = spark.read.parquet(filePath)
airDf.select("neighbourhood_cleansed", "room_type", "bedrooms",
  "bathrooms", "beds", "price").show(5)
airDf.printSchema()
```

说明：了解数据集也可以使用 DataFrame 的 describe/summary 方法。

本示例的学习目标是根据给出的一些特征，预测每晚的租金。

一般情况下，在开始构建模型之前，需要探索和理解数据。建模工程师或数据科学家通常会使用一些数据可视化工具，如使用 Spark 等对数据进行分组，用 matplotlib 等直观地观察和了解数据等。只有深刻理解数据，才能构建有效的模型。

```
scala> val filePath = "../tmp/airbnb/airbnb-clean.parquet/"
     | val airDf = spark.read.parquet(filePath)
     | airDf.select("neighbourhood_cleansed", "room_type", "bedrooms",
     |    "bathrooms", "beds", "price").show(5)
     | airDf.printSchema()
     |
+--------------------+---------------+--------+---------+----+-----+
|neighbourhood_cleansed|      room_type|bedrooms|bathrooms|beds|price|
+--------------------+---------------+--------+---------+----+-----+
|      Western Addition|Entire home/apt|     1.0|      1.0| 2.0|170.0|
|        Bernal Heights|Entire home/apt|     2.0|      1.0| 3.0|235.0|
|        Haight Ashbury|   Private room|     1.0|      4.0| 1.0| 65.0|
|        Haight Ashbury|   Private room|     1.0|      4.0| 1.0| 65.0|
|      Western Addition|Entire home/apt|     2.0|      1.5| 2.0|785.0|
+--------------------+---------------+--------+---------+----+-----+
only showing top 5 rows

root
 |-- host_is_superhost: string (nullable = true)
 |-- cancellation_policy: string (nullable = true)
 |-- instant_bookable: string (nullable = true)
 |-- host_total_listings_count: double (nullable = true)
```

图 7-7 部分数据示例

7.3.2 创建训练集与测试集

在开始特征工程和建模之前，需要将数据集分为训练集和测试集。根据数据集的大小、数据特点等，训练集/测试集的比率可能会有所不同，但多数数据科学家使用 80/20 或 75/25 原则分配训练集与测试数据集。一个常见问题是："为什么不使用整个数据集来训练模型？"答案在于，如果我们在整个数据集上构建一个模型，那么该模型可能会记住或"过拟合"(overfit)我们提供的训练数据，另外将没有更多的数据来评估模型的泛化性能(对未见过的新数据的适应程度)。假设数据遵循类似的分布，模型在测试集上的性能代表它在未知数据上的表现。图 7-8 描述了这种划分过程。

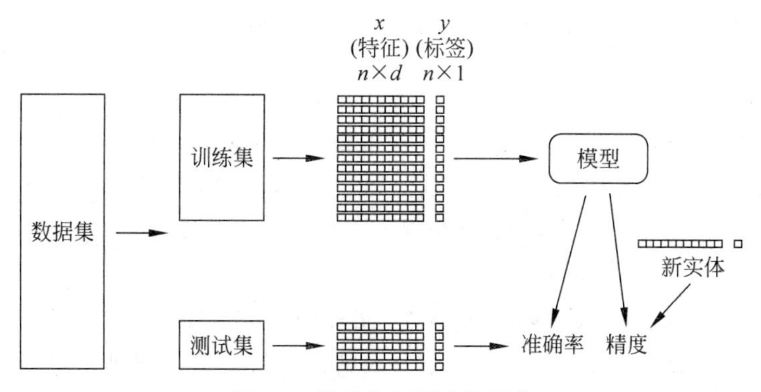

图 7-8 训练集与测试集划分

训练集由一组特征 $\boldsymbol{X}$ 和一个标签 $\boldsymbol{y}$ 组成。其中，$\boldsymbol{X}$ 表示维度为 $n \times d$ 的矩阵，其中，n 是数据(或观测值、样本)的数量，d 是数据的维度或特征的数量，也即 DataFrame 中的字段或列数；$\boldsymbol{y}$ 表示向量，维度为 $n \times 1$。每个样本都有一个标签。

根据模型的特点，可以使用不同的指标来衡量模型的性能。对于分类问题，通用的指标是正确预测的准确率(accuracy)或百分比。一旦模型在训练集上具有令人满意的性能(使用该指标进行度量），接下来就将模型应用于测试集。如果根据评估指标，模型在测试集上同样表现良好，则可以确信已经建立了一个模型，该模型将“泛化”用于未知数据。

对于本节实践过程使用的 Airbnb 数据集，这里选择将 80％的数据用于训练，为测试集留出 20％的数据。测试集与训练集的划分原则是随机划分。随机划分可能会导致重复运行代码时，结果略有差异。示例代码如下，运行结果见图 7-9。

```
// 将原始数据随机划分为训练集与测试集，随机种子 42
val Array(trainDF, testDF) =
    airDf.randomSplit(Array(0.8, 0.2), seed = 42)
println(s"""Training set: ${trainDF.count()} rows, and
            ${testDF.count()} rows in the test set""")
```

```
scala> val Array(trainDF, testDF) =
     | airDf.randomSplit(Array(0.8, 0.2), seed=42)
     | println(s"""Training set: ${trainDF.count()} rows, and
     | ${testDF.count()} rows in the test set""")
Training set: 5780 rows, and
1366 rows in the test set
```

图 7-9　将原始数据随机划分为训练集与测试集

注意：如果更改 Spark 集群中的执行程序数量，那么 Catalyst 优化器会根据集群资源和数据集的大小确定对数据进行分区的最佳方式。假设 DataFrame 中的数据是行分区的，并且每个工作线程独立于其他工作线程执行拆分过程，如果分区中的数据发生更改，则拆分的结果（通过 randomSplit()方法）将会不同。虽然通过设置集群配置和随机种子值可以确保获得一致的结果，但更好的方式是将数据集进行一次性拆分，将拆分结果持久化保存到训练/测试文件中，这样就不会遇到这些可重现性问题。

建议：在探索性数据分析期间，应缓存训练数据集，因为后续在整个机器学习过程中都将多次使用该数据集。请参考 5.3.2 节等内容。

7.3.3　使用转换器准备特征

在将数据划分为训练集和测试集之后，即可以对数据进行转换，以构建本示例中使用的线性回归模型，从而预测给定卧室数量的民宿的价格。这里仅说明学习的必要过程（仅使用一个特征），在本章后续的内容示例中，将包含数据的所有相关特征。线性回归（与 Spark 的许多其他算法一样）要求所有输入要素都包含在 DataFrame 的单一向量中。因此，需要对使用的数据进行转换（transform）。

Spark 中的转换器接收数据帧作为输入，并返回一个新的、附加了一列或多列的数据帧。转换器使用 transform()方法，进行基于规则的转换。为了将所有特征放入单一向量中，可以使用 VectorAssembler 转换器。VectorAssembler 获取输入列的列表，创建一个带有附加列的新数据帧。示例代码中的附加列（setOutputCols）称为 features，它将这些输入列的值组合到单个向量中（见图 7-10）：

```
import org.apache.spark.ml.feature.VectorAssembler
val vecAssembler = new VectorAssembler()
        .setInputCols(Array("bedrooms"))
        .setOutputCol("features")
```

```
val vecTrainDF = vecAssembler.transform(trainDF)
vecTrainDF.select("bedrooms", "features", "price").show(10)
```

```
scala> import org.apache.spark.ml.feature.VectorAssembler
     | val vecAssembler = new VectorAssembler()
     | .setInputCols(Array("bedrooms"))
     | .setOutputCol("features")
     | val vecTrainDF = vecAssembler.transform(trainDF)
     | vecTrainDF.select("bedrooms", "features", "price").show(10)
+--------+--------+-----+
|bedrooms|features|price|
+--------+--------+-----+
|     1.0|   [1.0]|200.0|
|     1.0|   [1.0]|130.0|
|     1.0|   [1.0]| 95.0|
|     1.0|   [1.0]|250.0|
|     3.0|   [3.0]|250.0|
|     1.0|   [1.0]|115.0|
|     1.0|   [1.0]|105.0|
```

图 7-10 数据转换

注意：在 Scala 代码中，必须实例化新的 VectorAssembler 对象，并使用 setter 方法来更改输入和输出列。

7.3.4 使用估计器构建模型

准备好数据之后，将着手建立线性回归模型。建模之前先回顾一下线性回归的基础知识。

1. 线性回归

线性回归对因变量（或标签）与一个或多个自变量（或特征）之间的线性关系进行建模。在本示例中，希望拟合一个线性回归模型，以预测给定卧室数量的民宿租金的价格。这里有一个特征 x（卧室数量，自变量）和一个输出 y（租金，因变量）。对于标量变量，线性回归试图拟合直线 $y=ax+b$，其中，a 是斜率，b 是截距。

实际观测值点对(x,y)，通常不并在所拟合的直线上。因此我们通常认为线性回归是将模型拟合到 $y\approx ax+b+\varepsilon$，其中，$\varepsilon$ 是理论值与观测值的误差（或残差），是服从某种分布的独立随机变量（一般认为服从高斯分布或正态分布）。线性回归的目标是找到一条最小化这些残差平方和的直线，以推断出未知数据点的预测值。

线性回归也可以扩展为处理多个自变量。如有 3 个数据特征 $\boldsymbol{x}=[x_1,x_2,x_3]$，可以将 y 建模为 $y\approx w_0+w_1x_1+w_2x_2+w_3x_3+\varepsilon$，其中，参数包括截距 w_0 和每个特征对应的系数（或权重）。估计模型的系数和截距的过程称为学习（或拟合）模型的参数。这里先处理在给定卧室数量条件下，预测价格的单变量回归问题。

单变量的线性回归，可参考图 7-11。其中每个点都是数据点（观测值），直线是拟合的模型，带箭头的短线是拟合值与实际值的残差，方向向上表示残差为正。

2. 构建模型

设置 vectorAssembler 后，已经将数据转换为线性回归模型所需要的格式。Spark 中的 LinearRegression 是估计器，它接收 DataFrame 输入并返回模型。估计器从数据中学习参数，fit()方法会立即执行（即启动 Spark 作业），而转换器则被延迟执行（lazy）。线性回归的输入列（特征）是 vectorAssembler 的输出：

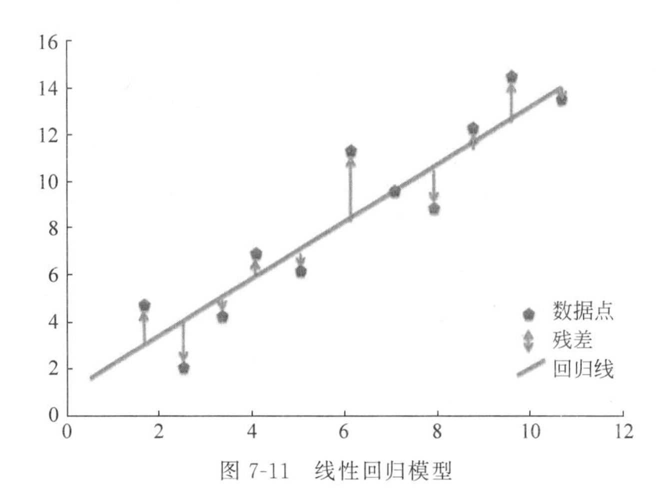

图 7-11　线性回归模型

```
import org.apache.spark.ml.regression.LinearRegression
val lr = new LinearRegression()
                    .setFeaturesCol("features")
                    .setLabelCol("price")
val lrModel = lr.fit(vecTrainDF)
```

lr.fit()返回一个 LinearRegressionModel 对象，即转换器 lrModel。换言之，估计器的 fit()方法的输出是转换器。一旦估计器学习了参数，转换器就可以将这些参数应用于新的数据以生成预测。可以查看模型学到的参数：

```
val m = lrModel.coefficients(0)
val b = lrModel.intercept
println(f"Linear regression: price = $m%1.2f*bedrooms + $b%1.2f")
```

线性回归模型构建完成后，执行结果如图 7-12 所示。

```
scala> import org.apache.spark.ml.regression.LinearRegression
     | val lr = new LinearRegression()
     | .setFeaturesCol("features")
     | .setLabelCol("price")
     | val lrModel = lr.fit(vecTrainDF)
     | val m = lrModel.coefficients(0)
     | val b = lrModel.intercept
     | println(f"Linear regression: price = $m%1.2f*bedrooms + $b%1.2f")
22/12/07 22:47:51 WARN Instrumentation: [bec9255c] regParam is zero, whi
Linear regression: price = 123.68*bedrooms + 47.51
```

图 7-12　线性回归模型

7.3.5　创建管道

如果想将模型应用于测试集，则需要以与训练集相同的方式准备数据（即，vector Assembler 传递）。通常，数据准备包括多个步骤，既要记住应用哪些步骤，又要记住步骤顺序，比较烦琐且易出错。因此 Spark 提供了管道 API，只需按顺序指定希望数据通过的阶段即可，这为用户提供了更好的代码重用性和组织性。Spark 中的 pipeline 是估计器，而 PipelineModel(fitted Pipeline)是转换器。创建管道的代码示例如下：

```
import org.apache.spark.ml.Pipeline
val pipeline = new Pipeline().setStages(Array(vecAssembler, lr))
```

```
val pipelineModel = pipeline.fit(trainDF)
```

使用管道 API 的另一优点是，它可以确定哪些阶段是估计器/转换器，不必担心为每个阶段指定 fit()或 transform()。

管道 API 运行后如图 7-13 所示，由于 pipelineModel 是转换器，所以可直接应用于测试数据集：

```
val predDF = pipelineModel.transform(testDF)
predDF.select("bedrooms", "features", "price", "prediction").show(10)
```

```
scala> val predDF = pipelineModel.transform(testDF)
     | predDF.select(
     | "bedrooms", "features", "price", "prediction").show(10)
+--------+--------+------+------------------+
|bedrooms|features| price|        prediction|
+--------+--------+------+------------------+
|     1.0|   [1.0]|  85.0|171.18598011578285|
|     1.0|   [1.0]|  45.0|171.18598011578285|
|     1.0|   [1.0]|  70.0|171.18598011578285|
|     1.0|   [1.0]| 128.0|171.18598011578285|
|     1.0|   [1.0]| 159.0|171.18598011578285|
|     2.0|   [2.0]| 250.0|294.86172649777757|
|     1.0|   [1.0]|  99.0|171.18598011578285|
|     1.0|   [1.0]|  95.0|171.18598011578285|
|     1.0|   [1.0]| 100.0|171.18598011578285|
|     1.0|   [1.0]|2010.0|171.18598011578285|
```

图 7-13 管道 API 运行结果

上面的代码仅使用一个特征 bedrooms 构建了一个模型。有时可能需要使用所有的(或部分)特征构建模型，但其中一些特征可能是类别量(categorical)，如 host_is_superhost。分类要素采用离散值，没有内在排序(如，职业或国家/地区名称等)。接下来将研究如何处理这些类型的变量，其中一种方案称为 One-Hot 编码。

1. One-Hot 编码

在上面创建的管道中只有两个阶段，线性回归模型只使用了一个特征。接下来构建一个稍微复杂的管道，其中包含所有的数值特征和分类特征。MLlib 中的大多数机器学习模型都期望用数值向量作为输入。要将分类值转换为数值，可以使用 One-Hot 编码技术。假设有一个名为"动物"的列，其中有 3 种动物类型：pig、dog、cat。由于无法将字符串类型直接传递到机器学习模型中，因此需要进行数值映射，如：

```
val Animal = Map("pig" -> 1, "dog" -> 2, "cat" -> 3)
```

但是，使用这种方法会在数据集中引入一些不存在的虚假关系。例如，为什么分配给 cat 的值是 pig 的 3 倍？为何 cat 的序数排在 dog 之前？一个基本准则是使用的数值不应在数据集中引入任何关系，可以为 Animal 列中的每个不同值创建一个单独的列：

```
"pig" = [1, 0, 0]
"dog" = [0, 1, 0]
"cat" = [0, 0, 1]
```

如果是 dog，则其第二列的值为 1，其他列为 0；如果是 cat，则其第三列的值为 1，其他列为 0。列的顺序无关紧要。可以看出，如果类别很多（如一个有 800 种动物的动物园），OneHotEncoder 会大幅增加内存/计算资源的消耗。Spark 处理类似问题的方案是使用稀疏向量 SparseVector。当向量的多数值为 0 时，Spark 在内部使用 SparseVector，仅存储非 0 值。例如，

```
DenseVector(0, 0, 0, 9, 0, 3, 0, 0, 0, 0)
SparseVector(10, [3, 5], [9, 3])
```

此例中的 DenseVector 包含 10 个值，仅有 2 个非 0 值。要创建 SparseVector，需要知道向量的维数、非零元素的索引，以及这些索引处相应的值。此例中的向量的维数为 10，索引 3 和 5 处有两个非零值（0 索引，0-based），这些索引处的值分别是 9 和 3。

Spark 提供多种方法对数据进行 One-Hot 编码，如 StringIndexer 和 OneHotEncoder。使用此方法时，第一步应用 StringIndexer 估计器将分类值转换为类别索引。这些类别索引按标签频率排序，最常见的标签索引值是 0（保证在不同环境运行时，相同数据运行结果的可重复性）。创建类别索引后，将这些索引作为 OneHotEncoder 的输入。OneHotEncoder 将类别索引列映射到二值向量列。

以下代码演示了如何对分类特征进行 One-Hot 编码。在数据集中，字符串类型的任何列都被视为分类特征。有时可能希望将数值特征视为分类特征；或反之。这些都需要理解数据，识别哪些是数值列，哪些列是分类列。

```
import org.apache.spark.ml.feature
        .{OneHotEncoder, StringIndexer}
// 获取所有字符串类型的列
val categoricalCols = trainDF.dtypes
        .filter(_._2 == "StringType").map(_._1)
val indexOutputCols = categoricalCols.map(_ + "Index")
val oheOutputCols = categoricalCols.map(_ + "OHE")
val stringIndexer = new StringIndexer()
        .setInputCols(categoricalCols)
        .setOutputCols(indexOutputCols)
        .setHandleInvalid("skip")            // 忽略无效记录
// 将字符串列转换为 one - hot 列 (列名后缀"OHE")
val oheEncoder = new OneHotEncoder()
        .setInputCols(indexOutputCols)
        .setOutputCols(oheOutputCols)
// 除"price"外的所有数值列
val numericCols = trainDF.dtypes
    .filter{ case (field, dataType) =>
      dataType == "DoubleType" && field != "price"}
    .map(_._1)
// 除"price"外，所有列将参与训练
val assemblerInputs = oheOutputCols ++numericCols
val vecAssembler = new VectorAssembler()
        .setInputCols(assemblerInputs)
        .setOutputCol("features")
```

StringIndexer 有一个 handleInvalid 参数，指示如何处理无效数据（如，出现在测试数据集中，但在训练数据集中不存在的类别）。选项包括 skip（忽略包含无效数据的行）、error（抛出错误）或 keep（将无效数据放在索引 numLabels 处的特殊附加桶中）。这里仅跳过了

无效记录。

此方法的一个困难是需要明确告诉 StringIndexer 哪些特征是分类特征。可以使用 VectorIndexer 自动检测所有分类变量，但其计算成本高，因为它必须迭代每一列并检测它是否具有小于 maxCategory 的非重复值。maxCategories 是用户指定的参数，确定此值也可能很困难。

另一种方法是使用 RFormula(类似 R 语言的语法)，可以提供标签以及要包含的特征。它支持 R 运算符的有限子集，包括“～ . :+ -”，如，公式＝y～bedrooms＋bathrooms 表示仅给定 bedrooms 和 bathrooms 来预测 y；公式“y～ .”表示使用所有可用特征(自动排除特征 y)。RFormula 对所有字符串列自动执行 StringIndex 和 OneHotEncoder，将数值列转换为双精度 double 类型，并使用 VectorAssembler 将所有这些列组合成一个向量。因此，可以用一行代码替换前面的所有代码，将得到相同的结果：

```
import org.apache.spark.ml.feature.RFormula
val rFormula = new RFormula()
                .setFormula("price ~ .")
                .setFeaturesCol("features")
                .setLabelCol("price")
                .setHandleInvalid("skip")
```

RFormula 自动组合了 StringIndexer 和 OneHotEncoder，但并非所有算法都要求或推荐使用 One-Hot 编码。例如，如果仅对分类特征使用 StringIndexer，则基于树的算法可以直接处理分类变量。对基于树的算法，不需要对分类特征进行 One-Hot 编码。但遗憾的是，特征工程没有一刀切的解决方案，合适的方法与计划应用于数据集的下游算法密切相关。

建议：在特征工程中，应详细记录特征的生成、转换过程。

2. 特征转换和模型训练

编写代码转换数据集后，可以将所有特征作为输入添加到线性回归模型中。在此将所有特征准备和模型构建放入管道中，并将其应用于我们的数据集(见图 7-10)：

```
val lr = new LinearRegression()
            .setLabelCol("price")
            .setFeaturesCol("features")
val pipeline = new Pipeline().setStages(
      Array(stringIndexer, oheEncoder, vecAssembler, lr))
// Or use RFormula
// val pipeline = new Pipeline().setStages(Array(rFormula, lr))
val pipelineModel = pipeline.fit(trainDF)
val predDF = pipelineModel.transform(testDF)
predDF.select("features", "price", "prediction").show(5)
```

如图 7-14 所示，特征列表示为 SparseVector，在 One-Hot 编码之后有 98 个特征。从模型预测的结果来看，有些预测比较“接近”真实值，但也有一些预测值偏差较大(租金为负值)。接下来将用测试集中的数据对模型进行评估。

7.3.6 评估模型

构建模型之后需要评估其性能。spark.ml 中有分类、回归、聚类和排名(ranking，Spark

```
scala> val lr = new LinearRegression()
     | .setLabelCol("price")
     | .setFeaturesCol("features")
     | val pipeline = new Pipeline().setStages(
     | Array(stringIndexer, oheEncoder, vecAssembler, lr))
     | // Or use RFormula
     | // val pipeline = new Pipeline().setStages(Array(rFormula, lr))
     | val pipelineModel = pipeline.fit(trainDF)
     | val predDF = pipelineModel.transform(testDF)
     | predDF.select("features", "price", "prediction").show(5)
22/12/08 10:39:36 WARN Instrumentation: [537d0273] regParam is zero, wh
+--------------------+-----+------------------+
|            features|price|        prediction|
+--------------------+-----+------------------+
|(98,[0,3,6,22,43,...| 85.0| 55.24365707389188|
|(98,[0,3,6,22,43,...| 45.0|23.357685914717877|
|(98,[0,3,6,22,43,...| 70.0|28.474464479034395|
|(98,[0,3,6,12,42,...|128.0| -91.6079079594947|
|(98,[0,3,6,12,43,...|159.0| 95.05688229945372|
```

图 7-14 特征转换与模型训练

3.0 中引入)评估器。这里的示例是一个回归问题，因此将使用均方根误差(RMSE)和 R^2 来评估模型的性能。

1. RMSE 度量指标

RMSE 的范围从零到无穷大，越接近零越好。RMSE 的计算公式是：

$$\text{RMSE} = \sqrt{\frac{1}{n}\sum_{i=1}^{n}(y_i - \hat{y})^2}$$

计算模型的 RMSE，代码示例如下：

```
import org.apache.spark.ml.evaluation.RegressionEvaluator
val regressionEvaluator = new RegressionEvaluator()
        .setPredictionCol("prediction")
        .setLabelCol("price")
        .setMetricName("rmse")
val rmse = regressionEvaluator.evaluate(predDF)
println(f"RMSE is $rmse%.2f")
```

如何知道模型 RMSE 的值 220.56(见图 7-15)是好或不好？有多种方法可以解释此值，其中之一是构建一个简单的基线模型并计算其 RMSE，所有模型与此基线进行比较。回归任务的常见基线模型是计算训练集 $\bar{y}$ 上标签的平均值，然后预测测试数据集中每条记录的 $\bar{y}$ 并计算所生成的 RMSE。如果模型的 RMSE 优于基线模型，则说明此模型可能优于基线模型。

```
scala> import org.apache.spark.ml.evaluation.RegressionEvaluator
     | val regressionEvaluator = new RegressionEvaluator()
     | .setPredictionCol("prediction")
     | .setLabelCol("price")
     | .setMetricName("rmse")
     | val rmse = regressionEvaluator.evaluate(predDF)
     | println(f"RMSE is $rmse%.2f")
RMSE is 220.56
```

图 7-15 用 RMSE 指标评估线性回归模型

另外需要注意的是，标签的单位直接影响 RMSE。例如，标签是长度，如果使用厘米而不是米作为计量单位，则 RMSE 会更高。除 RMSE 外，还有一些指标可以直观地了解模型相对于基线的性能。

2. R^2 度量指标

尽管 R^2 名称中包含“平方”，但其值的范围从负无穷大到 1。R^2 的计算方法如下：

$$R^2 = 1 - \frac{\sum_i (\hat{y}^{(i)} - y^{(i)})^2}{\sum_i (\bar{y} - y^{(i)})^2} \tag{7-1}$$

如果模型完美地预测了每个数据点，则式(7-1)中的分子为 0，$R^2=1$；如果式(7-1)中的分子等于分母，则 $R^2=0$（模型始终预测平均值 $\bar{y}$）。如果模型的性能比总预测 $\bar{y}$ 还差，则 R^2 可能是负数。如果 R^2 为负值，则应重新评估建模过程。使用 R^2 的好处是，不需要定义要比较的基线模型。如果将回归模型的评估器更改为使用 R^2，而不重新定义评估器，则可以使用 setter 属性设置评价指标名称：

```
val r2 = regressionEvaluator
            .setMetricName("r2").evaluate(predDF)
println(s"R2 is $ r2")
```

如图 7-16 所示，这里测试集的 R^2 是正数，但比较接近 0，说明模型表现不佳。影响模型性能的原因较多，可能是数据质量，也可能是模型假设或是训练方法，甚至是程序本身的问题(bug)。在此先看看训练数据集中待预测变量 price 的数据分布。如图 7-17 所示，训练数据的标签(price)符合对数正态分布（而非正态分布）。如果分布是对数正态分布，则意味着取该值的对数时结果看起来遵循正态分布。价格通常是遵循对数正态分布的。

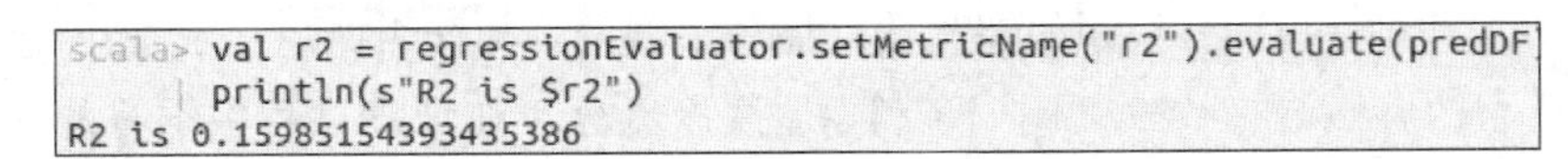

图 7-16 用 R^2 指标评估线性回归模型

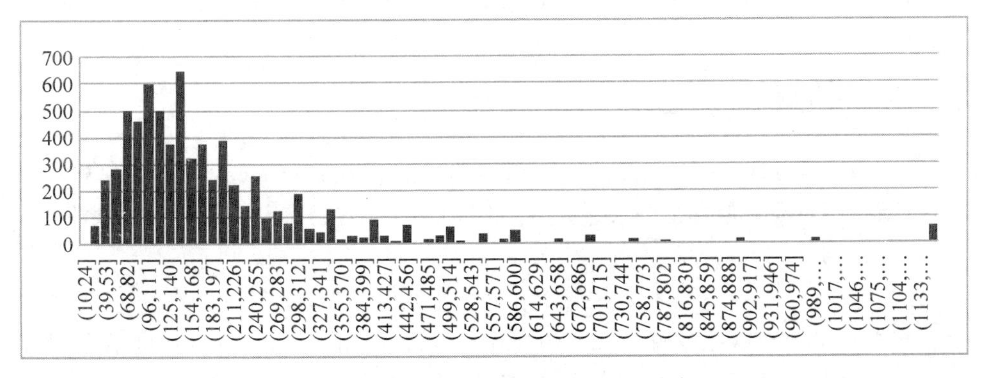

图 7-17 待预测变量（租金价格）的分布

这说明模型假设可能不正确。现在可以尝试将 price 取对数，再观察取对数后的价格是否接近正态分布。作为练习，可以尝试构建一个模型，对取对数后的价格进行预测，并对该模型进行评估，然后再将所预测的值指数化，以计算出预测价格。通过练习，应该看到此数据集的 RMSE 降低，R^2 增加。

提示： 可以使用对数函数 log()对数据集进行变换，代码如下：

```
… df.withColumn("log_price", log(col("price"))) …
```

3. 模型保存与加载

现在已经构建并评估了一个模型，可以将其保存到持久存储中以供以后重用(或者，如果集群出现故障，那么不必重新计算模型)。保存模型与保存 DataFrame 非常相似，使用 model. write 类的 save()方法，也可用可选命令 overwrite()覆盖该路径中已有的数据：

```
pipelineModel.write.overwrite().save("/model/to/save")
```

当加载所保存的模型时，需要指定模型的类型(如 LinearRegressionModel 等)。因此，建议始终将转换器/估计器放入管道中，以便对于所有模型加载到 PipelineModel。这种方式只需要修改模型的存储路径：

```
import org.apache.spark.ml.PipelineModel
val savedPipelineModel = PipelineModel.load("/path/to/load")
```

模型加载后可以用于新数据，但不能将此模型中的参数或权重用作训练新模型的初始化参数，因为 Spark 没有"热启动"。如果数据集稍有变化，则必须从头开始重新训练整个模型。

构建并评估线性回归模型后，接下来将探索其他模型在这个数据集上的表现，将探讨基于树的模型，并测试一些需要调优的常见超参数(hyperparameter)，以提升模型性能。

7.4 超参数调优

模型调优通常是指调整模型的超参数以提高模型的预测能力。超参数是在训练之前定义的有关模型的属性，在训练过程中不会学习(注意区分于在训练过程中学习的参数)。随机森林中树的数量就是一个超参数。

本节使用基于树的模型，介绍超参数调优过程。所介绍的方法也适用于其他模型。在设置使用 spark. ml 进行超参数优化的机制后，将讨论管道优化的方法。

7.4.1 基于树的模型

树[如决策树(decision tree)、梯度提升树(gradient boosted tree)和随机森林(random forest)]模型是相对简单但功能强大、易于解释的模型(很容易解释它们所做的预测)。树模型在机器学习任务中非常常见。

1. 决策树

决策树非常适合于数据挖掘。它们的构建速度快，可解释性强，并且尺度不变，即，标准化或缩放数值特征不会改变树的性能。直观地看，决策树是从数据中学习到的一系列 if-then-else 规则，可用于分类或回归任务。

决策树的**深度**是从根节点到任意叶节点的最长路径。非常深的树容易记住训练数据集中的噪声或过拟合(overfitting)，但太浅的树可能会因欠拟合(underfit)而不适合用于数据集(本可以从数据中获取更多信号)。

对于决策树，不必考虑输入特征的标准化或缩放问题(不影响分割结果)，但需要清楚如何准备类别特征。基于树的方法可以自然地处理类别变量。在 spark. ml 中，只需要将分类列传递给 StringIndexer，决策树可以处理其余的工作：

```
import org.apache.spark.ml.regression._
import org.apache.spark.ml.feature.StringIndexer
// 决策树模型,标号列 price
val dt = new DecisionTreeRegressor().setLabelCol("price")
// 类别列:由 StringIndexer 方法将字符串列映射为索引值
val categoricalCols = trainDF.dtypes
        .filter(_._2 == "StringType").map(_._1)
val indexOutputCols = categoricalCols.map(_ + "Index")
val stringIndexer = new StringIndexer()
        .setInputCols(categoricalCols)
        .setOutputCols(indexOutputCols)
        .setHandleInvalid("skip")
//保留除 price 外的数值列
val numericCols = trainDF.dtypes
        .filter{ case (field, dataType) =>
            dataType == "DoubleType" && field != "price"}
        .map(_._1)
// 类别列与数值列都参与学习过程
val assemblerInputs = indexOutputCols ++numericCols
val vecAssembler = new VectorAssembler()
        .setInputCols(assemblerInputs)
        .setOutputCol("features")
// 将各个阶段放到管道中
val stages = Array(stringIndexer, vecAssembler, dt)
val pipeline = new Pipeline().setStages(stages)
// 基于训练集及直接进行模型学习,程序可能报异常
val pipelineModel = pipeline.fit(trainDF)
```

将上述代码提交运行时,程序会返回异常信息,如图 7-18 所示。

```
     | val pipelineModel = pipeline.fit(trainDF)
22/12/09 08:47:59 ERROR Instrumentation: java.lang.IllegalArgumentException: req
uirement failed: DecisionTree requires maxBins (= 32) to be at least as large as
 the number of values in each categorical feature, but categorical feature 3 has
 36 values. Consider removing this and other categorical features with a large n
umber of values, or add more training examples.
        at scala.Predef$.require(Predef.scala:337)
```

图 7-18 数据集中的类别大于模型预设参数导致程序错误

根据提示信息"java.lang.IllegalArgumentException: requirement failed",可以看出出错原因是参数传递有误,其中决策树最大分块数 maxBins(=32),但分类特征有 36 个值,超出了最大限制。建议考虑删除具有大量分类值的特征,或添加更多训练示例。既然已知原因,修复此错误就比较容易,但修复之前应先大致了解 maxBins 参数的作用。

Bins 表示数据的分块数,或连续特征离散化或分割的条柱数,顾名思义,maxBins 则是最大条块数。此离散化步骤对于执行分布式训练至关重要。在 Spark 中,Worker Node(工作节点)拥有数据的所有列,但只有行的子集。因此,在讨论要拆分哪些特征和值时,需要确保它们都有相同的拆分值。这是由训练时的离散化参数来设置的。每个 Worker Node 都必须计算每个特征和每个可能的分割点的汇总统计数据,这些统计数据将在 Worker Node 之间聚合。MLlib 要求 maxBin 足够大,以处理分类列的离散化,其默认值是 32,但此处有一个数据列包含 36 个不同的分类值。这就是出错的原因。虽然可以将 maxBin 设置为 64 或更大的值,以更准确地表示连续特征,但这将增加连续变量的可能拆分数量,从而大大增

加计算时间。

可以将 maxBin 设置为 40 并重新训练模型。注意，这里使用 setter 方法 setMaxBins() 来修改决策树，而不是重新定义：

```
dt.setMaxBins(40)
val pipelineModel = pipeline.fit(trainDF)
```

异常被修复后，已经成功地构建了决策树模型，可以查看决策树学习的 if-then-else 规则：

```
val dtMdl = pipelineModel.stages.last.asInstanceOf
                [DecisionTreeRegressionModel]
println(dtMdl.toDebugString)
```

从图 7-19(截图只显示部分内容) 打印输出的结果可以看出：同一特征(如 feature 12) 可以被多次分割(分割值不同)；数值特征和分类特征上的拆分方式不同，对于数值字特征，检查值是否小于或等于阈值，对于分类特征，检查值是否在该集合中。

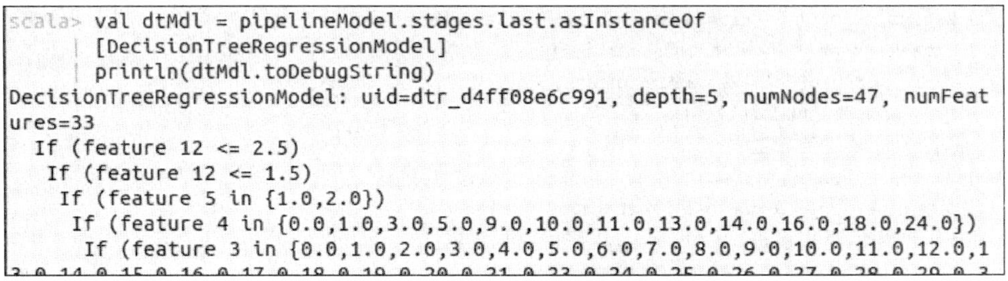

```
scala> val dtMdl = pipelineModel.stages.last.asInstanceOf
     | [DecisionTreeRegressionModel]
     | println(dtMdl.toDebugString)
DecisionTreeRegressionModel: uid=dtr_d4ff08e6c991, depth=5, numNodes=47, numFeat
ures=33
  If (feature 12 <= 2.5)
   If (feature 12 <= 1.5)
    If (feature 5 in {1.0,2.0})
     If (feature 4 in {0.0,1.0,3.0,5.0,9.0,10.0,11.0,13.0,14.0,16.0,18.0,24.0})
      If (feature 3 in {0.0,1.0,2.0,3.0,4.0,5.0,6.0,7.0,8.0,9.0,10.0,11.0,12.0,1
3.0,14.0,15.0,16.0,17.0,18.0,19.0,20.0,21.0,23.0,24.0,25.0,26.0,27.0,28.0,29.0,3
```

图 7-19　决策树学习的决策规则

还可以从模型提取的特征的重要程度中，查看最重要的特征(见图 7-20)：

```
val featureImp = vecAssembler.getInputCols
    .zip(dtMdl.featureImportances.toArray)
val columns = Seq("feature", "Importance")
val featureImpDF = spark.createDataFrame(
          featureImp.toIndexedSeq).toDF(columns: _* )
featureImpDF.orderBy( $ "Importance".desc).show(false)
```

虽然决策树非常灵活且易于使用，但它们并不总是最准确的模型。如果在测试数据集上计算 R^2，那么实际上会得到负分(比仅预测平均值还差)。接下来让我们试试模型改进的集成方法(ensemble)——组合不同模型——以获得更好结果。

2. 随机森林

随机森林是决策树的集合，其输出是所有决策结果的众数，其思想是在大多数情况下平均值比个体值更接近真实值。对机器学习模型而言，如果构建多个模型并对它们的预测进行组合/平均，将比任何单个模型生成的结果更可靠。

相比决策树，随机森林有两个重要特征：

(1) 按行引导样本。引导(bootstrapping)是一种通过从原始数据中进行采样替换来模拟新数据的技术，也称引导聚合(bootstrap aggregating)或装袋(bagging)。每棵决策树都基于数据集的不同引导样本进行训练，该样本生成的决策树略有不同，然后聚合每棵树的预测。在典型的随机森林实现中，每棵树从原始数据集中替换相同数量的数据样本(参数

```
scala> val featureImp = vecAssembler.getInputCols.zip(dtMdl.featureImportances.toArray)
     | val columns = Seq("feature", "Importance")
     | val featureImpDF = spark.createDataFrame(featureImp.toIndexedSeq).toDF(columns: _*)
     | featureImpDF.orderBy($"Importance".desc).show(false)
+--------------------------+--------------------+
|feature                   |Importance          |
+--------------------------+--------------------+
|bedrooms                  |0.283405972136928   |
|cancellation_policyIndex  |0.16789298996976446 |
|instant_bookableIndex     |0.14008104389685727 |
|property_typeIndex        |0.12817855366770403 |
|number_of_reviews         |0.12623285484064267 |
|neighbourhood_cleansedIndex|0.05619976595142781 |
|longitude                 |0.03880952075830099 |
|minimum_nights            |0.029472680482662002|
|beds                      |0.015218222042602939|
|room_typeIndex            |0.010905025670823841|
|accommodates              |0.003603370582286062|
|host_is_superhostIndex    |0.0                 |
|bathrooms                 |0.0                 |
|bed_typeIndex             |0.0                 |
```

图 7-20 模型学习到的特征权重

subsamplingRate 控制样本数量)。

(2) **按列随机选择特征**。引导的主要缺点是因为树是高度相关的,所以会在数据中学习到相似的模式。为解决此问题,在每次进行拆分时,只考虑列的随机子集。由于引入了随机性,所以通常希望每棵树都比较浅。就森林中的单棵树而言,其结果可能劣于完整的决策树。但是,每棵树都对数据集有不同的贡献,再将这些“弱”学习器组合成一个集合,使森林比单个决策树更健壮。

随机森林和决策树的 API 接口类似,都可用于回归或分类任务:

```
val rf = new RandomForestRegressor()
                .setLabelCol("price")
                .setMaxBins(40)
                .setSeed(42)
```

随机森林展示了使用 Spark 进行分布式机器学习的强大之处,因为每棵树都可以独立于其他树进行构建,所以在树的每个层级都可以并行化以找到最佳拆分。

如何确定随机森林中的最佳树木数量或这些树的最大深度? 此过程称为超参数优化。与模型的参数不同的是,超参数是控制模型学习过程或结构的值,不会在训练期间学习。树的数量和最大深度都是可以优化随机森林的超参数。

接下来介绍如何通过调整超参数来发现和评估最佳随机森林模型。

7.4.2 *k* 折交叉验证

确定最佳超参数时,如果使用训练集,那么模型可能过拟合(记住训练数据的细微特征),泛化性能可能较弱;如果使用测试集,那么将无法再使用测试数据来验证模型的泛化程度。因此,需要另一个数据集来帮助确定最佳超参数,即验证(validation)数据集。

例如,可以按 60/20/20 的比例将数据集拆分成训练集、验证集和测试数据集,然后在训练集上构建模型,用验证集评估模型的性能并选择最佳的超参数配置,并将模型应用于测试集以查看其对未知数据的预测性能。但这种方法的缺点之一是减少了部分训练数据(这些数据可用于帮助改进模型)。*k* 折交叉验证(*k*-Fold Cross-Validation)可克服类似的缺点。

使用这种方法，没有将数据集划分为单独的训练集、验证集和测试集，而是像以前一样将其划分为训练集和测试集，其中的训练数据用于训练和验证。具体实现是：将训练数据分成 k 个子集或 fold（例如，4 个）。对于给定的超参数，在 k-1 个子集上训练模型，在剩余的子集上进行验证，并重复此过程 k 次。

如图 7-21 所示，如果将数据分成 4 块（4 Folds），模型首先在数据的第 2～4 块上训练，在第一块上进行验证。接着再在其他分块上训练、验证，过程也类似。最后，将这 4（或 k）次评估结果的平均值作为模型性能的评价结果，以确定最佳的超参数设置。

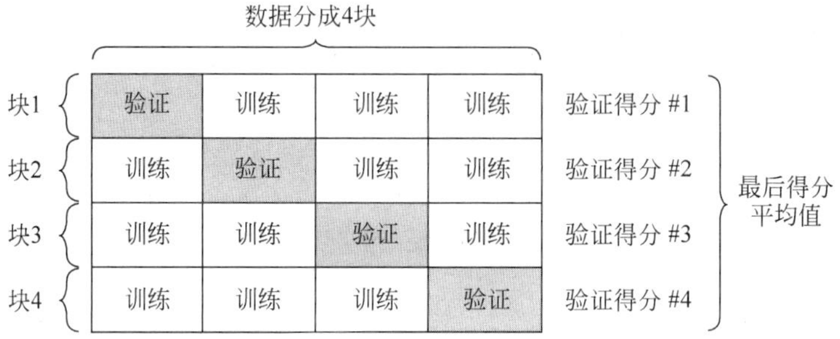

数据分成4块

块1	验证	训练	训练	训练	验证得分 #1
块2	训练	验证	训练	训练	验证得分 #2
块3	训练	训练	验证	训练	验证得分 #3
块4	训练	训练	训练	验证	验证得分 #4

最后得分平均值

图 7-21　k 折交叉验证

确定超参数的搜索空间可能比较困难，对超参数进行随机搜索的效果可能优于结构化网格搜索（structured grid search）。在 Spark 中执行超参数搜索，步骤包括：

（1）定义要评价的估计器；

（2）使用 ParamGridBuilder 指定要更改的超参数及其相应的值；

（3）定义评估器，指定用于比较各种模型的指标；

（4）使用交叉验证器 CrossValidator 进行交叉验证，对每个模型进行评估。

以下先定义管道，再配置参数网格：

```
val pipeline = new Pipeline()
        .setStages(Array(stringIndexer, vecAssembler, rf))
```

这里使用 ParamGridBuilder 对本示例中涉及的超参数、树深度 maxDepth 和树数量 numTrees 进行配置，maxDepth 分别设置为 2、4 、6，numTrees 设置为 10 和 100。这样搜索网格总共包含 3×2 ＝ 6 种不同的超参数配置：

```
import org.apache.spark.ml.tuning._
val paramGrid = new ParamGridBuilder()
        .addGrid(rf.maxDepth, Array(2, 4, 6))
        .addGrid(rf.numTrees, Array(10, 100))
        .build()
// 用 RMSE 评估模型
val evaluator = new RegressionEvaluator()
        .setLabelCol("price")
        .setPredictionCol("prediction")
        .setMetricName("rmse")
```

示例中使用回归评估器，基于 RMSE 来评估不同超参数配置情况下的各个模型的性能。对于评估任务，将利用 CrossValidator 执行 k 折交叉验证。CrossValidator 的输入参数包括估计器、评估器及相关参数 estimatorParamMaps，分别是待评估的模型、如何评估以及超参数。另外，还需要设置数据划分的折叠(块)数以及随机划分的随机种子(以便跨折叠进行可重现的划分)。使用交叉验证器进行模型训练之后，可以使用 avgMetrics 查看验证结果(见图 7-22)：

```
val cv = new CrossValidator()
            .setEstimator(pipeline)
            .setEvaluator(evaluator)
            .setEstimatorParamMaps(paramGrid)
            .setNumFolds(4)
            .setSeed(42)
val cvModel = cv.fit(trainDF)
// 输出评估结果
cvModel.getEstimatorParamMaps.zip(cvModel.avgMetrics)
```

从 RMSE 指标来看，在这些超参数配置中，最佳的模型超参数设置是 maxDepth=6 及 numTrees=100(见图 7-22)。

```
cvModel.getEstimatorParamMaps.zip(cvModel.avgMetrics)
val res26: Array[(org.apache.spark.ml.param.ParamMap, Double)] =
Array(({
        rfr_28740a197d21-maxDepth: 2,
        rfr_28740a197d21-numTrees: 10
},298.49726633904504), ({
        rfr_28740a197d21-maxDepth: 4,
        rfr_28740a197d21-numTrees: 10
},294.08165826836097), ({
        rfr_28740a197d21-maxDepth: 6,
        rfr_28740a197d21-numTrees: 10
},299.3967937039064), ({
        rfr_28740a197d21-maxDepth: 2,
        rfr_28740a197d21-numTrees: 100
},297.6230457377182), ({
        rfr_28740a197d21-maxDepth: 4,
        rfr_28740a197d21-numTrees: 100
},293.4008919050919), ({
        rfr_28740a197d21-maxDepth: 6,
        rfr_28740a197d21-numTrees: 100
},291.86736397979996))
```

图 7-22 不同模型的评估结果

一个问题是：刚刚训练了多少个模型？如果答案是 6×4=24(6 个超参数配置，4 折交叉验证)，则比较接近正确答案。确定最佳超参数配置后，如何将这 4(或 k)个模型组合在一起？有些模型可能比较容易组合，但有些模型则不然。因此，Spark 在确定最佳超参数配置后，会在整个训练数据集上重新训练模型，因此最终训练了 25 个模型。如果要保留训练过程的中间模型，则可以使用 setCollectSubModels()方法。

7.4.3 管道优化

如果代码运行的时间比较长，则应考虑改进、优化。在前面的代码中，即使交叉验证器中的每个模型在技术上都是独立的，但 spark.ml 实际上是串行训练模型集合，而不是并行运行。在 Spark 2.3 及以后的版本中，引入了 parallelism 参数来解决此问题。该参数确定要同时并行训练的模型数(这些模型自身是并行学习的)。

根据官方指南：应仔细权衡并行度的值，以便在不超过集群可用资源的情况下最大化并行度。较大的并行度值并不一定带来性能的提升。对于大多数集群而言，最大值10已经足够。可以根据实际资源情况合理设置：

```
val cvModel = cv.setParallelism(4).fit(trainDF)
```

除并行外，还有其他方法可以加速模型训练，如将交叉验证器放入管道中，类似于Pipeline(stages=[...,**cv**])，而不是将管道放入交叉验证器中（类似于CrossValidator(estimator=**pipeline**,...)）。在后一种情况下，每次交叉验证程序评估管道时，都会针对每个模型运行管道的每个步骤，即使某些步骤没有更改，如StringIndexer，模型仍一遍又一遍地学习相同的StringIndexer映射，即使它们没有改变。如果将交叉验证器放在管道中，则每次尝试不同的模型时，都不会重新评估StringIndexer（或执行任何其他估计器）：

```
val cv = new CrossValidator().setEstimator(rf)
               .setEvaluator(evaluator)
               .setEstimatorParamMaps(paramGrid)
               .setNumFolds(4)
               .setParallelism(4)
               .setSeed(42)
val pipeline = new Pipeline()
             .setStages(Array(stringIndexer, vecAssembler, cv))
val pipelineModel = pipeline.fit(trainDF)
```

通过设置并行参数，以及重新排列管道各阶段的顺序等，可以提升程序运行速度，尤其是对大型的数据集和模型，这样收益将更多。

性能调优是一个不断的优化过程，请结合实际的数据集、模型应用需求，以及数据存储、模型学习环境等，不断尝试、改进。

参考文献

[1] 程学旗.大数据分析[M].北京：高等教育出版社，2019.

[2] 李联宁.大数据技术及应用教程[M].北京：清华大学出版社，2016.

[3] Gartner Glossary [EB/OL]. [2022-10-12]. https://www. gartner. com/en/information-technology/glossary/big-data.

[4] Ishwarappa J. Anuradha. A Brief Introduction on Big Data 5Vs Characteristics and Hadoop Technology[J]. Procedia Computer Science，2015，48：319-324.

[5] 林子雨.大数据技术原理与应用[M].3版.北京：人民邮电出版社，2021.

[6] Oracle. VirtualBox Manual [EB/OL]. [2022-10-12]. https://www. virtualbox. org/manual/UserManual. html.

[7] Ubuntu. Ubuntu Desktop [EB/OL]. [2022-10-12]. https://ubuntu. com/desktop.

[8] 艾叔. Linux 快速入门与实战[M].北京：机械工业出版社，2022.

[9] Runoob. Linux 教程[EB/OL]. [2022-12-18]. https://www. runoob. com/linux/linux-tutorial. html.

[10] Brown K. How to enable/disable wayland on Ubuntu 22. 04 Desktop [EB/OL]. [2022-10-12]. https://linuxconfig. org/how-to-enable-disable-wayland-on-ubuntu-22-04-desktop.

[11] Odersky M. An Overview of the Scala Programming Language (2nd edition) [EB/OL]. [2022-10-18]. https://www. scala-lang. org/docu/files/ScalaOverview. pdf.

[12] Scala-lang. org. Getting Started [EB/OL]. [2022-10-18]. https://docs. scala-lang. org/getting-started/index. html.

[13] Scala-lang. org. SCALA 2 ROADMAP UPDATE：THE ROAD TO SCALA 3[EB/OL]. [2022-11-06]. https://www. scala-lang. org/2019/12/18/road-to-scala-3. html.

[14] Guller M. Programming in Scala. In：Big Data Analytics with Spark. Berkeley，CA：Apress. 2015.

[15] Daniela S. Get Programming with Scala[M]. Shelter Island，NY：Manning Publications. 2021.

[16] 林子雨. Spark 编程基础 Scala 版[M].北京：人民邮电出版社，2017.

[17] Chellappan S，Ganesan D. Introduction to Apache Spark and Spark Core. In：Practical Apache Spark [M]. Berkeley，CA：Apress. 2018.

[18] Guller M. Big Data Analytics with Spark[M]. Berkeley，CA：Apress，2015.

[19] Talha Khalid. Hadoop vs Spark：Head-to-Head Comparison [EB/OL]. [2022-11-17]. https://geekflare. com/hadoop-vs-spark/.

[20] SparkOverview[EB/OL]. [2022-11-17]. https://spark. apache. org/docs/latest/index. html.

[21] 张伟洋. Spark 大数据分析实战[M].北京：清华大学出版社，2020.

[22] Jules S. Damji，et. al. Learning Spark：Lightning-Fast Data Analytics[M]. 2nd Edition. Sebastopol，CA：O'Reilly，2020.

[23] Apache Spark Manual. Cluster Mode Overview. [EB/OL]. [2022-11-17]. https://spark. apache. org/docs/latest/cluster-overview. html.

[24] White T. Hadoop 权威指南：大数据的存储与分析[M].王海，译. 4版.北京：清华大学出版社，2017.

[25] sbt Reference Manual[EB/OL]. [2022-11-18]. https://www. scala-sbt. org/1. x/docs/.

[26] IntelliJ IDEA. sbt. [EB/OL]. [2022-11-18]. https://www. jetbrains. com/help/idea/sbt-support. html.

[27] RDD Programming Guide[EB/OL]. [2022-11-19]. https://spark. apache. org/docs/latest/rdd-programming-guide. html.

[28] Spark SQL,DataFrames and Datasets Guide [EB/OL]. [2022-11-20]. https://spark. apache. org/docs/latest/sql-programming-guide. html.

[29] Spark Streaming Programming Guide [EB/OL]. [2022-11-19]. https://spark. apache. org/docs/latest/streaming-programming-guide. html.

[30] Structured Streaming Programming Guide [EB/OL]. [2022-11-19]. https://spark. apache. org/docs/latest/structured-streaming-programming-guide. html.

[31] Machine Learning Library (MLlib) Guide [EB/OL]. [2022-11-20]. https://spark. apache. org/docs/latest/ml-guide. html.

[32] PostgreSQL 14. 6 Documentation [EB/OL]. [2022-11-20]. https://www. postgresql. org/docs/14/index. html.

[33] MySQL 8. 0 Reference Manual [EB/OL]. [2022-11-22]. https://dev. mysql. com/doc/refman/8. 0/en/.

[34] 周志华. 机器学习[M]. 北京：清华大学出版社,2016.

[35] Trevor Hastie,et. al. The Elements of Statistical Learning, Data Mining, Inference, and Prediction [M]. 2nd Edition. New York,NY:Springer,2009.

[36] Dua R,Ghotra M S,Pentreath N. Spark 机器学习[M]. 蔡立宇,译. 2 版. 北京：人民邮电出版社,2021.